자전거에서 내리면
넘어지지 않는다

자전거에서 내리면
넘어지지 않는다

초판 1쇄 인쇄일 2025년 6월 10일
초판 1쇄 발행일 2025년 6월 20일

지은이 강창호
펴낸이 양옥매
디자인 표지혜 송다희
마케팅 송용호
교　정 조준경

펴낸곳 도서출판 책과나무
출판등록 제2012-000376
주소 서울특별시 마포구 방울내로 79 이노빌딩 302호
대표전화 02.372.1537　**팩스** 02.372.1538
이메일 booknamu2007@naver.com
홈페이지 www.booknamu.com
ISBN 979-11-6752-644-1 (03450)

* 저작권법에 의해 보호를 받는 저작물이므로 저자와 출판사의 동의 없이
  내용의 일부를 인용하거나 발췌하는 것을 금합니다.
* 파손된 책은 구입처에서 교환해 드립니다.

자전거에서 내리면
넘어지지 않는다

함께 사는 사회와 지구의 회복을 위한 탈성장

강창호 지음

책나무

프롤로그

우리는 지금, 브레이크가 고장 난 자전거를 타고 벼랑을 향해 달리고 있다. "성장"이라는 이름의 자전거 말이다.

지난 두 세기 동안 인류는 경제 성장을 삶의 최우선 목표로 삼아 왔다. 더 많이 생산하고, 더 많이 소비하고, 더 많이 축적하는 것이 곧 진보이며 행복이라고 믿어 왔다. GDP 수치가 올라가고, 주식시장이 활황을 보이며, 교외에 새로운 쇼핑몰이 들어설 때마다 우리는 안도하고, 더 나은 미래를 확신했다.

성장이 멈춘다는 것은 곧 실패, 후퇴, 심지어는 파국을 뜻했다. 성장이 있어야만 분배와 복지도 가능하다고 믿어 왔다. 그래서 우리는 조금도 망설이지 않고 속도를 높였고, 가속 페달을 밟는 것 외에는 다른 선택지를 고민하지 않았다.

그러나 이제 우리는 점점 뚜렷이 보이는 벼랑 앞에 서 있다. 끊임없는 성장의 결과로 지구의 기후 시스템은 급격히 불안정해졌고, 기상이변은 일상이 되었으며, 사라진 산호초와 말라붙은 강, 녹아내리는 빙하가 인간의 탐욕을 조용히 고발하고 있다. 사회 내부에서는 성장의 과실이 소수에게 집중되면서 불평등이 심화되었고, 많은 이들은 '경제가 성장하는데 왜 내 삶은 나아지지 않는가?'라는 의문 속에서 불안과 분노를 키워 가고 있다.

브레이크는 오랫동안 고장 나 있었다. 성장을 멈추는 것은 곧 시스템의 붕괴로 이어질 것이라는 공포 때문에, 우리는 어떤 제동 시도도 용납하지 않았다. 그 결과, 자연의 파괴와 사회의 양극화라는 치명적인 외부효과가 걷잡을 수 없이 커져 버렸다.

성장이 인간 문명을 번영시킨 것은 사실이다. 그러나 이제는 물어야 한다.

"과연 무한한 성장이 가능한가?
그리고 성장만을 추구하는 것이 우리를 어디로 데려가는가?"

이 책은 이 질문들에 대한 답을 찾기 위한 여정이다. 성장을 신화처럼 떠받들었던 자본주의 경제체제가 왜 한계에 부딪혔는지, 기후위기와 사회 양극화가 어떻게 성장 패러다임의 부작용으로 나타났는지, 그리고 이제 우리는 왜 '탈성장'이라는 새로운 길을 모색해야 하는지를 이야기할 것이다.

탈성장은 단순히 '경제를 줄이자'는 제안이 아니다. 그것은 더 이상 '속도를 내야만 살아남는다'는 강박에서 벗어나, 삶의 질, 생태적 지속 가능성, 사회적 정의를 중심에 놓고 새로운 방향으로 움직이자는 제안이다.

아직 우리는 선택할 수 있다. 가속을 계속하다 벼랑에서 추락할 것인가, 아니면 용기를 내어 자전거를 멈춰 세우고 새로운 길을 찾을 것인가.

이 책은 그 선택의 길목에서 함께 생각해 보기 위한 작은 나침반이 되고자 한다.

들어가기 전에

지구가 아프다

무척이나 덥고 길었던 2024년 여름. 기상청의 분석에 따르면 2024년 여름의 평균기온은 평년보다 1.9℃ 높아 1973년 이래로 최고였으며, 8월 한 달의 평균기온은 평년보다 2.8℃가 높았다. 폭염 일수와 열대야 일수도 연일 최고 기록을 세웠다. 여름철 전국 평균 강수량은 평년보다 적었지만, 대부분의 비가 장마철에 집중적으로 내려 장마철 전국 강수량은 평년보다 상당히 많았다. 뭔가 이상하였다. 열이 펄펄 끓을 정도로 지구가 아픈 것 같았다.

기후변화로 인한 생태계 파괴와 인간 사회의 피해는 이미 상당한 수준이다. 2023년 캐나다에서 발생한 산불은 대한민국 면적의 1.4배인 1,400만 헥타르의 산림에 피해를 일으키며 역대 최악, 최대 산불로 기록되었으며, 당시 발생한 산불로 인한 연기는 캐나다뿐 아니라 미국과 남미까지 퍼져 대기오염을 일으키기도 했다. 1984년을 기준으로 북극의 바다 얼음은 4분의 3이 사라졌으며, 2030년 여름에는 북극의 바다 얼음이 완전히 사라질 것으로 예상된다.[1]

영국 남극연구소(BAS)는, 남극 대륙을 뒤덮고 있는 빙상(氷床·대륙빙하) 아래에 따뜻한 바닷물이 스며들면서 얼음이 녹는 속도가 더욱 빨라지고 있으며, '이대로 가면' 남극 빙상 해빙에 따른 전 세계적 해수면 상승을 더는 멈출 수 없는 '임계점(tipping point·티핑 포인트)'에

이를 수 있다는 연구 결과를 발표하였다.[2] 남극 빙상이 모두 녹으면 지구 해수면은 약 58m 정도 상승한다고 한다. 2010년 기준 전 세계 인구의 11%가 해수면에서 10m 남짓 높은 해안 지역에 살아가고 있다.[3] 지구 해수면이 7m 정도 상승하면 해안에 위치한 전 세계 대부분의 도시들이 침수될 것으로 예상되고, 해수면이 20m 정도 상승하면 서울의 주요 시가지도 침수된다.

2015년 파리에서 열린 제21차 유엔기후변화협약 당사국총회(COP21)에서는 지구의 기온 상승을 산업화 이전 대비 1.5℃ 이내로 제한하는 것을 목표로 정하였다. 하지만, 2024년 1월부터 11월까지 지구의 평균 기온은 산업화 이전 대비 1.62℃ 높았던 것으로 나타나[4] 역사상 가장 더운 해가 되었다. 2023년 안토니오 구테흐스 유엔 사무총장은 이미 지구가 온난화 단계를 지나 '끓어오르는 시대'로 접어들었다고 언급한 바 있다.

기후변화 시나리오를 언급할 때, 가장 많이 듣게 되는 말이 '이대로 가면(BAU, business as usual)'이다. 불과 십수 년 전까지만 하여도 '이대로 가면' 최악의 상황은 대개 20~30년 뒤(2050년쯤)의 상황이었다. 그때쯤이면 기성세대야 지구를 이렇게 만든 책임이 있으니, 어쩔 수 없이 감내해야 할 거라는 생각도 했었다. 그렇다면 우리 아이들은 어떻게 될 것인가? 그들은 무슨 잘못으로 '태어나 보니' 더 이상 푸르지 않은 아픈 지구에 살게 되었을까? 그런데 이제는 그때가 더 당겨지는 듯하다.

아이들도 아프다

지구만 아픈 것이 아니다. 아이들도 아프다. 아동·청소년 인권 실태 조사에 따르면, 청소년의 26.5%가 가끔 그리고 4.7%가 자주 자살을 생각한다. 자살을 생각하는 이유는 학업 부담 및 성적(42.7%), 미래(진로)에 대한 불안(19.8%), 가족 간의 갈등(17.9%), (학교 폭력 등) 선후배나 또래와의 갈등(6.5%), 경제적인 어려움(0.9%), 기타(12.1%) 순으로 나타났다.

아이들은 현재의 어른들을 보면서 자신들의 미래를 그려 본다. 아이들은 미래를 그려 보지만 그 미래가 꿈꿀 만큼 희망적이지 않다. 무엇보다 그 미래를 이루기 위한 과정이 숨 막히게 힘들고 고통스럽다. 아이들에게는 미래를 선택할 자유도 없고, 아무도 선택하는 법을 가르쳐 주지도 않았다. 모두 똑같은 목표―좋은 대학과 풍족하고 안정적인 직업―를 향해 달려가기만 할 뿐. 그러나 그 문은 너무나도 좁고, 또 갈수록 점점 더 좁아지고 있다.

이러한 불안과 고통은 생애 내내 이어진다. 힘들여 대학을 마친 청년들은 미래에 대한 불안과 양육·주거 부담으로 결혼과 출산을 주저한다. 이를 자기만 아는 개인주의라고 나무랄 수 있는 이는 아무도 없다. 불안과 고통은 다시 극단적인 결과로 이어진다. 통계청 자료에 따르면, 2023년 한국의 자살률은 인구 10만 명당 27.3명으로 세계 최고 수준이다. 연령별 사망 원인에서 보면 자살은 10~30대에서는 첫 번째, 40~50대에서는 암에 이어 두 번째, 60대에서도 네 번째 사망 원인으로 나타났다. 자살의 동기도 20~50대에서는 정신적·정신과적 문제와 경제적 문제가, 60대 이상에서는 육체적 질병 문제와 정신적·

정신과적 문제가 주요 요인이었다.[5] 그런데 정신적·정신과적 문제의 대부분은 우울(증)과 불안장애인데, 이의 보다 근본적인 원인은 다시 생물학적·심리적 요인과 함께 복합적으로 작용하는 경제적 문제나 가족·사회 관계 문제 등 환경적 요인에서 찾아볼 수 있을 것이다.

　유엔 산하 자문기구인 지속가능발전솔루션네트워크(UN Sustainable Development Solutions Network)가 2024년 발표한 「세계행복보고서(World Happiness Report 2024)」에 따르면, 한국의 2021~2023년 평균 행복지수는 6.058로 조사 대상 국가 143개국 중 52위에 불과하다. 상위권 국가 대부분은 유럽 국가들이지만, 1인당 GDP에서는 한국보다 상당히 낮은 코소보, 엘살바도르, 세르비아, 과테말라, 니카라과아, 우즈베키스탄 등도 한국보다 높은 행복지수를 보이고 있다.

[표 1] 국가별 행복지수, 순위, 1인당 GDP[6]

순위	국가	행복지수 (2021~2023 평균)	1인당 GDP (US$, 2023)
1	핀란드	7.344	53,131
2	덴마크	7.583	68,619
3	아이슬란드	7.525	83,485
23	미국	6.725	82,715
29	코소보	6.561	5,922
33	엘살바도르	6.469	5,344
37	세르비아	6.411	11,352
42	과테말라	6.287	5,933
43	니카라과아	6.284	2,673

47	우즈베키스탄	6.195	2,820
51	일본	6.060	33,899
52	대한민국	6.058	35,563
60	중국	5.973	12,597

자신이 선택할 수 없는 정해진 미래 때문에 불안하고 고통스러워하는 아이들에게 "괜찮을 거다."고 말해 주고 싶어도 어른들도 이미 만신창이이다. 벼랑 끝을 힘겹게 걸어가는 아이들을 기다리고 있는 미래는 그들이 꿈꾸던 미래일까?

지구와 아이들은 왜 아플까?

그린피스 인터내셔널의 책임자를 지냈던 환경운동가 폴 길딩(Paul Gilding) 교수는 2012년 「지구는 꽉 차 있다(The Earth Is Full)」는 제목의 TED 강연에서, 지구가 인류와 그들의 물건, 쓰레기, 요구들로 가득 차 있다고 말하였다. 그리고 그는 성장 중독으로 인한 지구의 과부하가 기후변화의 주요한 원인이며, 소비와 낭비에 기반한 현재의 경제성장 모델(Economic Growth, Version 1.0)이 지구 생태계와 자원의 한계를 넘어섰고, 현재의 경제를 지탱하기 위해서는 1.5개의 지구가 필요하다고 주장하였다. 12년 전의 이야기이므로, 아마도 지금은 더 많은 지구가 필요할 것이다.

생산과 소비는 인간의 생활과 생존을 위해 필수적인 활동이다. 문제는 생산과 소비 활동을 끊임없이 성장시키고자 하는 인간의 욕망이다. 생산과 소비를 늘림으로써 끝없이 경제를 성장시키려는 욕망이 인간의 욕구를 충족시키기 위한 자원 활동을 최소화함으로써 자연과 사회의 건강함을 유지하려는 이성적 판단을 압도하고 있는 것이다.

경제의 성장은 개별 경제 주체 사이의 경쟁을 통해서 이루어진다. 경쟁적인 성장은 마치 자전거를 타는 것 같아서, 멈추면 패배하고 사라진다. 때문에 개별 기업은 생태계와 자원의 한계를 상관하지 않고, 경쟁적으로 더 많이 더 효율적으로 상품을 만들어서 팔려고 한다. 상품에 대한 수요가 없다면 소비자의 욕구를 인위적으로 만들어서라도 판다.

성장을 통한 이익은 자본이 갖고, 그 결과 발생하는 지구 온난화와 자원 고갈의 피해는 사회에서 가장 취약한 이들이 제일 많이 겪어 내야 한다. 사회 불평등과 세대 간 불평등은 함께 따라오는 피할 수 없는 결과이다. 고갈된 자원은 고도로 발전된 기술을 이용하여 언젠가는 대체재를 찾거나 새로 만들 수 있다고 하더라도, 균형 상태가 깨어진 생태계와 지구 시스템은 인간의 생애나 문명의 역사라는 '짧은' 시간 안에서는 회복 불가능해질 수 있다.

성장 패러다임의 사회에서는 경쟁에서 밀리면 도태되고 만다는 공포감은 기업뿐만 아니라 개인에게도 깊숙이 스며든다. 그리고 그 공포심은 능력주의라는 이데올로기로 환생하여, 유리한 조건이 개인의 능력이라고 믿으며 능력 있는 부모는 '능력'을 자녀에게 대물림한다. 이렇게 성공한 사람들은 그 과정이 "공정하다는 착각"[1]을 하면서 자신의 능력을 과신하고 과시하며, 실패한 사람들은 자신 또는 부모의 부족함

---

1 능력주의를 비판하는 마이클 샌델의 저서(한국 번역판) 이름이기도 하다(원제: The Tyranny of Merit).

을 탓하게 된다. 기회와 조건의 동아줄을 잡지 못하고 벼랑 아래로 떨어지면, 그 벼랑은 무척이나 가팔라서 웬만해선 패자 부활의 기회를 가지기도 어렵다. 아이들은 벼랑 아래로 떨어지는 어른들을 보면서, 그것이 자신의 미래가 될까 몸서리치며 불안해하고 때로는 현실을 피해 가상 세계나 영원히 자유로운 세계로 '도피'하기도 한다.

누군가 이러한 성장과 성공을 위한 경쟁의 이유가 인간의 '탐욕'에 있다고 한다. 그런데 그 탐욕은 인간의 본성으로서 개인이 가진 탐욕이 아니라 자본주의 사회의 작동 원리로 구조화된 탐욕이다. 아픈 지구와 아이들을 치유하기 위해 단지 "일회용품 사용을 줄여라.", "내연기관 자동차 대신 전기자동차를 이용하라."거나 "더 열심히 공부해.", "너 하기 나름이야."라고만 할 것인가? 개인이 각자의 탐욕을 줄이고 더 노력하면 될까? 그렇게 하면 지구와 지구상의 모든 아이들이 행복해질까?

기술에 대한 환상

인간의 행위로 인해 기후위기가 유발되었음을 인정하는 이들 중에 일부(아마도 상당수)는 해결 가능성을 또다시 기술에서 찾는다. 대표적인 접근 방법이 그린뉴딜이다. 그린뉴딜은 기존의 화석 연료 중심 경제 모델에서 벗어나 친환경적이고 지속 가능한 경제 체제로의 전환을 목표로 하며, 생산과 소비 자체를 감소시키기보다는 재생 가능 에너지원 전환과 에너지 효율성 향상, 친환경 기술 적용, 순환경제 구축 등을 통해 지속 가능한 방식으로 생산과 소비를 유지하고자 한다. 즉, 그린뉴딜을 통하여 지속 가능한 '성장'이 여전히 가능하다고 주장하는 것이다.

하지만 재생 가능 에너지원으로의 전환이나 순환경제 구축에는 그 전제나 기술적 타당성, 실질적 효과에 많은 한계가 존재한다. 태양광이나 풍력 발전으로 현재의 경제가 필요로 하는 만큼 충분한 에너지를 공급하려면 발전 시설을 위해 전 세계 육지 중 상당한 면적(약 3% 추정)이 필요하며(이는 또한 삼림 등 상당한 생태계 파괴를 수반할 수 있다), 실제로 필요한 발전 시설 구축에는 상당한 시간과 비용이 소요될 것이다.

에너지원의 전환은 에너지 인프라뿐만 아니라 에너지를 사용하는 산업과 가정의 에너지 관련 시설도 함께 바꿔야 하는데, 여기에서도 상당한 규모의 새로운 자원 소요와 폐기물이 발생한다. 재생 가능 에너지원을 확대하려면, 태양광 패널이나 영구자석(풍력발전기, 전기자동차), 배터리(전기자동차, 에너지저장시스템)의 생산을 위해 막대한 양의 희토류 자원 채굴이 필요하며, 이는 이미 심각한 환경 문제를 일으키고 있다.

순환경제는 "가지고, 만들고, 낭비한다"는 선형경제[2]의 접근 방식과 달리, 재사용, 공유, 수리, 개조, 재제조 및 재활용을 통해 자원 사용의 효율성을 높이고 폐기물을 최소화하는 것을 목표로 한다. 순환경제가 어느 정도는 자원 사용을 줄이는 효과는 있겠지만, 자원 재순환성의 가정과 실행에는 또 많은 문제가 있다. 모든 상품과 물질은 엔트로

---

2 선형경제는 자원을 채취하여 제품을 제조하고 사용한 후 폐기하는 선형적 과정을 따르는 경제 모델이다.

피 법칙에 따른 물성의 변화로 무한 재활용은 불가능하며, 재활용 과정에서도 상당한 에너지와 부수적 원재료가 필요하다. 또한 대량 생산, 값싸고 편리한 제품, 생산과 소비의 증가 등을 특징으로 하는 기존 선형경제의 구조를 바꾸는 것은 매우 어려우며, 순환경제로의 전환을 반대하는 경제적 이해관계가 존재한다.

그린뉴딜의 또 다른 한계는 에너지 전환과 관련된 부분을 제외한 경제의 다른 생산과 소비 부분에 대해서는 어떠한 통제력도 없으며, 실제로 산업계의 대부분은 그린뉴딜 정책에 대해 정부의 시장 개입이라고 비판—정책에 대한 무반응 또는 우려—하고 있다. 결국 경제의 근본적인 성장 패러다임이나 구조의 변화 없이는, 그린뉴딜이 내세운 목표를 달성하는 것은 매우 오랜 시간이 소요되거나 또는 근본적으로 불가능할 것이다.

기술에 대한 환상은 지구의 기후위기와 자원 고갈 문제에 대한 대안을 우주에서 찾도록 만들기도 한다. 지구상에서 고갈된 자원을 소행성에서 채굴하여 지구로 가져오겠다거나, 인류가 더 이상 생존할 수 없게 된 지구를 대신하여 화성을 테라포밍(Terraforming)하고 그곳으로 인류를 이주시키겠다는 계획같이.

이 같은 생각이나 계획은 기술적·경제적 실현 가능성이나 실현 가능한 시기를 떠나, 화성과 소행성, 우주 공간을 '또 다른 지구'로 만들어 버릴 것이라는 데 근본적인 문제가 있다. 인간의 이주를 위하여 화성을 테라포밍하겠다는 아이디어는 윤리적으로도 비판받고 있으며, 빌 게이츠는 일론 머스크의 화성 이주 계획에 대해 화성 이주에 들어갈 막대한 비용을 지구상의 당면 과제 해결에 사용하는 것이 더 유익

하다고 비판하였다.

지구 궤도에는 이미 우주 쓰레기가 가득하다. 대부분 수명을 다한 인공위성이나 그것들의 파편이다. 인류가 쏘아올린 인공위성은 8,000여 개이며, 지구 위에 떠 있는 1㎝ 이상 크기의 우주 쓰레기는 90만 개 정도, 1㎝ 이하 크기까지 합하면 지구 위 우주 쓰레기는 100조 개가 넘을 것으로 과학자들은 추측하고 있다.[7]

문제는 이 우주 쓰레기가 인공위성이나 우주선과 충돌하고 또 그 충돌에서 생긴 파편으로 연쇄적인 충돌의 악순환(케슬러 신드롬)을 일으키거나, 독성이 강한 로켓 연료의 잔류물과 방사선 등이 묻어 있는 우주 쓰레기가 지구로 떨어져 환경과 생태계를 파괴할 수 있다는 것이다. 이 역시 우주 개발을 위한 경쟁의 결과이다. 여러 국가나 기업이 협력하여 우주 개발에 드는 자원과 비용을 효율화하거나 우주 환경 보호를 고려하지 않고, 한정된 궤도 공간을 먼저 차지하기 위하여 경쟁적으로 우주선과 인공위성을 우주 공간으로 쏘아 올린 결과이다.

끊임없는 성장을 위한 탐욕과 기술로 모든 문제의 해결이 가능하다는 오만함은 이미 지구를 넘어 하늘을 덮고 있다. 지금까지 인류가 기술을 개발하고 이용한 결과에 대한 비판적 성찰 없이, 기술이 모든 것을 해결해 줄 것이라는 순진한 사고는 문제의 근원을 해결하지 못하고 계속하여 새로운 문제를 만들어 낼 뿐이다.

새로운 삶의 방식, 탈성장을 향하여

원숭이가 자기 손보다 큰 과일이 들어 있는 입구 좁은 항아리에 손을 넣어 그 과일을 움켜쥐고 빼려 하니 손이 빠지지 않는다. 손을 빼려면 그 과일을 놓거나 항아리를 깨트려야 한다. 기후 위기의 상황에서도 대부분의 국가와 기업들은 계속 성장하고자 한다. 지금까지 기후위기에 책임이 크지 않은 국가들 중에 또 많은 수가 북반구 고소득 국가들의 발전 모델을 따라 성장을 위한 경쟁 대열에 뛰어든다. 그 누구도 손에 쥔 것을 놓으려 하지 않는다. 결국은 항아리―지구―가 깨어지고 말 것이다.

항아리를 깨트리지 않는 유일한 방법은 성장 중심 패러다임을 벗어나 새로운 가치관과 삶의 원칙, 사회 제도를 만들고 그것을 실천하는 것이다. 효율성, 소득 증가, 소비와 만족을 추구하기보다, 균형과 지속 가능성을 중시하고 삶의 질을 높이고자 하는 것. 새로운 것을 소유하려고 하기보다, 이미 가지고 있는 것을 아끼며 함께 쓰는 것. 성장을 추구하는 과정에서 낙오된 이들에게 선별적 복지를 베푸는 것이 아니라, 모두가 함께 일하고 나눔과 돌봄을 통하여 공동체를 건강하게 만드는 것. 다른 이보다 더 많이, 더 빨리 무엇인가를 차지하기 위하여 경쟁하기보다, 모두가 참여하여 협력하며 문제를 해결하고 더 나은 사회를 함께 만들어 가는 것. 이것이 탈성장이다.

탈성장은 문명 이전의 세계나 모두가 함께 가난한 사회로의 회귀가 아니다. 탈성장은 혁신과 노력의 가치를 부정하지 않는다. 혁신은 이윤이나 편리함보다 공동체 전체의 복지와 자연과의 조화·균형을 더 중요하게 여겨야 한다. 개인의 노력과 그 결과에 대해 보상받는 것을 부정하지 않으며, 처음부터 노력할 기회가 주어지지 않거나 노력하여도 정당한 보상을 받지 못하는 사회 체제를 변화시키고자 한다.

탈성장은 인류가 아직 가 보지 않은 미지의 숲속에 있는 유토피아가 아니라, 이미 세계 여러 곳에서 다양한 형태로 실행되고 있는 탈성장의 원칙에 조응하는 실제 삶과 변화 노력, 사람들의 지혜로부터 시작하는 시민들의 권리이다.

책의 구성

이 책은 탈성장이 왜 필요한지, 현재 사회체제의 근본적인 문제가 무엇인지, 그리고 탈성장 사회가 어떠한 모습일지를 정리한 것이다. 이 책은 크게 3부로 구성된다.

1부(벼랑으로 달리는 자전거)에서는 현재 인류가 당면하고 있는 기후위기의 원인과 그에 대한 인류의 대응 및 위기의 해결 가능성에 대해 살펴본다. 기후위기의 원인은 바로 인간의 생산 및 소비 활동에 있으나, 기후위기의 절박함에도 불구하고 그에 대응하는 인류의 해결 노력은 매우 부족하다. 기후위기가 커지는 과정에서 그리고 기후위기에 대응하는 과정에서 부유한 이들로부터 빈곤한 이들에게로, 북반구의 부자 나라들로부터 남반구의 가난한 나라들로 그 피해와 부담이 떠넘겨지고 있다. 대부분의 나라들이 그린뉴딜과 같은 기술적 해결 방안으로 기후위기에 대응할 수 있다고 스스로를 위안하지만, 현재까지의 기후위기 대응 노력의 결과에서는 어떠한 긍정적 변화의 징후도 보이지 않는다.

2부(성장은 자전거와 같아서, 넘어지지 않으려면 달려야 한다)에서는 기후위기의 근본적인 원인인 경제 성장은 내재적인 모순과 외부적 요인으로 무한히 지속되기 어렵다는 것을 살펴본다. 인위적인 생산과 소비의 확대 메커니즘을 통해 경제 성장은 가능하나, 자원의 고갈과 과도한 경제 성장에 따른 외부비용으로 인해 무한한 경제 성장은 점점 압박을 받는다. 경제 성장의 동인이었던 기술 발전은 한편으로는 생산성 증대를 통해 공급을 확대시키나 그와 함께 노동소득 분배율을 하락시켜 유효수요 증가를 제약함에 따라, 경제 성장 메커니즘 자체가 구조적으로 가지는 모순을 드러낸다. 또한 인공지능이나 디지털 플랫폼과 같이 4차 산업혁명의 동력이 되는 기술은 성장 패러다임의 경제에서 경쟁과 독점의 수단이며, 그것이 가져다줄 미래의 세계는 인간의 좋은 삶과는 거리가 먼 거대 기술사회가 될 것이다.

 3부(자전거에서 내리면 넘어지지 않는다)는 우리가 만들어 가고자 하는 탈성장 사회가 어떠한 사회인지 그리고 어떻게 만들어질 수 있는지에 대한 논의의 기초를 제공하고자 한다. 먼저 탈성장 사회가 무엇이며 그것이 어떻게 가능해질 수 있는지를 이야기하고, 그러한 사회를 구성하기 위해서 우리가 참고해야 할 원칙들을 제시해 본다. 그리고 인간 사회 내에서 그리고 인간과 자연 사이에서 가장 기본적인 활동인 노동이 탈성장 사회에서는 어떠한 모습일 수 있는지를 같이 생각해 본다. 마지막으로 탈성장으로의 전환은 먼 미래의 유토피아가 아니라 이미 현실 세계에서 시도되고 하나씩 만들어져 가는 사회 변혁적 정책과 제도, 실천으로서 존재하고 있음을 확인하고, 지금 우리가 있는 이곳에서도 그러한 노력이 이루어지기를 제안한다.

 책의 내용 중에는 다소 과격한 단정이나 질문들이 포함되어 있다. 이는 비판을 통한 논의를 위한 것이기도 하다. 이 책을 통해 많은 사람들이 탈성장에 대해 한 번 더 생각하고 활발하게 논의함으로써 조그만 형태의 실천에 도움이 되기를 바란다.

차례

프롤로그   4 | 들어가기 전에   7

PART 1
벼랑으로 달리는 자전거

1장 기후위기의 원인과 탄소중립 시나리오   26
변화하는 지구의 기후, 이상기후의 뉴노멀 시대   28
기후위기, 자연적 현상인가 인간이 초래한 결과인가?   33
1.5℃ 및 2℃ 상승 시 지구 평균기온 변화 시나리오   40
탄소예산과 감축 목표, 이상과 현실   46
인류세와 6차 대멸종의 위기   53

2장 기후 불평등   55
평등하지 않은 기후 재난: 1% 대 66%   56
아프리카의 고통, 지구의 가장 뜨거운 비명   62
공평한 책임의 원칙과 사다리 걷어차기   65
온실가스 배출 아웃소싱과 님비(Not In My BackYard)   72
탄소 유출과 탄소 피난처, 배출하는 자와 감당하는 자   76
거래가 아닌 강탈, 탄소 해적과 21세기 인클로저   80
기후정의의 새로운 출발, 손실과 보상   89

3장 탄소중립의 실현 가능성 · 95

기후위기를 바라보는 서로 다른 시각들 · 96
'지속 가능한 발전'의 정책 프레임워크, 그린뉴딜 · 99
그린뉴딜과 탄소중립의 가능성에 대한 몇 가지 질문 · 103
재생 가능 에너지원으로의 전환에 따른 문제점들 · 106
전기자동차는 탄소제로 이동을 약속하는가? · 113
IT/서비스/금융 중심 경제 체제로의 전환 · 119
식량 문제와 온실가스 배출, 두 마리 토끼 · 127
불확실한 기술적 해결 방안 · 133
지구위험한계선: 온실가스 배출만 줄이면 될까? · 137
"어떤 긍정적 지표도 나타나지 않고 있어" · 140

PART 2
성장은 자전거와 같아서, 넘어지지 않으려면 달려야 한다

4장 무한 성장의 덫 · 146

끝없는 경제 성장의 도그마 · 147
사회 발전 지표로서의 생산·소득 성장 · 152
무한 성장은 어떻게 가능한가 · 155
영원한 성장은 없다, 경제 성장의 한계 · 162
고갈되는 자원, 갈라진 거위의 배 · 166
성장의 외부비용, 빛이 강할수록 짙어지는 그림자 · 174
과연 지속 가능한 성장은 가능한가? · 182

5장 기술 혁신, 소득 분배, 유효수요   186

경제 성장에 대한 우울한 전망   187
산업 구조의 변화와 경제 성장   192
생산성 증대와 노동 대체의 역사   199
소득 분배와 총유효수요, 잃어버린 성장의 고리   203
기술 혁신과 경제 성장은 비례하는가   206
4차 산업혁명에 대한 지나친 기대   212
다시 기본으로(Back to the Basic): 경제와 사회 체제의 기본   216

6장 인공지능과 플랫폼   221

인간의 존재를 위협하는 인공지능의 실체   222
나를 더 잘 아는 타인, 인공지능과 거푸집   229
인간보다 더 인간 같은 AI는 인간일까?   232
경쟁과 독점의 새로운 모습: 디지털 플랫폼과 플랫폼 경제   237
초거대 플랫폼 사회, 유토피아인가 디스토피아인가   242

PART 3
자전거에서 내리면 넘어지지 않는다

7장 우리가 걸어가는 방향   252

근대주의의 극복과 플루리버스 세계관   254
탈성장의 첫걸음, 성장 강박 털어 내기   257
변화 모듈 1 | 확장된 휴먼스케일과 자율성   265
변화 모듈 2 | 좋은 삶의 조건과 지속 가능성의 조화   268

| 변화 모듈 3 | 교환가치보다 사용가치를 중시하는 경제 체제 | 274
| 변화 모듈 4 | 지역 사회의 경제적 자립 | 277
| 변화 모듈 5 | 기업 활동에 대한 시민 통제 | 284
| 변화 모듈 6 | 자원의 공동 소유와 이용 | 292
| 변화 모듈 7 | 지역금융과 지역화폐 | 297
| 변화 모듈 8 | 권리로서의 노동과 나눔 | 301
| 변화 모듈 9 | 사회 존속의 기반으로서의 돌봄 | 307
| 변화 모듈 10 | 교육과 혁신의 원리로서의 협력 | 314
| 변화 모듈 11 | '복지'가 필요하지 않은 복지사회 | 321
| 변화 모듈 12 | 참여민주주의와 국제 연대 | 330
우리 사회가 지향할 가치: 좋은 삶과 진보 | 335

8장 탈성장과 노동 344

인간은 노동으로부터 해방될 것인가? 345
두 가지 대안: 탈희소성 사회와 기본소득 347
노동은 인간에게 어떤 의미인가 351
탈성장과 진정한 의미에서의 노동의 해방 355

9장 전환 360

탈성장 사회로의 전환에 대한 장애 362
전환을 위한 연합전선과 공통 가치 365
현실 대안과 정책으로서의 탈성장 369
암스테르담, '번영하는 도시'로 전환하다 373
지금, 여기서 우리가 해야 할 일 379

에필로그 389 | 참고 문헌 393

CLIMATE CRISIS

PART 1

벼랑으로 달리는 자전거

DEGROWTH

1장

기후위기의 원인과
탄소중립 시나리오

　1972년 스톡홀름에서 열린 유엔인간환경회의에서는 환경 문제의 심각성과 이의 해결을 위한 국가 간 협력의 중요성이 논의되었다. 하지만 이때까지 기후변화 문제가 공식적으로 거론되지는 않았다. 기후변화 문제가 국제적으로 인식되기 시작한 것은 1980년대 후반이다. 1989년 네덜란드 헤이그에서 서구 정상들이 기후변화를 다룰 독립적인 기구 설립을 제안하였다.
　그해 11월에는 세계 67개국 대표와 11개의 국제기구가 네덜란드에서 선진국[1]의 온실가스 감축, 공통의 차별화된 원칙, 지속 가능 발전

---

[1] 저자는 관용적으로 고도로 산업화되고 경제적으로 발전하여 국민의 생활 수준이나 삶의 질이 높은 국가를 지칭하는 '선진국'이라는 용어가 적절치 않다고 생각한다. '선진국'이라는 용어는 경제적으로 발전하지 않았거나 국민의 생활 수준이 높지 않은 국가들을 ('후진국'으로) 차별하거나 폄훼하는 의미를 가지고 있다. 그뿐만 아니라, 기후변화에 대한 주요한 원인 제공과 과거 약소국가에 대한 식민 지배 역사, 현재 자국 이익 중심의 국제 질서 강요 등 여러 사실을 고려할 때, 이들 국가를 '선진국'이라 지칭하는 것도 적절하지 않

보장, 기후변화에 관한 정부 간 협의체 작업 추진, 각국의 온실가스 감축 정책 추진과 개발도상국에 대한 재정 지원을 내용으로 한 노르드윅 선언을 발표하였다.[1] 기후변화의 원인이 인간 활동이 아니라 자연적 현상이라는 주장은 최근까지도 계속되었지만, 노르드윅 선언에서는 기후변화에 대응하여 온실가스 감축 등 각국의 노력이 필요하다는 것에 대한 합의가 이루어졌다.

대기 중 온실가스의 영향으로 지구의 평균기온이 상승한다는 인과관계가 규명된 것은 19세기 말 스웨덴 과학자 스반테 아레니우스(Svante A. Arrhenius)에 의해서였다. 1990년대부터 과학자들은 연구를 통하여 산업화 이전 대비 2.0℃ 이상의 기온 상승은 인간이 통제할 수 있는 임계점을 넘어서는 것으로 판단하였다. 2009년 코펜하겐에서 열린 유엔기후변화협약 15차 당사국총회에서 지구의 평균기온 상승을 2.0℃ 이내로 제한하는 목표에 대해 최초로 합의가 이루어졌고, 2015년 파리 21차 당사국총회에서는 평균기온 상승을 1.5℃에 최대한 가깝게 제한하도록 목표 수정이 이루어졌다.

2021년에 발표된 「IPCC 6차 평가보고서」는 화석 연료의 사용 등 인간 활동이 1950년 이후 나타난 지구온난화의 주요 원인이었을 가능성이 매우 높다고 결론을 내렸고, 이를 통해 인간 활동이 기후변화의 주요 원인이라는 점이 공식적으로 인정되었다.

기후변화 대응을 위한 국제적 합의가 실질적인 결과로 이어지려면,

을 것이다. '선진국'보다는 맥락에 따라 '고소득 국가'나 '강대국'으로 표현하는 것이 적절할 것이나, 이 책에서도 관행적으로 사용되는 개념으로 '선진국'이라는 용어를 그대로 사용한다.

국제적 합의에 따라 각국이 저마다 목표를 수립하고 이를 실현하기 위한 정책을 마련하여야 한다. 그리고 궁극적으로는 이러한 정책이 기업과 시민 등 개별 경제주체들의 실천과 노력을 통해 실현되어야 한다. 과연 이러한 노력은 실질적인 결과를 만들어 낼 수 있을까?

변화하는 지구의 기후, 이상기후의 뉴노멀 시대

2021년 10월 영국 글래스고에서 개최된 유엔기후변화협약 26차 당사국총회에 맞춰 세계기상기구(WMO)가 「2021 기후 상태보고서」를 발표하였다. 세계기상기구는 이 보고서에서 "극단적 이상기후는 이제 '뉴노멀'이 됐다."며 "이 중 일부는 인간이 일으킨 기후변화 때문이라는 과학적 증거가 점차 증가하고 있다."고 지적했다. 그러면서 그해 전 세계에서 일어난 극단적인 사건들을 대표적인 사례로 열거했다.[2]

- 그린란드 빙상의 정점에 사상 처음으로 눈이 아닌 비가 내렸다.
- 캐나다와 미국 인접 지역의 폭염으로 브리티시컬럼비아주 한 마을의 기온이 50℃ 가까이 상승했다.
- 미국 남서부 지역의 폭염 기간 중 캘리포니아주 데스밸리 국립공원은 기온이 54.5℃까지 치솟았다.
- 중국의 한 지역에서는 수개월 치에 해당하는 비가 단 몇 시간 만에 내렸다.
- 유럽 일부 지역에서는 심각한 홍수가 발생하여 수십 명의 사상자

가 나오고, 수많은 경제적 손실을 초래했다.
- 남아메리카 아열대 지역에서는 2년 연속 가뭄이 발생하면서 강 유역의 유량이 감소했으며, 농업·교통·에너지 생산에 타격을 입었다.

'이상기후'가 뉴노멀이 되었다는 것은 지구의 기후가 변화하였고, 그 이전의 기후로 되돌아 가는 것이 쉽지 않다는 의미이다. '이상' 기후가 아닌 기후 '변화'에 대한 이와 같은 증언은 단지 체감이나 목격이 아니라 과학적 관측과 연구에 기초하고 있다. 미국 의회는 국무부와 국가과학재단(NSF) 등 15개 연방기관이 수행하는 글로벌 환경 변화에 대한 연구를 조정하고 통합하여 미국과 전 세계가 이러한 변화에 효과적으로 대응할 수 있도록 돕는 글로벌 변화 연구 프로그램(Global Change Research Program)을 1990년부터 시작하였다. 그리고 이 프로그램은 여러 연구들의 결과를 통합한 「국가 기후 평가(National Climate Assessment) 보고서」를 최대 4년에 한 번씩 발표하여, 미국 내 기후변화의 영향과 대응 방안에 대해 권위 있는 정보를 제공하고 있다. 2018년에 발표된 「4차 국가 기후 평가(NCA4) 보고서」는 다음과 같은 핵심적인 기후변화를 제시하고 있다.

■ 기온 상승

미국과 인접 지역의 연평균 기온은 지난 수십 년간 0.7℃ 증가하였고, 20세기 초와 비교해서 1℃ 증가하였다. 향후 수십 년간 연평균 기온은 약 1.4℃ 증가할 것으로 예상되며, 21세기 말에는 미래 시나리오에 따라 1.6~6.6℃ 증가할 것으로 예상된다.

- **강수량 변화**

20세기 초 이후 미국 북부 및 동부 대부분 지역에서는 연간 강수량이 증가했고, 남부와 서부 대부분 지역에서는 감소했다. 미국 대부분 지역에서 폭우나 폭설의 빈도와 강도는 계속 증가할 것으로 예상된다. 서부 산악 지역에서 스노우팩[2]이 감소하고 겨울철의 강수가 눈에서 비로 바뀌어 감에 따라, 미국 대부분 지역에서 지표 토양 수분이 감소할 수 있다.

- **강력한 폭풍의 증가**

인간이 유발한 변화는 대기 역학에 영향을 미치고, 1950년 이후 극 방향으로 열대 지역이 확장되고 북반구 겨울 폭풍 경로가 북상하는 것에 일조하였다. 1970년 이후 온실가스의 증가와 대기 오염의 감소는 대서양 허리케인 활동의 증가에 기여하였다. 앞으로 대서양과 북태평양 동부 지역의 허리케인 강우량과 강도가 증가하고, 미국 서해안에 대기의 강[3]이 상륙하는 빈도와 강도도 커질 것으로 전망된다.

- **해양의 온난화와 산성화**

---

2 날씨가 따뜻할 때까지 산악 지역에 쌓여 있는 적설층으로, 많은 지역에서 중요한 물 공급원이 된다.
3 대기의 강(Atmospheric River)은 긴 띠 형태로 이루어지는 수증기 수송 현상을 일컫는데, 전 지구의 수문 순환에 중요한 역할을 한다.

20세기 중반 이후 전 세계 바다는 인간이 일으킨 온난화로 발생한 잉여 열의 93%와 인간 활동으로 매년 대기에 방출되는 이산화탄소의 4분의 1 이상을 흡수하고 있으며, 이로 인해 바다의 온도가 올라가고 산성화되고 있다. 해수 온도 상승, 해수면 상승, 강수량, 바람, 영양분, 해양 순환 패턴의 변화 등이 많은 지역에서 산소 농도를 낮추는 원인이 되고 있다.

■ 해수면 상승

　전 세계 평균 해수면은 1900년 이후 약 16~21cm 상승하였으며, 이 상승분의 절반이 1993년 이후 해양이 따뜻해지고 육지 얼음이 녹으면서 일어났다. 2000년과 비교하여, 21세기 말까지 해수면은 0.3~1.3m 상승할 것으로 예상된다. 남극 빙상의 안정성에 관한 새로운 연구에 따르면, 기후변화의 영향이 큰 상황에서는 2100년까지 해수면이 2.4m 넘게 상승하는 것도 물리적으로 가능하다.

■ 연안 침수의 증가

　해양 순환의 변화, 지반 침하, 남극 빙하의 융해로 인해, 기후변화의 영향이 비교적 덜한 상황에서는 미국 북동부와 서부 멕시코만에서 평균보다 높은 해수면 상승이 예상되며, 기후변화의 영향이 큰 상황에서는 알래스카를 제외한 대부분의 미국 해안선에서 더 큰 해수면 상승이 예상된다. 1960년대 이후 해수면 상승은 이미 미국의 여러 해안 지역에서 만조 홍수 발생 빈도를 5~10배 증가시켰다. 앞으로도 조수 범람의 빈도, 깊이, 정도는 계속 증가할 것으로 예상되며, 허리케인이나 노이스트[4]와 같은 해안 폭풍과 관련된 더 심각한 홍수도 증가할 것으로 예상된다.

■ 북극의 변화

북극에서는 연평균 기온이 지구 평균보다 2배 이상 빠르게 상승하면서, 영구동토층이 녹고 해빙과 빙하가 손실되고 있다. 북극 전역의 빙하 및 해빙 손실은 계속될 것으로 예상된다. 21세기 중반 북극은 늦여름에 해빙이 모두 녹을 가능성이 매우 높다. 영구동토층은 향후 계속해서 녹을 것으로 예상되며, 영구동토층이 녹으면서 방출되는 이산화탄소와 메탄은 인간에 의한 온난화를 증폭시킬 가능성이 매우 높다.

이 보고서의 마지막은 장기 예측이다. 보고서는 인간이 배출하는 온실가스로 인한 기후변화는 수십 년에서 수천 년 동안 지속될 것이며, 기후 시스템 내의 자기강화 사이클은 인간이 일으킨 변화를 가속화하고 지구의 기후 시스템을 지금까지 경험한 것과는 매우 다른 새로운 상태로 변화시킬 가능성 있다고 경고하고 있다.

온난화로 인한 기후변화의 양상과 정도는 지역에 따라 차이가 있겠지만, 위에서 언급된 대부분의 기후변화는 세계 여러 지역에서도 마찬가지로 경험되고 있다. 다시 말해, 온난화로 인한 기후변화는 지역적이거나 일시적인 것이 아니라, 전 지구적이며 이전과는 매우 다른 상태가 뉴노멀이 되고 있는 상황이다.

[4] 북동쪽에서 불어오는 강한 바람이나 이러한 바람을 동반한 폭풍.

기후위기, 자연적 현상인가 인간이 초래한 결과인가?

이 같은 지구온난화의 원인은 무엇인가? 인간 활동이 현재의 기후변화의 주요한 원인이라고 보는 대다수 과학자들의 견해와 달리, 자연적 원인을 주장하는 학자들도 있다. 프린스턴 대학교의 물리학 교수인 윌리엄 해퍼(William Happer)는 기후변화에 대해 회의적인 견해를 가지고 온실가스의 증가가 기후변화에 미치는 영향이 과장되었다고 주장하였다.[3] 해퍼는 현재의 이산화탄소 농도는 지구 역사상 낮은 수준이며, 이산화탄소 증가가 지구에 긍정적인 영향을 미칠 수 있다고 말한다. MIT의 대기과학 교수였던 리처드 린젠(Richard Lindzen)도 기후변화의 자연적 변동성을 강조하며, 인간 활동이 기후변화에 미치는 영향이 과장되었다고 주장하였다.[4]

이들의 주장을 다시 과학적으로 반박하는 것은 이 책에서 다룰 사항은 아니다. 하지만 이후 논의를 위하여 지구온난화의 주요 원인에 대해 분명히 하고 넘어갈 필요가 있다. 이를 위해 먼저 기후 시스템과 지구온난화, 기후변화, 기후위기의 개념을 간단히 살펴보자.

기후(지구) 시스템은 지구의 기후를 결정하는 복잡한 상호작용의 집합체로, 대기권(atmosphere), 수권(hydrosphere), 빙권(cryosphere), 지권(geosphere), 생물권(biosphere) 등의 여러 구성요소로 이루어져 있으며 각 요소는 서로 영향을 주고받으며 기후를 형성한다. 기후 시스템은 자연적 또는 인위적인 외부 강제력에 의해 상호 요소 간의 내적 상호 작용에 변화를 일으키고, 이것이 기후변동 또는 기후변화로 표출된다. 기후 시스템은 긴 시간 동안의 평균값에서 다소의 변화를 보이는데, 평균값을 크게 벗어나지 않는 자연적인 기후의 움직임을 보이는 경우 이를 '기후변동'이라 한다. 하지만, 자연적 기후변동의 범위를 벗어나 더 이상 평균적인 상태로 돌아오지 않는 정도로 평균 기후계가 변화할 경우 이를 '기후변화'라 한다.

기후 시스템은 피드백 과정을 통하여 시스템 내 상호 작용을 조절하거나 제어하는데, 기후 시스템에서 양의 피드백은 기후변화를 증폭시키고 음의 피드백은 기후변화를 완화시킨다. 예를 들어, 지구온난화로 인해 극지방의 얼음이 녹으면 태양 에너지가 더 많이 흡수되어 온난화가 가속화되는 양의 피드백이 발생한다. 또 온난화로 인해 수증기 증발량이 증가하면 구름이 더 많이 형성되어 햇빛을 반사시키고, 이로 인해 지표면의 온도를 낮추는 음의 피드백이 발생한다. 기후 시스템의 피드백은 다양한 요소들 간의 상호 작용이므로, 같은 시점에 서로 상반되는 피드백 과정이 동시에 발생하기도 한다.

기후위기는 지구온난화와 기후변화로 인해 발생하는 심각한 환경적·사회적·경제적 위협을 의미하는데, 기본적으로 인간 중심의 개념이라고 할 수 있다. 회복력(Resilience)은 시스템이 외부 충격에 따라 변화와 교란을 겪으면서도 기존에 갖고 있던 기능, 구조 및 피드백이 동일한 체제하에 지속될 수 있도록 회복하는 능력을 말한다. 다시 말해 기후위기란 인간 사회 시스템이 가지고 있는 회복력을 넘어서는 정도의 기후변화라고 할 수 있다. 그리고 지구온난화는 지구의 기온이 장기간에 걸쳐 상승함으로써 기후위기를 초래하는 기후변화의 한 양상이다.

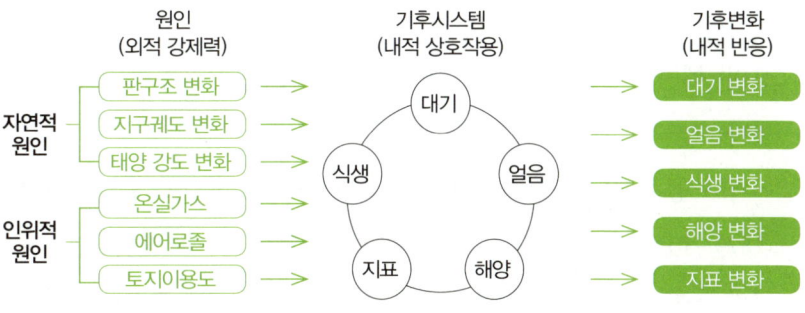

[그림 1] 지구의 기후 시스템과 각 구성요소의 상호 작용[5]

지구온난화를 일으키는 원인은 자연적 원인과 인위적 원인으로 나누어 볼 수 있다. 자연적 원인에는 태양의 활동 변화나 지구 공전궤도 변화, 지구 자전축의 변화와 같은 외적 요인과 화산 활동이나 지표의 변화와 같은 내적 요인이 있다. 이러한 자연적 원인이 지구온난화에 전혀 영향을 끼치지 않는다고 말하기는 어렵다. 하지만 현재 인류가 당면한 기후위기를 해결함에 있어서 기후위기의 주요한 원인이 무엇이며 그 원인 해결을 위해서 무엇을 할 수 있는가라는 측면에서 보면, 자연적 원인이 인위적 원인보다 지구온난화의 더 주요한 원인이라는 주장은 인간의 책임을 회피하거나 해야 할 일을 방기하는 것과 다름없다.

우선 외적 요인에 대해 살펴보자. 태양 흑점의 활동은 11년 주기로 변화하는데, 이러한 활동의 변화는 지구에 도달하는 태양에너지의 양에 영향을 주어 그 결과 지구의 기온이 변화한다. 그런데 지구의 기온은 그보다 훨씬 긴 150년 이상의 기간에 걸쳐 지속적으로 증가해 왔으며, 태양의 활동만으로는 장기간에 걸친 지구온난화를 설명하지 못한다.

지구 공전궤도의 변화는 세르비아의 과학자 밀루틴 밀란코비치(1879~1958)가 지구 기후변화를 설명하기 위해 최초로 제안했다. 지구가 자전과 공전을 함에 따라 지구 공전궤도 이심률과 자전축 경사의 변화, 세차 운동에 따라 지구와 태양 사이의 거리가 달라지고 도달하는 태양에너지 양도 달라지는데, 이러한 태양에너지 변화가 지구 기후에 영향을 미친다는 이론이다.[6] 하지만 지구 공전궤도의 변화 주기는 약 10만 년, 자전축 경사각의 변화 주기는 약 4.1만 년, 그리고 세차 운동의 변화 주기는 2.6만 년으로, 이 역시 150년간의 짧은 시간에 걸쳐 일어난 지구온난화를 설명하기 어렵다.

내적 요인으로는 화산 활동과 지표 변화, 특히 빙하 면적의 감소 등이 있다. 화산 활동은 많은 화산재를 분출하여 그중 일부가 성층권에 도달해 오랫동안 머무르면서 태양 복사를 반사하여 오히려 지구 표면에 도달하는 태양에너지를 줄이게 된다. 일례로 1991년에 필리핀의 피나투보 화산이 폭발하였을 때, 1991~93년 사이에 지구 기온은 평균 0.2~0.5℃ 정도 떨어졌다. 북극의 빙하가 감소하면서 얼음이 햇빛을 반사하는 대신 검푸른 바다나 대지가 태양열을 흡수하여 지구가 온난화될 수 있다. 결론적으로 말하자면 북극 빙하의 감소는 지구온난화의 원인이라기보다는, 그 자체가 지구온난화의 결과이면서 지구온난화를 증폭시키는 요인이다.

영구동토층의 해빙도 북극 빙하의 감소와 같은 상황이면서 더욱 위협적이다. 최근 지구온난화와 관련하여 영구동토층이 주목받고 있는데, 그 이유는 기후변화의 영향을 가장 많이 받는 이곳에서 온실가스가 대량으로 대기에 누출되는 사태가 빚어질 우려가 있어서이다. 북반구 육지 면적의 4분의 1 가까이 차지하는 영구동토에 토탄이나 메탄 형태로 저장돼 있는 탄소는 모두 1조 7,000억 톤으로, 현재 대기 중에 축적돼 온실효과를 일으키는 탄소를 합친 것의 2배에 이르는 막대한 양이다.[7]

결국 기나긴 지구의 역사 속에서 150년 정도의 짧은 시간 동안 이루어진 급속한 지구온난화의 주요 원인은 인위적 요인인 인간의 생산 및 소비 활동이 될 수밖에 없다. 유엔 산하 기후변화에 관한 정부 간 협의체(IPCC)에서는 주기적으로 평가보고서를 통하여 기후변화의 원인, 영향, 적응 및 완화 방안에 대한 과학적·기술적·사회경제적 정보를 종합하여 제공한다.

「IPCC 평가보고서」는 1990년 이후 현재까지 총 여섯 차례 발행되었다. 「1차 평가보고서」(1990)는 인간 활동이 지구온난화에 기여하고 있다는 초기 증거를 제시하였고, 「4차 평가보고서」(2007)는 기후변화가 인간 활동에 의해 가속화되고 있다는 강력한 증거를 제시하였다. 그리고 가장 최근에 발표된 「6차 평가보고서」(2021~2023)는 화석 연료의 사용 등 인간 활동이 1950년 이후 나타난 지구온난화의 주요 원인이었을 가능성이 매우 높다는 결론을 내렸다.

미국 글로벌 변화 연구 프로그램(USGCRP)이 2018년 발행한 「4차 국가 기후 평가」 보고서에도, 기후 시스템에 대한 컴퓨터 모델을 이용

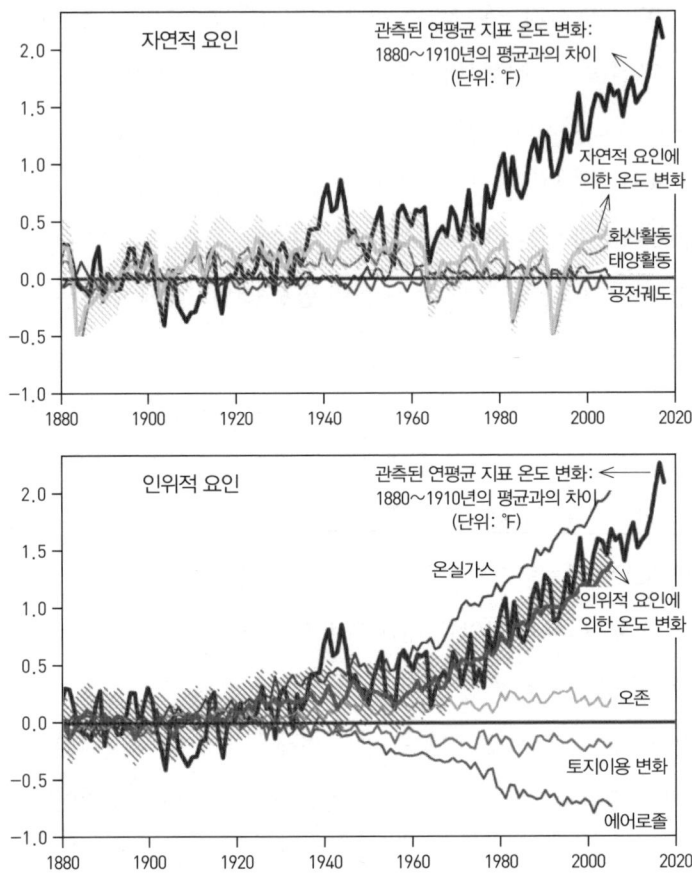

[그림 2] 지구온난화에 대한 자연적 요인과 인위적 요인의 영향 시뮬레이션[8]

하여 1880~2017 사이의 기온 변화에 대한 자연적 요인과 인위적 요인의 영향을 시뮬레이션한 결과가 제시되어 있다. [그림 2][6]의 위와 아래에는 모두 1880~1910년 사이의 30년간 평균기온 대비 관측된 지표의 평균기온 변화가 검은색(굵은 실선) 그래프로 표시되어 있는데,

1901년부터 2016년 사이에 지표의 평균기온은 약 1.7°F(0.95℃) 증가하였다.

위의 도표를 보면 1900년 이후 자연적 요인(의 총합)에 의한 지표의 평균기온 변화는 거의 없는 데 반해, 아래쪽 도표에서 인위적 요인(의 총합)에 의한 지표의 평균기온 변화는 관측된 지표의 평균기온 변화와 거의 동일한 궤적을 보여 주고 있다. 이 중 다른 요인에 의해 상쇄되는 정도를 제거하고 온실가스만의 영향을 보면, 인위적 요인의 총합보다 더 큰 기온 상승 효과를 보여 주고 있다.

지구온난화를 불러오는 온실가스는 인류의 생산 및 소비 활동에서 배출된다. 그리고 온실가스는 지구 시스템의 순환 과정을 통해 흡수되고 격리되기도 한다. 숲, 토양 및 해양과 같은 천연 흡수원은 현재 인간이 생성한 이산화탄소 배출량의 약 50%를 흡수한다.[9] 이 용량은 무제한이 아니며 산림 전용, 해양 산성화, 기후변화 자체와 같은 요인의 영향을 받을 수 있다. 이산화탄소 이외의 온실가스도 자연에 의해 흡수되거나 분리될 수 있지만, 자연적 흡수는 이산화탄소에 비해 매우 적은 양만 처리할 수 있으며 대기 속에 축적된 온실가스는 수십 년에서 수천 년까지 대기 중에 체류하며 온실효과를 가중시킨다.

일부 학자들은 탄소를 흡수하고 배출하는 지구의 탄소순환은 인간의 활동 이전까지 매우 장시간(수천 년 또는 수백만 년)에 걸쳐 균형 상태를 이루고 있었다고 한다. MIT의 지구물리학 교수인 대니얼 로스먼(Daniel Rothman)은 지구가 매년 자연 순환을 통해 약 1,000억 톤의 탄소를 흡수하고 배출한다고 말하는데[10], 이는 이산화탄소로 환산하면 3,500억 톤에 상당한다. 자연은 인간이 배출하는 양에 비해 10배나 많은 탄소를 배출하지만, 그것이 문제가 되지 않은 것은 자연의 탄소 순환이 균형 상태를 이루고 있었기 때문이다.

하지만 인류의 활동으로 인해 지구가 흡수할 수 있는 것보다 더 많은 탄소가 대기에 쌓이기 시작하면서 지구의 탄소 순환 균형이 깨어졌다는 것이다. 인간에 의해 탄소 배출이 증가하더라도, 자연의 탄소 흡수 속도는 짧은 시간에 쉽게 늘어나지 못한다. 인간이 내일 바로 모든 온실가스 배출을 중단하더라도 산업 시대에 대기 중으로 유입된 모든 과잉 이산화탄소를 지구가 정화하는 데는 수백 년 또는 수천 년이 걸릴 것이다.[11]

1.5℃ 및 2℃ 상승 시 지구 평균기온 변화 시나리오

온실가스는 지구의 대기 중에 장기간 체류하는 기체로, 대부분의 태양복사를 투과시키고 지표면으로부터 방출되는 지구복사를 흡수하거나 재방출하여 지구의 평균기온을 인류가 살기 좋은 평균 14℃로 유지하는 역할을 한다. 온실가스가 과도하게 늘어나면 지구에서 우주로 나가는 열을 잡아 두게 되어 온실효과가 나타난다. 1997년 일본 교토에서 열린 유엔기후변화협약 3차 당사국총회에서는 이산화탄소(CO_2), 메탄(CH_4), 아산화질소(N_2O), 수소불화탄소(HFCs), 과불화탄소(PFCs), 육불화황(SF_6) 등을 온실가스로 규정하고, 각국이 온실가스 감축 목표를 설정하여 온실가스 배출을 감축하기로 합의하는 「교토의정서」를 채택하였다.

환경 문제가 처음으로 국제사회에서 논의되기 시작한 것은 1972년 스웨덴 스톡홀름에서 열린 유엔인간환경회의(UNCHE)에서이다. 이 회의에서는 "오직 하나뿐인 지구"라는 슬로건하에 113개국의 정상이 모여 환경 문제를 논의하고 「인간환경선언」을 채택하였으며, 이 회의 결과로 유엔 산하에 지구 환경 문제를 전담하는 국제기구로 유엔환경계획(UNEP)이 설립되었다. 그리고 1988년에는 기후변화와 관련된 과학적 정보를 평가하고 그 영향을 분석하며 대응 방안을 제시하기 위해, 세계기상기구와 유엔환경계획에 의하여 유엔 산하에 기후변화에 관한 정부 간 협의체(IPCC: Intergovernmental Panel on Climate Change)가 설립되었다.

1992년 브라질 리우데자네이루에서 개최된 지구정상회의에서 유엔기후변화협약(UNFCCC: United Nations Framework Convention on Climate Change)이 채택된 이후, 장기적 목표로서 산업화 이전 대비 지구 평균기온 상승을 어느 수준으로 억제해야 하는지에 대한 논의가 대두되었다. EU 국가들은 1990대 중반부터 2℃ 목표를 강하게 주장해 왔으며, 2007년 IPCC의 「4차 종합평가보고서」에 2℃ 목표가 포함되었다. 2℃ 목표는 기후변화의 심각한 영향을 줄이기 위해 지구의 평균기온 상승을 산업화 이전 수준 대비 2℃ 이하로 제한하는 것을 의미한다. 2009년 덴마크 코펜하겐에서 열린 유엔기후변화협약 15차 당사국총회에서 2℃ 목표가 처음으로 국제적으로 합의되었으나, 구체적인 이행 계획이 부족하여 실질적인 성과를 내지는 못하였다. 2010년 멕시코 칸쿤에서 열린 16차 당사국총회에서는 2℃ 목표를 재확인하고, 기후변화에 대응하기 위한 다양한 메커니즘과 기금을 설립하는 내용을 포함하는 칸쿤 합의를 채택하였다.

그러나 기온 상승 억제 수준을 2℃로 정하기 이전부터 그리고 그 이후에도, 학계와 시민사회를 중심으로 2℃보다는 더 낮게 목표를 정하여야 한다는 주장이 계속 제기되어 왔다. 산업화 이전 대비 지구의 평균기온이 2℃ 이상 상승하게 되면 인간 및 인간 사회와 유기체 및 생태계에 미치는 영향이 매우 클 것이라는 이유에서였다.

이에 따라 2015년 파리에서 열린 유엔기후변화협약 21차 당사국총회에서는 196개국이 법적 구속력이 있는 파리협정을 채택하고, 지구의 기온 상승을 1.5℃에 최대한 가깝게 제한하는 것으로 목표로 수정하였다. 그리고 파리 회의에서 합의된 1.5℃ 목표에 대한 과학적 근거를 마련하고자 하는 당사국총회의 요청에 따라 2018년에 IPCC가 「지구온난화 1.5℃ 특별보고서」를 제출하였다. 이 특별보고서는 같은 해 우리나라 인천 송도에서 개최된 IPCC 48차 총회에서 치열한 논의 끝에 회원국의 만장일치로 승인되었다.

「지구온난화 1.5℃ 특별보고서」는 지구의 기온 상승 억제 목표를 1.5℃와 2℃로 했을 때 예측되는 기후의 변화와 이로 인한 생태계 및 인간이 겪는 영향 또는 위험의 차이를 보여 준다(표 1). 지구의 기온 상승 억제 목표를 1.5℃가 아닌 2℃로 하였을 경우, 극단적인 이상 기후 현상의 증가 및 해수면 상승 등과 함께 그로 인한 생태계 파괴와 생물종 소멸 가능성이 2배 이상 커지고, 인간 생활도 매우 어려워지거나 위험한 상황에 처할 가능성이 매우 높아지는 것으로 나타났다.

[표 1] 산업화 이전 대비 1.5℃ 및 2℃ 기온 상승 시 자연 및 인간에 미치는 영향/위험[12]

구분	1.5℃	2℃	비고
중위도, 폭염일 낮기온	3.0℃ 상승	4.0℃ 상승	
고위도, 한파일 밤기온	4.5℃ 상승	6.0℃ 상승	
폭우		폭우 발생 증가 (일부 고위도 지역, 산악 지역, 동아시아, 북미 동부 지역) 열대성 저기압에 따른 폭우 증가	
극한 가뭄		가뭄의 빈도 및 규모 증가 (지중해 지역, 남아프리카)	
대규모 기상이변 위험	중간 위험	중간-높은 위험	
지구 평균해수면 상승	0.26~0.77m	0.35-0.93m	약 10cm 차이. 인구 천만 명이 해수면 상승 위험에 추가 노출
북극해빙 완전 소멸 빈도	100년에 한 번	10년에 한 번	1.5℃ 초과 시 남극 해빙 및 그린란드 빙상 손실
산호 소멸	70~90%	99%	
서식지 절반 이상 감소될 비율	곤충 6%, 식물 8%, 척추동물 4%	곤충 18%, 식물 16%, 척추동물 8%	
다른 유형의 생태계로 전환되는 면적	6.5%	13.0%	
생태계 및 인간계	높은 위험	매우 높은 위험	온난화 속도, 입지, 취약성 수준에 의해 영향
물 부족 인구		최대 50% 증가	
기후영향·빈곤 취약 인구		2050년까지 최대 수억 명 증가	

「IPCC 5차 평가보고서」(2013~2014)에서는 지구지표 평균온도가 1880~2012년 기간 중 0.85℃ 상승하였다고 보고하였는데, 「6차 평가보고서」(2021~2023)에서는 2011~2020년의 지구지표 평균온도는 1850~1900년에 비해 1.09℃[0.95℃~1.20℃] 상승하였으며 해양(0.88℃[0.68℃~1.01℃])에서보다 육지(1.59℃[1.34℃~1.83℃])에서 더 크게 상승하였다고 보고하였다. 채 10년이 되지 않는 기간동안 지구지표 평균온도가 0.24℃ 더 상승하였다. 이전 보고서에 비해 새로운 연구 결과와 보다 정교한 기후 모델을 반영함에 따른 차이를 감안하더라도, 지구지표 평균온도의 상승 속도가 더 빨라진 것을 알 수 있다.

지구해수면의 상승 속도도 점점 더 빨라지고 있다. 「6차 평가보고서」에 따르면 1901~2018년 사이에 지구해수면은 0.20m 상승하였다. 1901~1971년 기간 중 연간 지구해수면의 상승 속도는 1.3㎜/년이었는데, 1971~2006년 기간 중에는 1.9㎜/년, 그리고 2006~2018년 기간 중에는 3.7㎜/년으로 계속 빨라지고 있다. 지구지표 평균온도가 1.09℃ 상승함에 따라 50년(1850~1900년)에 한 번 발생하던 극한고온(폭염 등) 현상이 4.8배 증가하였으며, 1.5℃까지 오른다면 8.6배, 2.0℃까지 오른다면 13.9배 증가할 것으로 전망되고 있다.

지금까지 나타난 여러 기후변화 결과들보다 더 걱정되는 것은, 앞으로 국제적으로 합의한 기온 상승 억제 한계점인 산업화 이전 대비 1.5℃ 상승까지 남은 시간이 얼마인가, 아니 그보다도 지구의 기온 상승이 합의된 목표 한계점을 넘어서는 것을 막을 수 있을까 하는 것이다.

「IPCC 5차 평가보고서」에서는 온실가스 감축 노력 정도를 반영하는

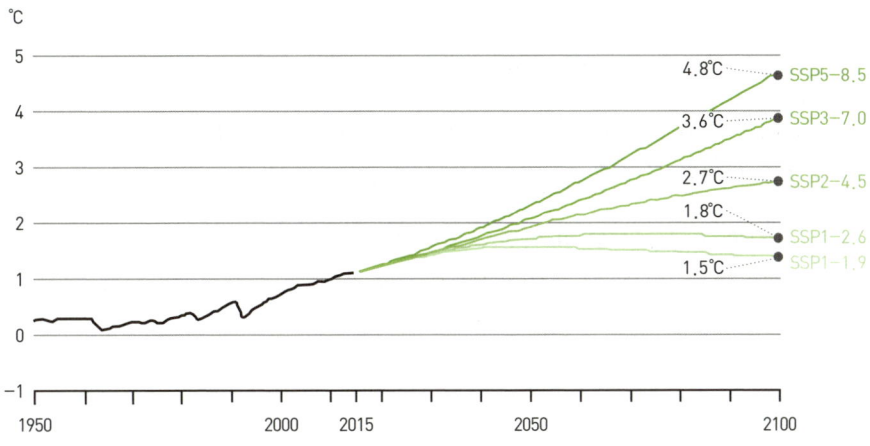

[그림 3] 1850~1900 대비 지구 평균온도의 변화[13]

- SSP1-1.9: 적극적인 온실가스 배출 감축
- SSP1-2.6: 재생에너지 기술 발달과 친환경적인 경제 성장 가정
- SSP2-4.5: 중간 수준의 배출 감소
- SSP3-7.0: 소극적인 온실가스 감축 정책
- SSP5-8.5: 온실가스 배출의 계속적인 증가

대표 농도 경로(RCP) 시나리오[5]에 따라 산업화 이전 대비 1.5℃ 도달 시점을 2030년에서 2052년 사이로 예측하였으며, 21세기 말 지구 평균온도는 산업화 이전 대비 0.3~4.8℃가 될 것으로 예측하였다. 그런데 「6차 평가보고서」에서는 1.5℃ 도달 시점이 2021년에서 2040년 사이로 앞당겨졌다고 보고했다. 아마도 지구 평균온도 상승 속도가 더

---

5 대표 농도 경로(Representative Concentration Pathways) 시나리오는, 21세기 말까지의 온실가스 농도와 그에 따른 기후변화를 예측하기 위해 사용되는 4가지 시나리오이다.

빨라진 것과 동일한 이유일 것이다.

「6차 평가보고서」에서는 기존의 RCP와 함께 미래의 인구 및 토지 등 사회, 경제 요인까지 고려한 공유 사회경제 경로(SSP) 시나리오[6]에 따라 기후변화를 예측하였다. 「6차 평가보고서」는 21세기 말에는 SSP 시나리오에 따라 지구 평균온도가 1.5℃ 이내에서 제한되거나 최대 4.4℃까지 상승할 수 있을 것으로 전망하였다.

탄소예산과 감축 목표, 이상과 현실

「IPCC 6차 평가보고서」에 따르면, 2010년부터 2019년까지의 연간 평균 온실가스 배출량은 약 56±6.0 GtCO2e[7]였다(1990~1999년: 40±4.9 GtCO2e; 2000~2009년: 47±5.3 GtCO2e). 2019년에는 총배출량이 59±6.6 GtCO2e에 도달했으며, 이는 인류 역사상 가장 높은 수준이다. 이 기간 동안 온실가스 배출량은 매년 약 1.3% 증가하

---

[6] 공유 사회경제 경로(Shared Socioeconomic Pathways) 시나리오는, 기후변화의 미래를 그릴 때 사회·경제 구조의 변화를 함께 고려한 새로운 시나리오 체계이다. RCP가 기후변화의 물리적 영향(복사강제력) 중심이었다면, SSP는 사회적·경제적 발전 경로와 온실가스 배출의 관계를 중점적으로 고려한다. SSP는 전 세계의 기후과학자, 경제학자, 정책분석가들이 공통으로 사용(share)할 수 있도록 설계된 사회경제 발전 시나리오이다.

[7] GtCO2e는 '기가톤 이산화탄소 환산량'을 의미하는데, 다양한 온실가스 배출량을 이산화탄소(CO_2) 배출량으로 환산한 값이다. 각 온실가스는 지구온난화에 미치는 영향이 다르기 때문에, 이산화탄소 환산량은 온실가스의 배출량을 비교하고 합산하여 다양한 온실가스의 배출량을 하나의 공통 단위로 표현할 수 있다. 예를 들어, 1톤의 메탄(CH_4) 배출은 이산화탄소보다 25톤으로 환산된다.

였는데, 이는 이전 10년(2000~2009년)의 연간 증가율 2.1%보다는 낮은 수치이다. 온실가스 배출량의 연간 증가율이 줄어든 것일 뿐, 연간 총배출량은 계속 늘어나고 있다.

지구 온도 상승을 일정 수준으로 제한하려면 누적 순CO_2 배출량을 한정된 탄소 배출량 이내로 제한하고 다른 온실가스를 강력하게 감소시켜야 한다. 인간 활동에 의해 1,000 $GtCO_2$가 배출될 때마다 지구 평균온도는 0.45℃(0.27℃~0.63℃) 상승하는 것으로 밝혀졌다. 이는 지구온난화를 어떤 주어진 수준으로 억제하기 위해 초과해서는 안 되는 한정된 탄소예산이 있음을 의미한다. 「IPCC 6차 평가보고서」에 따르면, 50%의 가능성으로 지구온난화를 1.5℃ 이내로 억제할 수 있는 2020년 이후 잔여탄소예산(RCB: Remaining Carbon Budget)의 최적 추정치는 500 $GtCO_2$이며, 67%의 가능성에서 기온 상승 한계가 2℃인 경우 잔여탄소예산은 1,150 $GtCO_2$이다.

IPCC는 「6차 평가보고서」에서 2100년까지 지구 평균온도 상승폭을 1.5℃ 이내로 제한하기 위해서는 전 지구적으로 2030년까지 이산화탄소 배출량을 2010년 대비 최소 45% 이상 감축하고, 2050년경에는 탄소중립(Netzero)을 달성하여야 한다는 경로를 제시하였다(2℃ 목표 달성 경로의 경우, 2030년까지 이산화탄소 배출량을 2010년 대비 약 25% 감축하여야 하며, 2070년경에는 탄소중립을 달성해야 한다).

2015년 지구의 기온 상승을 1.5℃에 최대한 가깝게 제한하는 것으로 목표로 설정하는 파리협정을 채택한 이후, 세계 각국은 국가 온실가스 감축 목표(NDC: Nationally Determined Contribution)를 유엔기

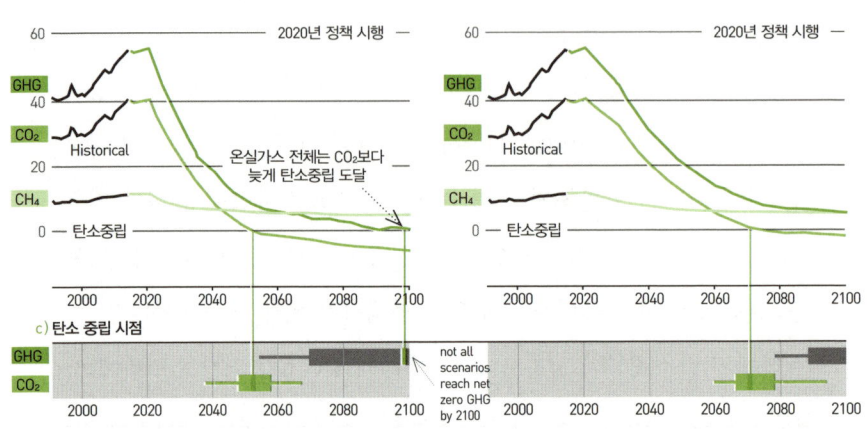

[그림 4] 완화 경로에 따른 총 온실가스, CO_2 및 CH_4 배출 및 탄소중립 달성 시기[14]

후변화협약(UNFCCC)에 제출한다. NDC는 각국이 기후변화에 대응하기 위해 설정한 구체적인 목표와 계획을 포함하며, 이를 통해 온실가스 배출을 줄이고 기후변화의 영향을 완화하려는 노력을 나타낸다. 각국은 정기적으로 NDC를 업데이트하고, 이를 UNFCCC에 제출하여 국제사회와 공유한다.

한국은 2015년 최초 NDC 제출 시 온실가스 배출을 2030년 BAU[8] 대비 37% 감축하는 목표를 제출하였다.[9] 이후 정부는 '2050년 탄소중립' 선언(2020. 10월)의 후속 조치로, 2021년에 감축 목표를 2018년

8   Business As Usual: 추가적인 감축 노력 없이 현재 추세로 진행될 경우 2030년 온실가스 배출 전망치.
9   2020년 감축 목표 표기법 변경으로 2018년 배출량 대비 26.3% 감축으로 표기.

배출량 대비 40% 감축으로 상향하여 발표하였다. 국가 목표 상향에 따라 부문별 감축 목표도 강화되었다.[10] 그런데 이 당시 상향된 감축 목표의 상당 부분이 전환(발전)·산업·수송 등의 배출 부문이 아닌 CCUS·국외 감축·흡수원 등의 흡수 및 제거 부문의 목표 확대[11]를 통해 이루어진 것에 대해 많은 비판이 있었다. 탄소 포집·활용·저장(CCUS: Carbon Capture Utilization and Storage) 기술은 아직 기술적·경제적으로 검증되지 않았으며, 국외 감축은 목표 설정 및 성과 측정이 불투명하다는 문제점이 있다.

2023년 초부터는 산업계와 일부 언론을 중심으로 산업 부문의 2030 온실가스 14.5% 감축 목표는 실질적으로 불가능하며, 겨우 5% 정도의 감축만 가능하다는 주장이 쏟아져 나왔다. 그리고 2023년 4월 정부의 탄소중립녹색성장위원회는 산업 부문의 2030년 온실가스 감축 목표를 종전의 14.5%에서 11.5%로 낮추고, 국외 감축사업 목표는 종전의 33.5%에서 37.5%로 높이는 내용의 새로운 '국가 탄소중립 녹색성장 기본계획'을 공개하였다. 농축수산(27.1%) 부문을 제외하고 모든 부분의 감축 목표가 2018년 대비 32.8~46.8% 감축인데, 산업 부문의 감축 목표는 오히려 크게 줄어든 것이다.

국제 과학 프로젝트 조직인 CAT(Climate Action Tracker)는 각국 정부의 기후변화 대응 행동을 추적하고 이를 파리협정의 목표와 비교하여 평가한다. CAT는 각국의 기후변화 대응 정책과 목표에 대해, 각국

---

10 전환 △28.5% → △44.4%, 산업 △6.4% → △14.5%, 수송 △28.1% → △37.8%
11 CCUS 0 → −10.3백만 톤, 국외 감축 −16.2백만 톤 → −33.5백만 톤, 흡수원 −22.1백만 톤 → −26.7백만 톤

의 온실가스 감축 목표가 파리협정의 목표와 일치하는지, 현재 시행 중인 정책과 조치가 얼마나 효과적인지, 각국이 전 세계 감축 목표에 공정하게 기여하는지, 그리고 (개발도상국에 제공하는 재정적 지원을 포함하여) 기후변화 대응을 위한 재정 확보가 실효적인지에 대해 평가한다. CAT는 각국 정부가 UNFCCC에 NDC를 업데이트하여 제출할 때마다, 이를 평가하여 CAT 홈페이지에 공개한다.

[표 2] 각국의 기후변화 대응 정책과 목표에 대한 CAT 평가(2024. 8월 현재)[15]

국가	Netzero 목표 연도	평가 영역				전체 평가
		정책 및 조치 (모델경로[12] 대비)	NDC 목표 (모델경로 대비)	NDC 목표 (공정 기여)	기후대응 재정	
캐나다	2050	매우 불충분	거의 충분	불충분	매우 불충분	매우 불충분
중국	2060	매우 불충분	매우 불충분	매우 불충분	미평가	매우 불충분
EU	2050	불충분	불충분	불충분	불충분	불충분
독일	2045	거의 충분	거의 충분	불충분	불충분	불충분
인도	2070	불충분	매우 불충분	불충분	미평가	매우 불충분
일본	2050	불충분	불충분	불충분	매우 불충분	불충분
노르웨이	없음	거의 충분	최적의 비용 효율적 경로	불충분	불충분	거의 충분
러시아 연방	2060	매우 불충분	매우 불충분	심각하게 불충분	심각하게 불충분	심각하게 불충분
한국	2050	매우 불충분	불충분	매우 불충분	미평가	매우 불충분
미국	2050	불충분	거의 충분	불충분	심각하게 불충분	불충분
영국	2050	불충분	거의 충분	불충분	매우 불충분	불충분

12 모델경로(Modelled domestic pathway): 각국의 경제, 기술, 정책 상황을 고려하여 설정한 현실적인 온실가스 감축 경로

심각하게 불충분	매우 불충분	불충분	거의 충분	1.5℃ 파리협정 준수
아르헨티나	캐나다	오스트레일리아	부탄	
인도네시아	중국	브라질	코스타리카	
이란 (이슬람 공화국)	이집트	칠레	이티오피아	
멕시코	인도	콜롬비아	케냐	
러시아 연방	뉴질랜드	EU	모로코	
사우디 아라비아	한국	독일	네팔	
싱가포르		일본	니제르	
태국		카자흐스탄	노르웨이	
튀르키에		페루	감비아	
UAE		필리핀		
베트남		남아프리카공화국		
		스위스		
		미국		
		영국		

[그림 5] 각국의 기후변화 대응 정책과 목표에 대한 CAT 평가(2024. 8월 현재)[16]

2023년 최종 업데이트된 한국의 NDC에 대해 CAT는 주요 국가 중에서는 캐나다, 중국, 인도, 러시아연방과 비슷하게 전체적으로 '매우 불충분'하다고 평가하였다. [그림 5]에서 전체 평가가 '심각하게 불충분'하거나 '매우 불충분'한 국가들은 대체로 1차 산업(특히 자원산업)이나 2차 산업의 비중이 상대적으로 높은 국가들이다. 그뿐만 아니라 경제생산 규모가 전 세계 총량에서 차지하는 비중이 큰 국가들 대부분도 평가는 '불충분'이다. 반대로 '1.5℃ 파리협정 준수' 국가는 아직 하나도 없으며, '거의 충분'한 국가들도 경제생산 규모가 전 세계 총량에 비하여 매우 미미한 국가들뿐이다. 국제적으로 합의된 온실가스 감축의 목표도 각국의 현실적인 이해와 전략 속에서는 충분한 강제력이나 절박함을 갖지 못하고 있다. 그 각국의 현실적인 이해와 전략은 결국 성장의 논리이다.

파리협정 목표(1.5℃ 공정기여)
↓
NDC 목표
↓
기후변화 대응 정책 및 조치
↓
각 부문(또는 개별 경제주체)의 실제 노력 또는 저항
↓
BAU(추가적인 감축 노력 없이 현재 추세로 진행될 경우 2030년 온실가스 배출 전망치)

[그림 6] 온실가스 감축 목표와 국가별 현실의 차이

인류세와 6차 대멸종의 위기

46억 년의 지구 역사에서 5억여 년 전 생물이 출현한 이후 생물의 대다수가 사라진 대멸종(Mass Extinction) 사태는 지금까지 다섯 차례 있었다. 4억 4500만 년 전 1차 대멸종에서 6500만 년 전의 5차 대멸종에 이르기까지, 대멸종의 시기에 생물종의 75~96%가 사라졌다. 물론 이 다섯 차례 대멸종의 원인은 빙하기 도래, 우주의 감마선 폭발, 대규모 화산 폭발, 운석 충돌 등의 자연 현상이었다. 2억 500만 년 전에 일어난 3차 대멸종은 다른 요인과 함께 지구온난화에 의한 것이었고, 이때는 지구상 생물종의 96%가 사라졌다.

[그림 7] 대멸종의 시기와 주요 원인 및 영향

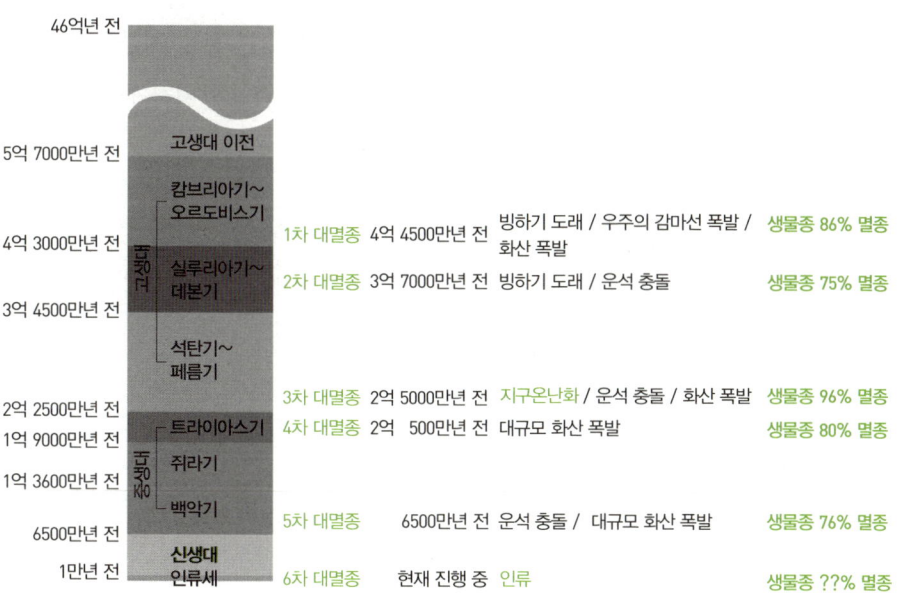

본래 지질시대는 지구가 만들어지고 나서부터 인류의 역사가 시작되기 전까지를 지칭하는 말이었으나, 1980년대 미국의 생물학자 유진 스토머(Eugene Stormer)와 네덜란드의 화학자 파울 크뤼천(Paul Crutzen)은 인류의 산업 활동으로 인해 지구의 환경이 극단적으로 변화하게 되었다는 점에서 이를 지질시대에 포함시키고자 '인류세(Anthropocene)'를 창시했다.[17] 그리고 그 인류세에 자연 현상이 아닌 인간(의 활동)으로 인해 이제는 6차 대멸종이 진행되고 있다고 한다.

인류세의 시작을 언제로 볼 것인가에 대해서는 농경의 시작, 신대륙의 발견, 산업혁명 또는 인구폭발 시기 등 여러 주장이 있다. 인류세의 시작이 농경이 시작된 1만 년 전이라고 한다면, 46억 년 지구의 역사를 하루(86,400초)로 볼 때 인류세의 상대적인 길이는 2초에 채 미치지 못한다. 인류세의 시작을 한참 늦추어 산업혁명이 시작된 1760년 이후라고 한다면, 인류세의 길이는 0.05초 정도에 불과하다. 즉, 하루 중 불과 2초 또는 0.05초 사이에 일어난 인간의 활동 때문에 인간을 포함한 지구상의 생물종이 또다시 대멸종의 위기에 처하게 된 것이다.

기후 불평등

온실가스 배출에 대해 부자들과 잘사는 나라의 책임이 크다는 것은 명확하다. 역사적인 누적 배출량뿐만 아니라 현재 시점의 배출량에서도 부자들과 잘사는 나라들은 가난한 이들과 가난한 나라들에 비해 수배에서 수십 배의 배출 책임이 있다는 것이 여러 연구와 조사를 통해 확인되고 있다. 온실가스를 누가 어디에서 배출했는지와 상관없이 기후위기의 피해는 전 세계 모든 사람들에게 미친다. 하지만 기후위기에 대처할 수 있는 능력은 빈부와 연령, 사회적 지위 등에 따른 사회적 취약계층에게는 절대적으로 부족하다. 또 가난한 국가들은 대부분 더운 지역에 위치해 있어 기후변화의 영향을 더 크게 받으며, 열대 지역의 가난한 국가들은 기후의 영향을 크게 받는 농업에 의존하고 있어 기후위기에 더욱 취약하다.

2021년 빔 티에리(Wim Thiery) 등이 『사이언스(Science)』지에 발표한 연구논문 「극한 기후에 대한 노출에서의 세대 간 불평등

(Intergenerational inequities in exposure to climate extremes)」에 따르면, 2020년에 태어난 어린이들은 1960년에 태어난 세대에 비해 평균적으로 7배 더 많은 극단적인 기후 사건을 경험할 것으로 예측된다. 폭염에 대한 노출은 36배, 산불과 열대성 저기압에 대한 노출은 2배, 홍수와 흉작, 가뭄에 대한 노출은 각각 3배, 4배, 5배 증가할 것이다. 또 지역별로 기후위험 노출의 차이가 있어 저소득 국가의 어린이들이 극단적인 기후 사건에 더 많이 노출될 것으로 예상된다고 한다.

　기후위기 책임에 대해 부자들과 잘사는 나라들은 온실가스 배출이 경제 발전 과정에서 불가피했다거나, 기후변화는 복잡한 현상으로 단순히 부자와 잘사는 나라의 책임으로만 볼 수 없다거나, 잘사는 나라들의 경제 성장이 저개발국을 포함한 전 세계 경제에 긍정적인 영향을 미쳤다고 항변한다. 이 장에서는 그들의 항변이 억지이거나 몇 개의 숫자로 실질을 숨기고 있음을 확인할 것이다. 결국 그들의 항변은 "가난한 사람들이 열심히 살지 않은 것" 또는 "가난한 나라들이 경제 성장을 안 한 것"이라는 변명이며, 이러한 변명의 논리를 후세에게 똑같이 적용하면 "너희들이 늦게 태어나서 그런 것"이라는 궤변이 될 뿐이다.

평등하지 않은 기후 재난: 1% 대 66%

　옥스팜(Oxfam)은 2023년 스웨덴 스톡홀름환경연구소(SEI)와 함께 2019년까지의 기간을 기준으로 소득계층별 개인 탄소배출량을 조사하였다. 그 결과 상위부유층 10%가 전 세계 소비 기반 탄소배출량[1]의 50%를 배출하였고, 하위 50%는 불과 8%만을 배출하였다. 최상위 1%인 슈퍼리치는 전체의 16%를 배출하였는데, 이 수치는 하위 66%가 배출하는 탄소량과 동일한 수준이다.[1] 지구 평균기온의 상승을 산업화 이전 대비 1.5℃ 이내로 유지하기 위해 2030년에 허용되는 수준과 소

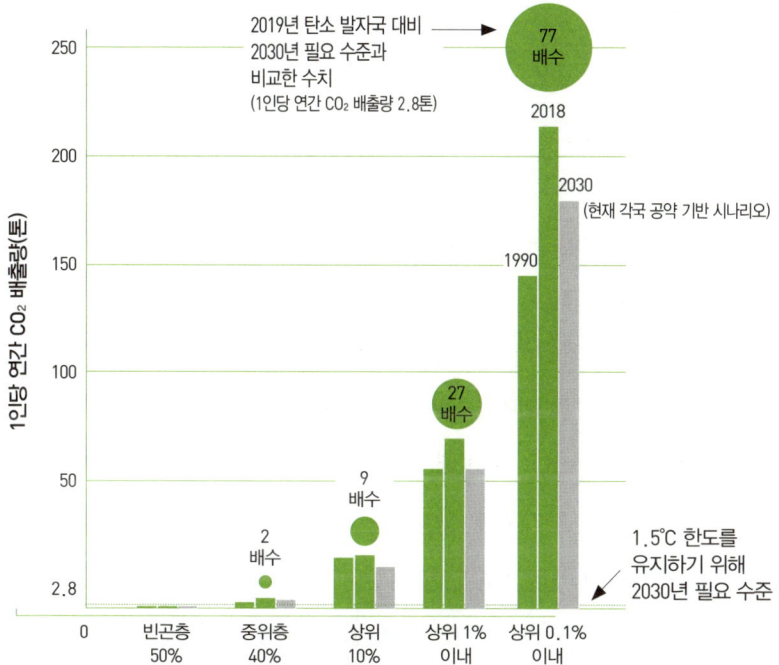

[그림 1] 전 세계 소득계층별 탄소 배출량(2019년 기준)[2]

1 소비 기반 배출량(Consumption-based emissions)은 한 국가나 지역의 소비 활동으로 인해 발생한 온실가스 배출량을 말한다. 즉, 해당 지역에서 소비한 상품과 서비스가 전 세계 어디에서 생산되었든지 간에, 그 생산과정에서 발생한 배출량까지 포함하여 계산하는 방식이다.

득계층별 1인당 탄소 배출량을 비교하여 보면, 2019년 배출량은 상위 10%는 허용 수준의 9배, 상위 1%는 27배, 그리고 최상위 0.1%는 77배만큼 배출하였다. 반면 하위 50%의 빈곤층의 2019년 1인당 배출량은 아직 2030년에 허용되는 수준보다도 적었다.

그러면 탄소 배출의 결과가 미치는 손실 또는 피해의 측면은 어떨까? 자연 상태에 있는 개인들이라면 신체 조건이나 거주하는 지역에 따른 차이 정도를 제외하고 폭염이나 혹한, 폭우와 홍수, 해수면 상승 등 기후변화 위험을 똑같이 겪게 될 것이다. 하지만 산업 사회에 사는 개인들은 그들의 소득이나 재산, 사회적 지위와 사회적 보호에 따라 이러한 위험에 대한 노출되는 정도가 달라지며, 같은 날 같은 지역에 있는 개인이라도 그러하다.

인도 뭄바이 교외에서 에어컨이 설치된 주택과 그곳에서 길 하나 건너 슬럼 지역의 양철 판잣집에서 느끼는 (45℃를 넘나드는) 한낮의 열기는 매우 다를 것이다. 주변에 나무가 있고 없고에 따라 인접한 두 지역은 이미 외부 온도가 6℃ 차이가 난다(그림 2). 인도에서는 2024년 3~6월 4개월간의 폭염으로 인한 사망자가 110명에 달했다.

2022년 의학저널 『란셋(Lancet)』에 발표된 한 연구보고서에 따르면 2000~2004년에 비해 2017~2021년에 인도에서 폭염으로 인한 사망자 수가 55% 증가하였다.[3] 또 다른 연구에 의하면, 전 세계적으로 급속한 기온 상승으로 인해 취약인구(65세 이상의 노인과 1세 미만 아동)는 1986~2005년 대비 2021년에 연간 37억 명·일(person-days) 더 폭염에 노출되었으며, 65세 이상 노인의 연간 온열질환 사망률은

[그림 2] 인도 뭄바이 반드라 쿠를라 지역과 인근 다라비 지역[4]

2000~2004년 기간 대비 2017~2021년 기간에 약 68% 증가하였다.[5]

「2023년 유엔식량농업기구 보고서」에 따르면, 전 세계적으로 약 7억 3,300만 명이 기아에 시달리고 있다. 이는 전 세계 인구에서 약 11명 중 1명에 해당하는 수치이다. 세계 식량 체제는 매우 불평등하고 기상 이변으로 농업 생산이 크게 영향받고 있으며, 이는 훨씬 더 악화될 가능성이 높다. 식량 가격이 치솟으면 부유한 사람들은 음식을 먹기 위해 조금 더 많은 돈을 지불하는 약간의 불편을 감수하면 되지만, 빈곤층과 그 경계선에 있는 사람들은 더 큰 영양실조와 기아의 위험을 맞닥뜨리게 된다.

중국 상하이, 인도 뭄바이, 베트남 하노이, 인도네시아 자카르타, 미국 뉴욕, 마이애미, 뉴올리언스, 네덜란드 암스테르담, 이탈리아 베네치아, 프랑스 니스, 이집트 알렉산드리아, 이라크 바스라, 나이지리아 라고스. 이들 도시의 공통점은 해안 도시로서 해수면 상승에 의한 침수 위험에 매우 취약하다는 것이다. 이들 도시에 거주하는 취약계층 중 상당수는 해안가나 저지대에 거주하며, 해수면 상승 시 주거지를 잃을 위험이 매우 크다.

농어촌 지역에서 농업이나 어업에 의존하는 주민들은 해수면 상승으로 인해 농경지나 어장이 침수되어 생계에 큰 타격을 받을 수 있다. 어업의 경우, 해수면 상승뿐만 아니라 해수온도 상승으로 인한 수중 생태계의 변화 또는 파괴로도 큰 영향을 받을 것이다. 침수로 인한 위생 문제나 질병 확산은 사회적 취약계층에게 더 큰 건강 위험을 초래할 수 있다. 국제 기후변화 연구단체인 Climate Central은 2019년 조사 보고서에서, 지구온난화에 따른 해수면 상승으로 30년 내에 현재 3억 명의 사람들이 살고 있는 지역에 만성적인 연안 홍수가 발생할 수 있으며, 2100년이 되면 현재 2억 명의 인구가 살고 있는 지역이 영구적으로 만조선 아래로 떨어질 수 있다고 밝혔다.

멕시코에서도 가장 가난한 주인 치아파스주의 사람들은 물보다 코카콜라를 더 많이 마신다. 코카콜라를 더 좋아해서가 아니라 마실 물이 없어서이다. 수년 전부터 이 지역에는 우기에도 비가 충분히 내리지 않은 데다, 우물과 강이 말라 가고 지하수도 바닥나서 마실 물을 구하기 쉽지 않다. 그래서 이 지역 주민들은 우기에 빗물을 받아 두었다 사용하는데, 위생 문제 때문에 물을 먹으려면 반드시 끓여서 마셔야 한다.

그런데 이 치아파스주 산크리스토발데라스카사스에는 코카콜라의 보틀링 기업인 펨사(Femsa)의 공장이 있는데, 이 공장은 매일 100만 리터 이상의 지하수를 뽑아 올린다. 이 공장은 우이테펙 화산의 기슭에 있어 아주 질 좋은 물을 다량으로 이용하고 있는데, 주민들은 수질이 좋지 않은 물을 끓여 먹거나 생수를 사 먹는 대신 코카콜라를 사서 마시는 것이다.[6] 멕시코는 세계에서 당뇨병 유병률이 가장 높은 국가[2]인데, 2013~2016년 사이 치아파스주에서는 당뇨병으로 인한 사망률이 무려 30%나 증가하였다.

소득계층별로 볼 때 기후 온난화에 대한 책임과 그로 인한 피해는 완전히 반비례한다. 소득계층별로 온실가스 배출의 차이에 따른 책임의 문제는 보다 적극적으로 살펴볼 필요가 있다. 소비와 배출의 효율성 측면을 보면, 동일한 온실가스 배출 감축을 달성하는 데 필요한 한계 노력은 고배출 집단에서 현저히 낮아질 것이다. 반면 저배출 집단에서는 온실가스 배출을 감축하기 위한 추가적인 노력이 생명과 생계에 커다란 영향을 미칠 수 있다.

세계불평등연구소(World Inequality Lab)의 「2023 기후 불평등 보고서」에 의하면, 소득 계층별로 기후변화에 따른 피해와 배출(책임)뿐만 아니라 기후행동을 위한 자금 조달 능력에서도 차이가 난다(그림 3). 이는 앞으로 기후변화 대응을 위한 정책과 행동의 초점이 어디에 있어야 하는지에 대해 강력한 시사점을 보여 준다.

---

2 당뇨병 유병률 세계 1위는 멕시코, 2위는 미국, 3위는 캐나다이다.

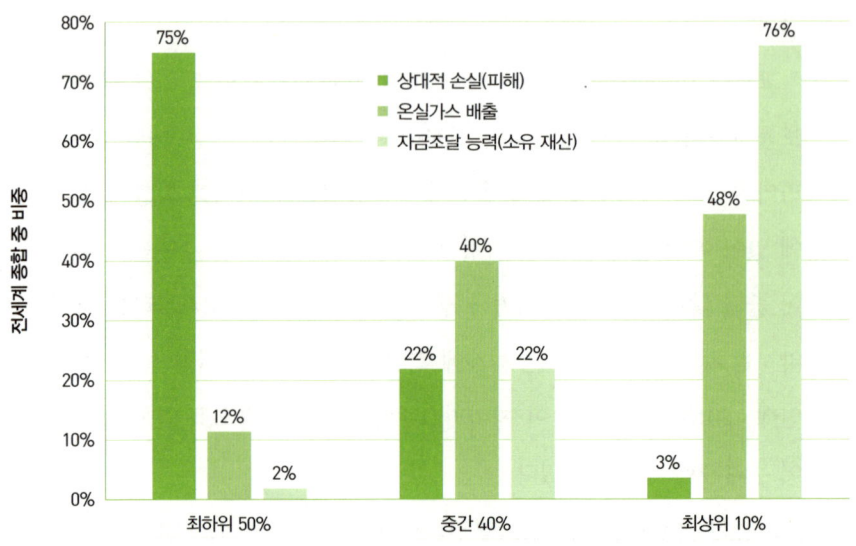

[그림 3] 소득계층별 상대적 피해, 온실가스 배출(책임)과 기후행동 자금 조달 능력[7]

아프리카의 고통, 지구의 가장 뜨거운 비명

아프리카는 전 세계 온실가스 배출량의 극히 일부(약 4%)만을 차지하지만, 기후변화로 인해 불균형적으로 고통받고 있다. 세계기상기구(WMO)는 「2022 아프리카 기후현황 보고서」(2023)에서, 2022년 아프리카 대륙에서 1억 1천만 명 이상의 사람들이 날씨, 기후 및 물과 관련된 위험의 직접적인 영향을 받아 85억 달러 이상의 경제적 피해를 입었으며, 5천 명의 사망자[3]가 발생하였고 이 중 91%가 가뭄과 홍수와

---

3 데이터가 부족하여 실제 사망자 수는 이보다 훨씬 더 많을 것으로 추정된다.

관련이 있다고 밝혔다. 보고서는 최근 수십 년간 아프리카의 기온 상승 속도가 점점 더 빨라졌으며, 이로 인해 날씨 및 기후와 관련된 위험이 더욱더 심각해지고 있음을 보여 준다. IPCC의 「6차 평가보고서」에서는 지구온난화로 인한 아프리카의 기후변화와 그에 따라 예측되는 위험을 다음과 같이 제시하였다.[8]

- **아프리카의 기후변화**
  - 1.5℃ 이상 온난화 시 남아프리카에서 가뭄의 빈도와 기간이 증가하고, 2℃ 이상 온난화 시 서아프리카에서 강수량이 감소하고, 3℃ 이상 온난화 시 북아프리카와 서부 사헬[4], 남아프리카 일부 지역에서 기상학적 가뭄 빈도가 증가하고 기간이 약 2달에서 4달로 2배 증가
  - 폭우의 빈도와 강도는 모든 수준의 온난화에서 증가할 것이며(북아프리카와 남서부 제외), 이에 따라 비로 인한 하천 범람의 발생 증가
  - 루웬조리산과 케냐산의 빙하는 2030년까지, 킬리만자로산의 빙하는 2040년까지 소멸 전망
  - 아프리카 동부와 남부에서 열대 저기압이 상륙하는 빈도는 낮아지지만, 지구온난화가 심화되면 강우량과 풍속은 더 증가
  - 기후변화로 육지에서의 열파와 가뭄이 증가하고, 아프리카 대부분 지역에서 해양 열파 가능성이 두 배로 증가

4 사하라 사막과 사바나 지역 사이의 전이 지대.

- 육지, 호수, 바다에서의 폭염은 그 강도와 지속 시간이 상당히 증가
- 치명적(열사병이나 기타 열 관련 질환으로 생명이 위험)인 열 임계점을 초과하는 날의 수가 증가: 1.6℃ 온난화 시에는 서아프리카가 매년 50~150일, 2.5℃ 온난화 시에는 중앙아프리카가 매년 100~150일, 4℃ 초과 시에는 열대 아프리카가 매년 200~300일에 이르게 됨

■ 예측되는 위험
- 물: 아프리카 전역의 강우량과 하천 유량의 극심한 변동으로 물 의존 부문 전반에 대체로 부정적이고 다중적인 영향
- 경제 및 생계: 아프리카 전체의 경제 성장 감소, 아프리카 국가들과 온대 기후의 북반구 국가들과의 소득 불평등과 아프리카 국가들 간의 불평등 확대
- 식량 체계: 기후 변화로 작물 수확량과 생산성 감소
- 건강: 인간 생활에 부적합한 기온과 극한의 날씨 그리고 감염병 확산으로 수천만 명의 건강 위협
- 거주지: 급속한 도시화, 인프라 부족 및 비공식 정착지의 인구 증가로 인해 사람과 자산, 인프라의 기후 위험 노출 증가
- 이민: 지역 내부 및 시골에서 도시로의 이동 증가
- 인프라: 기후 관련 인프라 손상 및 수리는 국가에 재정적으로 상당한 부담으로 작용
- 생태계: 이산화탄소 수치 증가와 기후변화로 해양생물 다양성이

파괴되고 호수 생산성이 감소하며 동물과 식물 분포가 변화

　이 같은 위험은 이미 아프리카에서 일어나고 있는 상황의 연속선에서 향후 수년 또는 수십 년 이내에 일어날 수 있는 매우 가능성 높은 일들이다. 이러한 위험은 비단 아프리카에 국한된 일이 아니다. 세계 여러 곳에서 이러한 위험의 징후가 나타나거나 이미 크고 작은 형태로 발생하고 있다. 그중에서도 아프리카 국가들은 온실가스 배출에 대한 그들의 역사적 책임에 비하여 훨씬 큰 위험에 노출되어 있으며, 이는 단지 그들의 나라가 식량 생산이나 경제 발전의 어려움이 큰 지역에 있기 때문이 아니다. 역사적인 과정과 국내외 정치·경제·사회적 배경에서 다른 대륙과 국가들에 비해 경제적 발전과 회복력이 상대적으로 미비한 상태에서, 그들이 마주하는 기후변화의 현실과 앞으로의 위험은 더욱 클 수밖에 없을 것이다.

공평한 책임의 원칙과 사다리 걷어차기

　2015년 파리에서 열린 유엔기후변화협약 21차 당사국총회에서 산업화 이전 대비 지구 평균기온 상승을 2℃ 이하로 유지하고, 1.5℃ 이하로 제한하기 위해 노력하며, 각국이 자발적으로 온실가스 감축 목표(NDC)를 설정하고 이를 5년마다 갱신하여 상향 조정하기로 하는 파리협정이 체결되었다. 그리고 후속 당사국 총회에서는 협정 이행을 위한 세부적인 지침을 마련하는 데 노력을 기울였다.

각국이 온실가스 감축 목표를 5년마다 상향 조정하여 제출하기로 한 파리협정에 따라 2021년 영국 글래스고에서 열린 26차 당사국총회에서 각국은 이전에 발표한 온실가스 감축 목표보다 상향된 감축 목표를 제시하였다. 독일(1990년 대비)은 40%에서 55%로, 일본(2013년 대비)은 26%에서 46%로, 미국(2005년 대비)은 26~28%에서 50~52%로, 영국(1990년 대비)은 55%에서 68%로 각각 상향하였고, 한국도 (2018년 대비) 26%에서 40%로 강화된 감축 목표를 발표하였다. 선진국들이 나름 성의를 보이며 상향된 목표를 내놓은 반면 중국, 러시아, 인도 등 다(多)배출 국가를 비롯해 신흥국들은 선진국들과 동일한 수준의 감축 목표 제출에 소극적이었다. 인도는 목표 제출 자체를 거부하기도 하였고, 중국은 국제 사회의 기대에는 상당히 못 미치는 목표를 내놓았다.

온실가스 배출 감축 목표를 둘러싼 선진국과 신흥국 간의 이해 충돌은 주로 책임 분담과 경제적 영향에 대한 의견 차이에서 비롯된다. 선진국들은 현재의 기후 위기 상황이 심각하기 때문에 모든 국가가 함께 노력해야 한다고 강조하면서, 신흥국들도 온실가스 감축에 적극적으로 참여해야 한다고 주장한다. 반면, 신흥국들은 역사적으로 선진국들이 산업화 과정에서 대량의 온실가스를 배출해 왔기 때문에, 선진국들이 그에 맞는 더 큰 책임을 져야 한다고 주장한다. 이 국가들은 자국은 이제 막 산업화 단계에 있으며, 경제 성장을 위해서는 어느 정도의 온실가스 배출이 불가피하다고 말한다. 2021년 26차 당사국총회에서 인도 환경부 장관은 선진국들이 역사적 책임을 지고 더 많은 감축 노력을 기울여야 한다고 주장하였다.

[표 1] 국가별 온실가스 연간 배출량 및 누적 배출량 및 1인당 배출량(각 상위 20개국, 내림차순)[9]

연간 배출량(2022)			누적 배출량(1850~2022)		
국가	단위: Gt	비중(%)	국가	단위: Gt	비중(%)
중국	13.94	25.89	미국	628.48	18.22
미국	6.00	11.14	중국	418.93	12.14
인도	4.05	7.52	러시아	235.74	6.83
러시아	2.29	4.25	인도	169.06	4.90
브라질	2.25	4.17	브라질	156.73	4.54
인도네시아	2.13	3.95	인도네시아	118.43	3.43
일본	1.09	2.03	독일	113.38	3.29
멕시코	0.95	1.77	영국	101.50	2.94
이란	0.93	1.74	일본	78.51	2.28
사우디아라비아	0.81	1.51	캐나다	74.33	2.15
캐나다	0.78	1.45	프랑스	57.08	1.65
독일	0.74	1.37	우크라이나	53.91	1.56
대한민국	0.65	1.20	오스트레일리아	52.65	1.53
베트남	0.62	1.15	멕시코	45.05	1.31
콩고민주공화국	0.60	1.12	폴란드	40.57	1.18
튀르키에	0.58	1.08	아르헨티나	39.10	1.13
오스트레일리아	0.57	1.07	남아프리카	33.72	0.98
파키스탄	0.52	0.97	이탈리아	33.45	0.97
남아프리카	0.52	0.96	이란	32.22	0.93
말레이시아	0.48	0.90	카자흐스탄	31.58	0.92

기후변화 대응을 위해서는 온실가스 배출을 줄이는 완화(Mitigation)와 기후변화 피해를 줄이는 적응 (Adaption)이 모두 필요하다. 기후변화 완화는 기후변화의 속도를 늦추기 위한 활동을 의미하며, 재생 가능 에너지 사용의 확대, 에너지 효율 향상, 저탄소 교통수단 이용, 지속 가능한 농업·어업과 식품 체계, 탄소 흡수원 보호 및 확대 등 다양한 활동을 포함한다. 기후변화 적응은 이미 발생한 기후변화에 대응하여 우리의 생활 방식을 조정하는 것을 의미한다. 예를 들면, 홍수 방지 시설이나 해안 방어 시스템과 같이 기후변화로 인한 자연재해에 대비한 인프라 구축, 기후변화에 적응할 수 있는 작물 재배 방법의 개발, 기후변화로 인한 건강 문제를 예방하고 대응하기 위한 보건 시스템 강화와 같은 일이다.

이러한 완화와 적응을 위해서는 우선 막대한 재원과 경제적·기술적·환경적으로 검증된 다양하고 혁신적인 솔루션이 필요하다. 그리고 모든 사람들의 삶의 방식과 사회 발전 모델이 지속 가능한 방식으로 변화되어야 한다. 당연히 이 같은 변화에는 기존 삶의 방식과 사회 발전 모델과의 충돌로 인한 혼란과 반발이 있을 수 있다. 그리고 이를 실행하는 접근 방식은 이미 경제·사회적으로 발전된 선진국과 아직 충분한 발전을 이루지 못한 신흥국이나 개발도상국에 있어서 상당히 다를 수 있다.

예를 들어, 몽골의 경우 1인당 GDP(2022년)는 5,206달러로 국가별 순위는 104위이나, 1인당 온실가스 배출량(2022년)은 23.99톤으로 매우 높은 편이다(표 2). 몽골의 1인당 온실가스 배출량이 높은 이유는 지리적 특성과 자원 및 산업 환경으로 인한 것이다. 몽골은 광업이 국가의 주요 산업이며 주로 석탄을 사용하여 전기를 생산하고, 기후가 매우 추워서 겨울철 난방을 위해 많은 에너지를 소비하며 넓은 국토로 인해 교통수단 사용에 따른 화석 연료 소비가 많다. 몽골이 선진국과 동일한 수준으로 온실가스 배출을 감축시키기 위해서는 산업 구조, 에너지 생산 기반시설, 교통 수단 및 기반시설, 주택난방 등 경제와 국민 생활의 거의 모든 부분을 바꾸어야 한다. 하지만 몽골의 경제적 능력과 기술·사회적 조건에서는 무척이나 어려운 일일 것이다.

[표 2] 국가별 1인당 온실가스 배출량 최상위 40개국과 최하위 20개국(2022년도)[10]

(단위: 톤)

최상위 40개국						최하위 20개국		
순위	국가	1인당 배출량	순위	국가	1인당 배출량	순위	국가	1인당 배출량
1	카타르	70.52	21	말레이시아	14.26	1	부룬디	0.68
2	바레인	45.92	22	파라과이	13.50	2	르완다	0.75
3	브루나이	37.44	23	노르웨이	13.35	3	바누아투	0.76
4	쿠웨이트	35.55	24	핀란드	13.06	4	키리바시	0.82
5	트리니다드 토바코	32.89	25	아이슬란드	13.04	5	아프가니스탄	0.89
6	아랍에미리트연합	31.67	26	룩셈부르크	12.96	6	예멘	0.95
7	오만	25.53	27	수리남	12.70	7	상투메 프린시페	1.06
8	몽골	23.99	28	뉴질랜드	12.62	8	에스와티니	1.27
9	사우디아라비아	22.28	29	타이완	12.56	9	코모로	1.29
10	오스트레일리아	21.91	30	우루과이	12.52	10	토고	1.30
11	캐나다	20.33	31	대한민국	12.47	11	미크로네시아	1.34

12	투르크메니스탄	20.21	32	에스토니아	12.16	12	말라위	1.37
13	카자흐스탄	18.45	33	벨라루스	11.40	13	하이티	1.39
14	벨리즈	17.80	34	보츠와나	11.35	14	카보베르데	1.40
15	미국	17.74	35	이란	10.56	15	우간다	1.42
16	가이아나	16.24	36	브라질	10.44	16	방글라데시	1.48
17	팔라우	15.85	37	체코	10.11	17	감비아	1.48
18	러시아	15.82	38	싱가포르	10.09	18	사모아	1.49
19	아일랜드	14.73	39	중국	9.78	19	가나	1.55
20	리비아	14.58	40	벨기에	9.65	20	엘살바도르	1.56

이 문제에 대해서 방향을 바꾸어 생각해 보자. 「IPCC 6차 평가보고서」에서는 지구 평균기온을 산업화 이전 대비 1.5℃ 이내로 억지하기 위해서는 2030년까지 2010년 대비 최소 45% 이상 온실가스 배출을 감축하여야 한다고 제시하였다. 2010년 전 세계 온실가스 총배출량은 494.2 억 톤이며, 여기에서 45% 감축된 총배출량은 271.8억 톤이다. 2010년 미국의 1인당 온실가스 배출량은 20.95톤이며, 45% 감축된 배출량은 11.52톤이다.

만약 전 세계 모든 국가의 사람들이 미국과 동일한 수준의 온실가스(감축된 배출량, 1인당 11.52톤)를 배출하면서 경제 발전의 혜택을 누리겠다고 하면, 2023년 전 세계 인구수인 80.45억 명을 적용하더라도 온실가스 총배출량은 926.8억 톤으로 목표 수준인 271.8억 톤의 3.4배가 된다. 당연히 2030의 세계 인구가 2023년보다 늘어날 것이므로, 2030년의 추정 총배출량은 이보다 더 늘어날 것이다.

[표 3] 지역 및 소득수준별 1인당 온실가스 배출량(2022년도)[11]

(단위: 톤)

지역(대륙)	1인당 배출량 평균	소득 수준별 구분	1인당 배출량 평균
아프리카	3.33	고소득 국가	12.56
아시아	6.37	고중소득 국가	10.28
유럽	8.86	저중소득 국가	2.96
EU (27개국)	7.47	저소득 국가	2.77
북아메리카	13.46		
오세아니아	15.41		
남아메리카	8.40		
전 세계(평균)	6.75		
전 세계 총배출량 (2010)	494.2억 톤		
전 세계 총배출량 (2022)	538.5억 톤		

    전 세계적인 온실가스 배출량의 제한 속에서 그리고 역사적인 온실가스 배출 책임은 대부분 선진국에 있는데, 왜 신흥국과 개발도상국은 경제 발전과 그로 인한 혜택을 선진국보다 훨씬 낮은 수준으로 제한받아야 하는가? 온실가스 감축에 대해 국제적으로는 '공평한 책임'의 원칙에 따라, 역사적으로 더 많은 온실가스를 배출해 온 선진국은 더 큰 감축 책임을 지고, 개발도상국은 경제 발전을 위한 성장 기회를 고려하여 상대적으로 덜 엄격한 감축 목표를 가지도록 하였다. 그리고 2015년 파리협정에서는 각 국가가 자국의 상황에 따라 자발적으로 온

실가스 감축 목표(NDC)를 설정하도록 하고 있다.

그렇더라도 신흥국이나 개발도상국도 온실가스 배출에 제약을 받는 만큼 선진국들과 같은 경로의 경제 발전 기회를 추구하지 못하게 되는 것은 '사다리 걷어차기'나 다름없다는 비판이 거세다.

온실가스 배출 아웃소싱과 님비(Not In My BackYard)

1960년대부터 미국 기업들은 생산비용 절감을 위하여 인건비가 저렴한 아시아 국가들로 제조시설을 이전하기 시작하였다. 이같이 생산시설을 저비용 국가로 이전하는 것을 국외이전(Offshoring)이라고 한다. 물론 국외이전의 목적은 비용 절감뿐만 아니라, 핵심 자원 확보, 해외 파트너 기업의 전문성 활용, 해외 현지 시장에의 적극적인 진입, 선진국에 비해 덜 엄격한 규제 환경 이용 등 다양한 목적이 있다. 그리고 선진국은 이렇게 생산된 제품을 자국으로 역수입하거나 제3국으로 수출한다. 이러한 국외이전은 1970년대와 1980년대 신자유주의가 강력하게 부상함에 따라 더욱 활발해졌고, 1990년대에는 더욱 보편화되었다.

물론 국외이전 대상 국가의 입장에서도 선진국의 자본을 유치하여 자국 내 일자리를 만들고 선진국의 산업 경험을 빠르게 이전받으며, 이를 통해 자국의 국내총생산을 늘릴 수 있다는 이점이 있다. 그런데 늘어나는 것은 국내 소득뿐만이 아니다. 국내 소득과 함께 환경오염과 온실가스 배출도 늘어난다. 선진국의 다국적기업이 개발도상국에 설립한 공장에서 배출되는 온실가스는 개발도상국의 배출량으로 집계된다. 이는 온실가스 배출량의 산출이 온실가스가 발생한 지리적 위치를 기준으로 하기 때문이다.

만약 온실가스 배출량을 한 국가 내에서 이루어진 생산이 아니라 소비를 기준으로 산출한다면, 선진국이 해외에서 생산된 제품을 수입하여 소비할 경우 선진국의 온실가스 배출량이 더 늘어날 것이다. 에너지 및 환경 시장조사 회사인 Global Efficiency Intelligence와 글로벌 공급망 분석 기업인 KGM & Associates에서 분석한 결과에 따르면, 영국이 국내에서 소비하는 수입 제품의 온실가스 배출량을 자국의 온실가스 배출에 포함시킬 경우 실제 배출량이 50% 이상 증가하는 것으로 나타났다(그림 4).

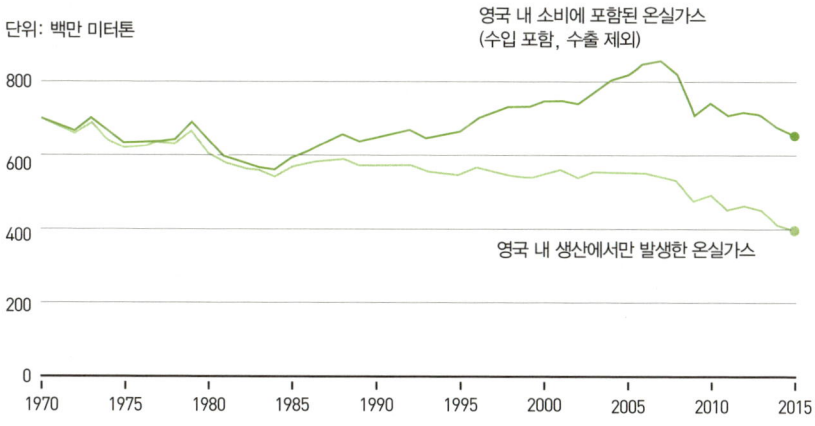

[그림 4] 영국 내 온실가스 배출 비교: 생산 기준 vs. 소비 기준[12]

동일한 방식으로 지역 및 국가별로 제품의 수입과 수출에 따른 온실가스 배출량을 조정하면, [표 4]와 같이 실제 소비 기준에 따른 온실가스 배출량(증감)을 알 수 있다. 고소득 국가들의 경우, 생산 기준의 온실가스 배출량보다 소비 기준의 온실가스 배출량이 13.85% 더 늘어난다. 고소득 국가들은 온실가스 배출을 아웃소싱하여 온실가스 감축의 책임과 부담은 줄이면서, 소비 혜택은 고스란히 다 누리고 있다.

[표 4] 국제 무역에 반영된 1인당 온실가스 배출[13]

지역	생산(P)기준 vs. 소비(C)기준 1인당 CO_2 배출량 (tCO_2/인)										국제 무역에 반영된 1인당 CO_2 배출량 (tCO_2/인)		
	1990		2005		2017		2020		2021		2021		
	생산(P)	소비(C)	생산(P)	소비(C)	생산(P)	소비(C)	생산(P)	소비(C)	생산(P)	소비(C)	C−P	(C−P)/P (%)	순수출입
아프리카	1.033	0.923	1.140	0.946	1.092	1.037	1.019	0.976	1.031	0.998	−0.033	−3.21%	수출
아시아	2.059	2.042	3.148	2.808	4.363	4.044	4.437	4.126	4.568	4.243	−0.325	−7.11%	수출
아시아 (중국, 인도 제외)	2.991	3.085	3.595	3.529	4.148	3.899	3.957	3.763	3.994	3.842	−0.152	−3.80%	수출
유럽	11.126	10.747	8.800	9.468	7.555	8.091	6.707	7.283	7.118	7.772	0.655	9.20%	수입
유럽 (EU−27 제외)	13.734	11.086	9.040	8.077	8.315	7.854	7.916	7.396	8.321	7.643	−0.678	−8.15%	수출
EU−27	9.236	10.501	8.635	10.424	7.038	8.253	5.888	7.207	6.304	7.860	1.555	24.68%	수입
북미	14.233	14.023	14.253	15.400	11.065	11.731	9.773	10.530	10.459	11.328	0.868	8.30%	수입
북미 (미국 제외)	5.036	4.956	5.490	5.483	4.841	4.692	4.223	4.100	4.569	4.470	−0.098	−2.15%	수출
오세아니아	11.675	10.187	12.944	11.506	11.206	10.021	10.355	9.007	9.883	8.574	−1.310	−13.25%	수출
남미	2.019	2.034	2.421	2.178	2.673	2.628	2.274	2.178	2.502	2.394	−0.108	−4.32%	수출
고소득 국가	12.107	12.968	12.793	14.579	10.912	12.069	9.689	10.905	10.209	11.624	1.314	13.85%	수입
고중소득국가	3.737	3.235	4.655	3.721	6.239	5.508	6.370	5.644	6.185	5.466	−0.720	−11.64%	수출
저중소득국가	1.112	0.928	1.263	1.074	1.760	1.580	1.760	1.585	1.775	1.584	−0.191	−10.76%	수출
저소득 국가	0.635	0.062	0.398	0.057	0.304	0.109	0.284	0.110	0.287	0.103	−0.184	−63.98%	수출

하지만 생산 기준의 배출량 책임에 대해서는 국제적으로 논란이 많다. 개발도상국은 선진국이 자국의 환경 규제를 피하기 위해 생산 공장을 개발도상국으로 이전한 결과라고 주장하며, 선진국이 더 많은 책임을 져야 한다고 주장하고 있다. 이에 따라 국가별 온실가스 감축 의무의 기초가 되는 온실가스 배출량의 산출을 생산 기준이 아닌 소비 기준으로 바꾸어야 한다는 주장이 제기되고 있다.

예를 들어, 최근 논의되고 있는 탄소세 적용 시 온실가스 배출 기업이 아니라 제품이나 상품을 소비하는 소비자에게 탄소세를 부과해야 한다는 주장이 그것이다. 공급망을 포함하여 제품 생산의 전 과정에서 발생하는 모든 온실가스를 추적하여 제품 소비자에게 탄소세를 부과하게 되면, 그만큼 제품 가격이 상승하여 기업과 소비자 모두에게 온실가스 배출이 많은 제품의 생산과 소비를 줄이도록 하는 유인이 될 수 있다는 것이다. 이는 온실가스 배출의 책임을 기업에서 소비자로 전가하는 것이 아니라, 소비자들로 하여금 온실가스 배출이 많은 제품의 선택을 줄이도록 하는 방식이다.

최근 ESG나 RE100과 같은 온실가스 감축 의무의 이행을 입증하기 위하여, 기업은 온실가스 배출을 정량화하고 관리하기 위한 수단으로서 탄소회계(Carbon Accounting)를 도입하고 있다. 탄소회계에서 배출량을 산출하는 범위는 Scope 1, Scope 2, Scope 3으로 구분된다. Scope 1은 기업이 직접 소유하거나 통제하는 배출원에서 발생하는 직접 배출이며, Scope 2는 기업이 구매한 전기·증기·냉난방에서 발생하는 간접 배출이다. 그리고 Scope 3은 기업의 활동 결과로 발생하지만 기업이 소유하거나 통제하지 않는 출처에서 발생하는 간접 배출로, 공급망 배출이라고도 한다. 기업의 탄소회계에서는 공급망이 해외에 있더라도, 공급망 배출도 기업의 총체적 활동으로 인해 발생한 것이므로 기업의 배출량 책임의 범위에 포함시킨다. 탄소발자국(carbon footprint)을 온전히 반영하는 것이다.

그런데 국가 단위의 온실가스 배출량 측정에서는 자국 내에 있는 생산공장에서 배출되는 온실가스만 포함시키며, 자국 기업이 필요로 하는 원자재나 자국 국민들이 소비하는 상품이 해외에서 생산된 경우는 제외시킨다. 한국은 일정 기준 이상의 온실가스를 배출하는 업체와 사업장을 대상으로 감축 목표를 설정하고 관리하는 온실가스·에너지 목표관리제를 운영 중이며, 일본과 유럽연합(EU)도 이와 비슷한 제도를 운영하고 있다. 그런데 이 제도의 관리대상은 Scope 1과 Scope 2까지이며, Scope 3은 그 공급망 기업이 국내 기업인 경우에만 별도의 업체 및 사업장으로 관리된다.

탄소 유출과 탄소 피난처, 배출하는 자와 감당하는 자

국가가 탄소 유출을 억제하고 관리하는 방식에는 크게 직접 규제와 시장의 원리를 활용한 정책 두 가지가 있다. 직접 규제는 배출과 관련된 환경 기준을 정하고 준수하게 하는 방식이며, 시장 원리를 활용한 방식은 탄소에 가격을 부과하는 제도로 탄소가격(Carbon Pricing)정책이라고도 한다. 탄소가격정책은 다시 배출권거래제와 탄소 배출에 대한 각종 부과금으로 나누어 볼 수 있다.

배출권거래제(ETS: Emission Trading System)는 정부가 온실가스를 배출하는 사업장을 대상으로 연단위로 배출권을 할당하여 할당 범위 내에서 배출 행위를 할 수 있도록 하고, 할당된 사업장의 실질적 온실가스 배출량을 평가하여 잉여분 또는 부족분의 배출권에 대하여는 사업장 간 거래를 허용하는 제도이다. 배출권거래제는 국가 감축 목표(NDC)와 연계되어, 국제적으로 거래되기도 한다.

탄소 배출에 대한 부과금은 시장 참여자들이 탄소 배출에 따른 비용을 인식하게 함으로써 비용 최소화의 효율성을 탄소 배출에서도 유도하는 정책으로, 대표적으로 온실가스 배출에 대해 부과하는 탄소세(Carbon Tax)가 있다. 세계 각국은 탄소세와 배출권거래제를 혼합하여 운영하거나, 한 가지 제도만을 운영하기도 한다.

일부 국가에서는 강한 탄소가격정책이 시행되면서 해외 공급망의 온실가스 배출량이 국가 감축 목표 관리 대상에서 제외되자, 기업들이 온실가스 배출을 일으키는 활동을 비용이 더 낮거나 환경 규제가 덜 엄격한 다른 국가로 이전하는 사례가 나타났다. 온실가스 배출에 대한 규제 정책의 국가 간 차이에 따라, 온실가스 배출 규제가 엄격한 나라에서 생산을 하는 기업이 탄소피난처(Carbon Haven), 즉 규제가 덜 엄격한 나라로 이전하여 원래 국가의 온실가스 배출량이 감소하는 상황을 '탄소 유출(Carbon Leakage)'이라고 한다.

요즘 전기자동차나 모바일 제품에는 리튬 이온 배터리가 많이 사용되지만, 기존 자동차의 시동용, 비상 전원 장치 등으로 납산 배터리가 아직도 많이 사용되고 있다. 납산 배터리는 2023년 기준 전체 배터리

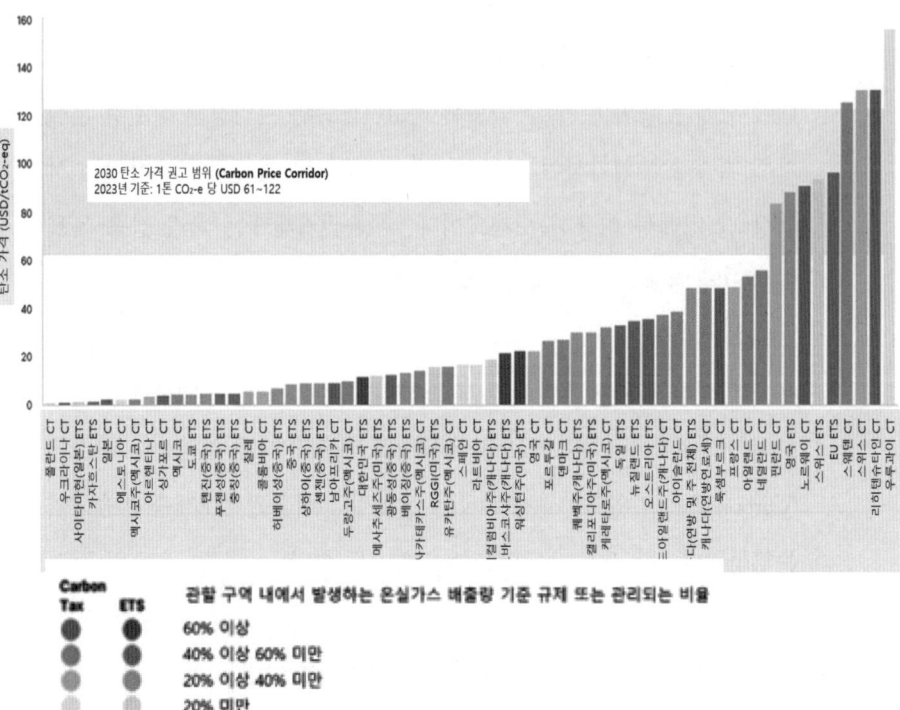

[그림 5] 탄소세 및 배출권거래제의 가격과 관리 범위[14]

시장의 약 30%를 차지하고 있으며, 배터리 사용이 늘어나고 환경 규제가 강화됨에 따라 배터리 재활용도 늘어나고 있다. 그런데 배터리를 재활용하기 위해서는 배터리를 분해하여 납 등의 금속 성분을 추출하는 고온의 용해와 화학적 처리 과정에서 상당한 양의 온실가스가 발생한다. 일부 미국 기업들은 회수한 폐기물 배터리를 멕시코로 보내어 멕시코에서 배터리 내의 납을 추출하도록 함으로써, 미국 내 온실가스 배출 규제를 회피하였다.

조세피난처가 조세 부담이 약하거나 아예 없는 지역을 이용해 조세 부담을 회피할 수 있게 하는 것과 마찬가지로, 탄소피난처는 환경 규제가 약한 지역을 악용하여 온실가스 배출에 따르는 부담과 책임을 회피할 수 있게 한다. 양자의 차이라면 조세 피난의 피해는 유출국의 조세 정의와 공공 재정이 받게 되는 반면, 탄소 유출의 피해는 기후 정의와 탄소피난처인 저소득 국가들의 주민과 환경이 받게 된다는 것이다. 자본과 자원이 부족한 저소득 국가들은 주민의 건강과 환경을 탄소 배출과 교환해야 하는 불평등의 굴레에 묶이게 된다. 탄소 배출은 이동하고, 탄소 배출의 책임은 멈춘다. 결국 탄소 유출은 또 다른 기후 식민주의다.

한편, 온실가스 배출을 국외이전(탄소 유출)하는 기업과 하지 않는 기업 사이에 효율성 경쟁력의 차이가 발생하자, 선진국 내 배출 규제를 준수하는 기업들로부터 불만이 생겨났다. 이에 따라, EU에서는 온실가스 배출 규제의 실효성을 높이고 배출 감축 의무가 기업 간에 공정하게 이행되도록 하기 위하여, 탄소국경조정제도(CBAM: Carbon Border Adjustment Mechanism)를 도입하려 하고 있다. 탄소국경조정제도는 수입된 제품의 탄소 배출량에 따라 관세를 부과하는 제도로 '탄소국경세(Carbon Border Tax)'라고도 불린다. 수출의 중요성이 큰 EU 밖 기업이나 국가들로부터는 새로운 무역장벽이라는 또 다른 불만도 제기되고 있다.

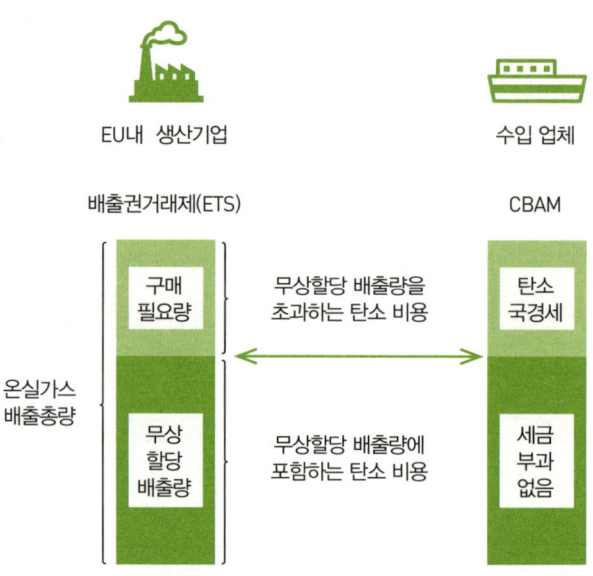

[그림 6] 배출권거래제와 탄소국경조정제도 비교[15]

거래가 아닌 강탈, 탄소 해적과 21세기 인클로저

『네이처(Nature)』지에 발표된 한 연구에 따르면, 2001년에서 2019년 사이 전 세계 숲은 배출한 이산화탄소의 거의 2배를 흡수하였다. 순량 기준으로, 숲은 매년 76억 tCO2e을 격리하고 있으며, 이는 전 세계 CO_2 환산 온실가스 배출량의 약 15%에 해당한다.

그런데 빙하기 이후 세계는 숲의 3분의 1을 잃었으며, 현재도 매년 150억 그루의 나무가 벌채되면서 숲이 손실되고 있다. '숲의 손실'은 영구적인 산림 파괴와 산림 황폐화의 영향을 모두 포함하는 넓은 개념이지만, 양자 사이에는 중요한 차이가 있다. 영구적인 산림 파괴[5]는 나무를 완전히 제거하거나 건물 등 다른 토지 용도로 전환하여 숲이 다시 자랄 수 없는 것을 의미하지만, 산림 황폐화는 토지 용도의 변화 없이 해당 지역의 나무 밀도가 감소하는 것을 의미하므로 숲이 다시 자랄 수도 있다. 2001년에서 2015년 사이 전 세계의 연간 평균 산림 손실은 2,100만 헥타르인데, 이 중 70% 이상이 산림 황폐화에 의한 것이며, 나머지 30%는 영구적인 산림 파괴이다.[16]

[표 5] 산림 손실의 원인

범주	원인	연평균 산림 손실 (2001~2015, 100만 헥타르)
영구적 산림 파괴	상품 생산을 위한 산림 파괴 (기업형 농업, 목축, 채광 등을 위한 산림 벌채)	5.7
	도시화	0.1
산림 황폐화	임산물 채취 (목재, 종이, 펄프, 고무 등)	5.4
	생계를 위한 이동식 농업	5.0
	산불	4.8
합계		21

최근 수십 년간 전 세계에서 발생한 산림 손실은 대부분이 열대우림이 있는 개발도상국에서 일어났다. 유엔식량농업기구에 따르면 2015년 전 세계에서 줄어든 산림 면적은 515만 헥타르로, 이 중 최다 감

---

[5] '산림 전용'이라고도 표현된다.

소 국가들은 브라질(145만, 28.2%), 인도네시아(57.9만, 11.2%), 탄자니아(46.9만, 9.1%), 미얀마(29.0만, 5.6%), 파라과이(27.9만, 5.4%), 모잠비크(23.9만, 4.6%), 볼리비아(23.9만, 4.6%), 콜롬비아(19.9만, 3.9%), 잠비아(18.8만, 3.7%), 페루(17.3만, 3.4%) 순으로 대부분이 열대지역에 위치한 국가들이다.

열대우림 국가들이 산림을 보전하고 기후변화에 대응하는 것을 지원하기 위해 설립된 열대우림국가연합(CfRN: Coalition for Rainforest Nations)은 2005년에 열대우림 국가들이 산림 파괴(Deforestation)와 황폐화(Forest Degradation)를 줄이고 산림을 보존하는 활동을 통해 온실가스 배출을 줄일 경우, 재정적 인센티브를 제공하는 REDD(Reducing Emissions from Deforestation and Forest Degradation) 프로그램을 제안하였다. 이후 유엔기후변화협약을 중심으로 계속적인 논의를 거쳐, 2013년 폴란드 바르샤바에서 열린 제19차 당사국총회에서 기존의 REDD를 탄소저장소로서 숲을 보전하고 관리하는 개념까지 확대한 바르샤바 REDD+ 프레임워크가 채택되었다.

REDD+는 온실가스 감축 의무가 없는 개발도상국의 산림 파괴와 황폐화 방지를 위한 성과보상형 메커니즘으로, 준국가 수준 이상으로 REDD+를 이행한 개발도상국은 사업을 완료 후 선진국과 국제기구(기금) 및 민간으로부터 그 결과에 따라 보상을 받을 수 있다. 한국도 2013년부터 인도네시아, 캄보디아, 미얀마, 라오스에서 시범사업을 추진하였고, 2023년부터는 라오스 퐁살리주에서 2032년까지 REDD+ 사업을 진행하고 있다.

최근에는 산림 재원의 규모화를 위해 정부와 국제기구뿐 아니라 민간 기업에서도 결과 기반 보상 마련 및 지원에 적극적으로 참여하는 국제적 동향을 보이고 있다. 이들 민간기업은 해당국의 정부가 온실가스 목표관리제에 따라 부여하는 감축 목표 달성을 위해서나 ESG 경영을 추진하기 위한 목적으로 자발적 탄소시장에서 REDD+ 탄소배출권을 구입하여 프로그램에 참여한다.[17] REDD+ 프로그램은 자체적으로는 온실가스 감축이 제한적인 선진국가나 기업이 사업을 통해 감축 목표의 일부를 달성할 수 있도록 해 준다. 개발도상국도 선진국가나 기업의 기술 지원 및 재정 보상을 통해 생태계를 보전하면서 산림자원을 지속 가능한 방식으로 개발 및 관리할 수 있게 된다.

하지만 REDD+ 프로그램은 다음과 같은 주요 문제점에 대해 많은 비판을 받고 있기도 하다. 첫째, 성과 측정을 포함한 프로젝트 관리의 투명성과 효율성이 낮으며, (부풀려진 기대 성과로 인해) 발행된 탄소 크레딧의 품질이 기준을 충족하지 못한다. 둘째, 추진 과정에서 지역 사회 주민의 권리와 생계가 보호되지 못하고, 프로젝트에서 발생하는 이익이 지역 사회에 공정하게 분배되지 않는다. 셋째, 생태계 보호를 약속하면서 일부 프로젝트에서는 생태계 및 환경 파괴가 자행되고 있다.

2023년 9월, 영국 『가디언(The Guardian)』지는 최근 REDD+ 프로젝트의 효과에 대한 우려를 제기하는 기사를 게재했다. 『가디언』지가 비영리단체인 Corporate Accountability과 함께 세계 50대 REDD+ 프로젝트를 분석한 결과, 79%인 39개가 주장하는 것만큼 효과적이지 않으며 프로젝트 기대 성과에 따라 거래되는 크레딧 중 일부는 실제 탄소 감소에 기여하지 않는 '유령 크레딧'일 수 있다고 밝혔다.[18] 50개 프로젝트 중 구체적인 사례로 짐바브웨의 숲 보존 프로젝트는 탄소 배출 감축량이 5배에서 최대 30배 과장되었다.

2023년 10월 스위스 탄소컨설팅 기업 South Pole 사는 CGI(Carbon Green Investment)사와 공동으로 짐바브웨 카리바에서 진행하던 아프리카 최대 규모(연간 약 655만 tCO2e)의 REDD+ 사업에서 철수한다고 밝혔다. 원인은CGI의 관리 방식에 있었다. 독일 주간지 디차이트(Die Zeit) 등 3개 유럽 언론사가 프로젝트 현장을 취재한 결과, CGI의 약속과 달리 지역 사회에 수익 공유가 제대로 이뤄지지 않았으며 카리바 프로젝트 지역 내에서 야생동물 사냥권을 사파리 여행업체에 판매하기도 했었다.[19] 한편, 미국 시사주간지『뉴요커(The Newyorker)』지는 South Pole이 예상 배출 감축량에 기초하여 판매하는 크레딧이 과대 산정된 것을 알고도 판매를 중단하지 않았다고 보도하였다.『뉴요커』지는 10년간 실제 상쇄된 배출량은 카리바 프로젝트에서 판매한 크레딧 2,300만여 개 중 1,500만여 개에 불과했다고 주장했다.[20]

국제 환경단체 Friends of the Earth는 미국 캘리포니아주 등이 참여하는 브라질 수루이숲 REDD+ 사업 지역에서 금과 다이아몬드가 발견되자 이를 채굴하느라 산림이 파괴되었고, 2018년에는 사업이 무기한 중단됐다고 전했다. 2017년 아마존연구소(INPA)는 2004년 연간 2만㎢의 산림이 벌채됐는데 2012년 벌채 면적이 4천㎢까지 줄었으나 2016년 다시 7천㎢ 이상으로 증가했다는 연구보고서를 냈다.[21]

국제자연보호협회와 General Motors, American Electric Power 등이 사업자로 참여한 2만 헥타르 규모의 브라질 '과라 케 카바(GuaraqueÇaba) 기후행동 프로젝트'는 무장 경비원들이 현지인들을 위협해 논란을 빚었다. 또 2010년 석유시추선 딥워터 호라이즌의 폭발로 수백만 갤런의 원유를 바다로 유출시켜 생태계를 파괴하였던 영국 석유회사 BP가 멕시코에서 진행 중인 REDD+ 사업을 놓고 '생물다양성과 지역 사회 경제 파괴에 대한 그린워싱(위장환경주의)'을 하고 있다는 비난이 일기도 하였다.[22]

페루 아마존에는 조상 대대로 500년 넘게 숲을 지키며 살아온 선주민 키츠와족이 있다. 키츠와족에게 먹거리와 약재를 구하는 생존의 공간이었던 숲이 탄소배출권 사업지가 되면서 선주민들은 숲에 들어갈 수 없게 되었다. 지구 반대편 기업들이 친환경 이미지를 얻는 동안 선주민들은 영문도 모른 채 삶의 터전을 잃었다. 선주민들은 '탄소중립'을 이루고자 숲을 확보하러 몰려드는 이들을 '탄소 해적(carbon pirate)'이라 부른다.[23]

실제 많은 사례에서 '탄소 해적'으로 불리는 이들이 REDD+ 프로젝트 사업권 획득을 위하여 지역의 부패한 토호들과 유착하여 지역을 분열시키거나 지역의 선주민들을 강압적이고 약탈적으로 내쫓는 일들이 일어났다. REDD+ 프로젝트는 일반적으로 10년 이상의 장기간이 소요된다. 이 과정에서 선주민들은 프로젝트 추진 후 성과에 따른 이익 공유를 약속받고 당장의 생계와 재산권을 내놓아야 하므로 실질적인 혜택에서 소외되고 있다. 가히 21세기 인클로저 운동이라 할 만하다.

마지막으로 REDD+와 관련하여 좀 더 깊이 생각해 보아야 할 사실이 두 가지 있다. 첫째, REDD+ 프로그램은 마치 개발도상국이 열대우림을 파괴하고 황폐화시킴으로써 전 세계의 온실가스 흡수원이 줄어든다는 우려에서 시작된 것이다. 그런데 [표 5]의 산림 손실의 원인을 다시 보자.

생계를 위한 이동식 농업이나 산불은 순수하게 개발도상국 내부 원인이다. 하지만 상업 생산을 위한 산림 파괴와 임산물 채취는 다르다. 열대우림을 벌채한 곳에서 생산되는 상품(농작물, 소, 석유나 광산물 등)이나 임산물(목재, 종이, 펄프, 고무 등)은 상당 부분이 타국으로 수출되며, 또 그중 많은 부분이 개발도상국에 직접 투자한 해외 다국적 기업에 의해 채취, 생산 및 수출되고 있다. 온실가스 배출과 마찬가지로 생산이 아닌 소비를 기준으로 본다면, 이들 나라에서 일어나는 산림 손실의 3분의 1 정도는 국제 무역을 통해 타국 기업이나 소비자에 의해 발생한다.

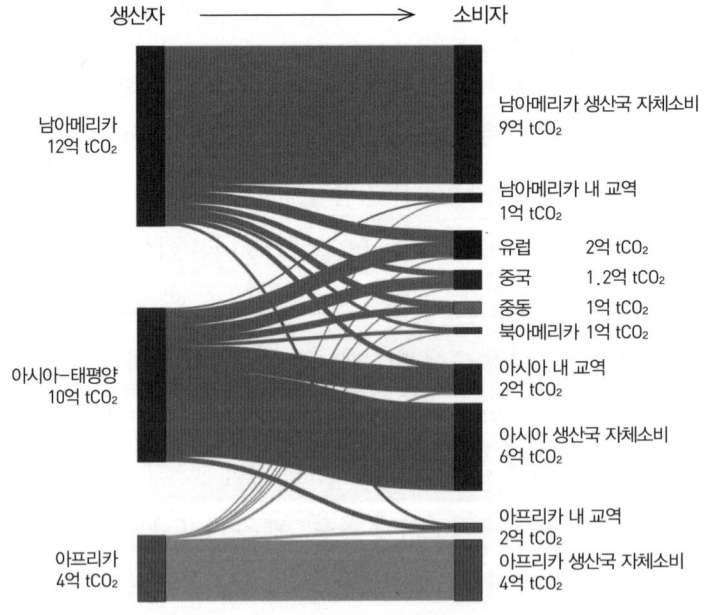

[그림 7] 산림 손실과 국제 교역(2011~2014년 평균)[24]

둘째, 온실가스 흡수원으로서의 산림의 손실은 인간의 토지 이용 변화(LUC: Land Use Change)라는 더 큰 관점에서 다룰 필요가 있다. 2022년 전 세계 CO_2 배출은 414.6억 tCO_2(총 온실가스 배출량 538.5억 tCO2e의 77%)이고, 이 중 화석 연료 사용에 따른 CO_2 배출은 371.5억 tCO_2이며 토지 이용 변화로 인한 CO_2 배출은 43.1억 tCO_2(10.4%)이다. 이때 토지 이용 변화는 산림 파괴뿐만 아니라 조림 및 재조림, 도시화, 농업 및 목축 방식, 토지 황폐화, 탄소격리 활동 등을 포함한다. 2023년에 발생한 토지 이용 변화로 인한 국가별 연간 CO_2 배출 자료(표 6)를 보면, 상위 10개 국가는 배출량 순으로 브라질, 인도네시아, 콩고민주공화국, 러시아, 이티오피아, 코트디부아르, 미국, 아르헨티나, 캐나다, 베트남 등으로 나타났다. 브라질과 인도네시아을 제외하고는 산림 손실에 따른 국가별 순위와는 다른 국가들을 볼 수 있다.

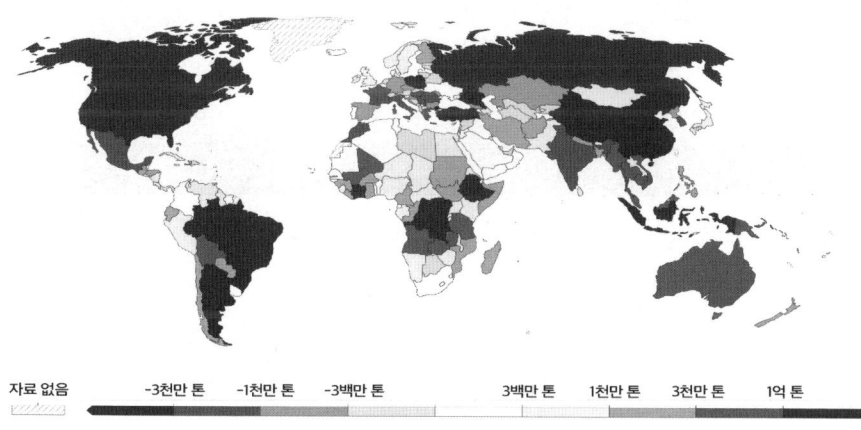

[그림 8] 토지 이용 변화로 인한 연간 CO_2 배출(2023년)[25]

[표 6] 토지 이용 변화로 인한 연간 CO_2 배출(1990년, 2023년)[26]

국가/대륙	1990년	2023년
브라질	1,465,446,000	1,302,345,700
인도네시아	475,097,120	555,753,100
콩고민주공화국	82,289,010	424,003,520
러시아	315,961,900	400,788,100
이티오피아	(24,329,326)	226,974,690
코트디부아르	75,508,850	147,761,600
미국	287,004,930	115,708,460
아르헨티나	39,882,308	110,639,790
캐나다	260,476,100	104,724,490
베트남	43,521,580	95,871,260
남아메리카	1,702,931,800	1,533,207,900
아프리카	903,885,500	1,287,864,400
아시아	2,090,929,700	606,151,940
유럽	193,805,150	271,362,660
북아메리카	962,242,800	258,400,300
오세아니아	17,248,866	129,583,580
전 세계	4,976,600,600	3,624,905,200

기본적으로 선진국이나 기업 입장에서 REDD+ 프로그램에 대한 참여 동기는 자체적으로는 온실가스 감축 여력이 없을 경우에 생긴다. 그러나 전 세계적인 온실가스 감축 목표와 노력을 생각한다면, 개별

국가나 기업의 노력은 자체 활동에서 발생하는 온실가스 감축에 오롯이 기울여져야 할 것이다. 개발도상국의 산림 파괴 방지와 보전을 위한 기술 지원은 '거래'가 아닌 순수한 국제 협력으로 이루어져야 한다. 그러지 않고 불투명한 프로젝트 성과와 여러 오용 사례에도 불구하고 굳이 REDD+ 사업을 추진하는 것은 자신의 것은 내놓지 않고 남의 것만 탐하는 것이라 할 수 있다. 그래서 REDD+ 사업은 '탄소배출권 거래'라고 쓰지만 탄소 해적에 의한 '탄소배출권 강탈'이라고 읽어야 할 것이다.

기후정의의 새로운 출발, 손실과 보상

바누아투는 서남태평양에 위치한 섬나라로, 면적은 우리나라 전라남도보다 약간 작으며 인구는 2023년 기준으로 33만 명을 조금 넘는다. 바누아투는 기후 환경변화로 실제 해수면 상승과 그에 따른 지하수의 염분 증가와 저지대 침수 등으로 어려움을 겪고 있다. 매년 강력한 태풍 피해로 이재민과 사상자가 발생하고 있다. 바누아투는 기후 환경변화의 피해를 입는 대표적인 나라다.[27]

바누아투는 1991년 유엔기후변화협약에서 처음으로 '손실과 피해'라는 용어를 소개하며 기후변화로 인한 피해 보상을 요구하였다. 다음 해 브라질 리우데자네이루에서 열린 유엔환경개발회의에서 최초로 기후변화로 인한 손실과 피해에 대한 국제적인 논의가 시작되었으며, 이후 30년 동안 개발도상국들은 선진국에 기후변화로 인한 손실과 피해에 대한 보상을 요구해 왔다.

그리고 2022년 이집트의 샤름 엘 셰이크에서 열린 유엔기후변화협약 27차 당사국총회에서 기후변화로 인한 손실과 피해를 보상하기 위한 기금 조성이 합의되었다. 총회 시작 때부터, 개발도상국은 기후변화로 인해 발생한 '손실과 피해' 대응을 전담하는 재정기구의 신설을 강하게 요구하였으나, 선진국의 입장은 막대한 자금과 시간이 소요되는 새로운 기구를 창설하기보다는 인도적 지원 등 손실과 피해 관련 재원의 확대와 녹색기후기금(Green Climate Fund, GCF) 등 이미 존재하는 기구의 기능 강화를 통해 효율적 대응하자는 것이었다.

최종 결정문에는 "손실과 피해 복구에 초점을 맞춘 손실과 피해 대응 기금을 조성한다."라고 규정되었지만, 기금이 보상적 성격을 지녀야 한다는 개발도상국의 주장은 선진국들의 반대에 부딪히며 결정문에 반영되지 않았다. 원칙에 대한 합의는 있었지만, 얼마의 기금을 어떻게 마련할 것인지 그리고 어떠한 기준과 절차로 배분할 것인지 등의 세부 사항에 대해서는 앞으로도 계속 협의가 필요하다.

2023년 아랍에미리트 두바이에서 열린 유엔기후변화협약 28차 당사국총회에서는 '기후 손실과 피해 기금'으로 4억 2,000만 달러의 초기 자금을 확보하고, 이를 위해 EU(1억 4,500만 달러), UAE(1억 달러), 독일(1억 달러), 영국(5000만 달러), 미국(1,750만 달러), 일본(1,000만 달러)이 지원 의사를 밝혔다. 이에 대해 비록 초기 자금일지라도, 기후변화로 인해 전 세계가 겪고 있는 피해에 대해 현재와 역사적 책임이 있는 국가들로부터의 보상 또는 지원 금액으로는 턱없이 부족하다는 지적이 잇따르고 있다. 『Nature Sustainability』지에 게재된 한 연구에 따르면, 선진국들이 기후변화 1.5℃의 목표를 지키려면 2050년까지 192조 달러의 보상금을 기후변화 피해국에게 지원해야 한다고 한다. 한국의 지원금액도 2조 7천억 달러(1.4%)에 달한다.[28]

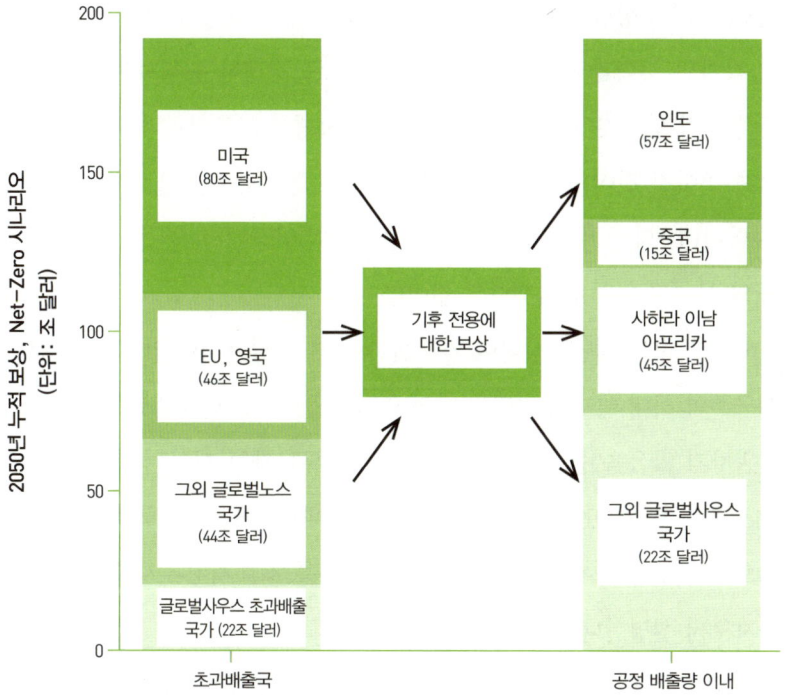

[그림 9] 기후변화 보상금[29]

기후변화로 인해 개발도상국들이 입은 피해에 대해, 선진국들은 세계 각국이 각자의 정책과 능력으로 경제 발전을 이룬 과정에서 발생한 부수적인 결과이지 자신들이 그 피해에 대해 책임질 사항은 아니라는 입장이다. 그런데 이러한 입장 뒤에는 1970년대 이후 서구 사회과학의 학문적 논의를 지배해 온 방법론적 인식 체계인 '방법론적 일국주의' 사고가 자리하고 있다.

즉, 현재의 선진국이 타국보다 더 나은 경제적 발전의 성취를 이룬 것도, 개발도상국이 타국보다 늦은 경제 발전의 과정에 있는 것도 모두 각자의 능력과 정책과 노력에 따라 서로 경쟁하는 역사적 과정에 따른 결과라는 것이다. 이러한 과정에서 발생한 기후변화의 피해도 그렇게 주어진 것이므로 선진국이 법적 또는 정치적 책임을 져야 할 일은 아니며, 다만 세계를 '선도'하는 선진국의 입장에서 타국에 대해 '조금'의 시혜적 지원을 하겠다는 것이다.

하지만 현재 개발도상국이 기후변화로 겪고 있는 피해와 그에 앞서 제국주의 시대 이후 겪었던 침탈의 역사를 들여다보면, 그것들이 전혀 무관하지 않음을 쉽게 알 수 있다. 경제인류학자인 제이슨 히켈(Jason Hickel)은 『격차(The Divide)』(2018, 2024)에서 역사적 제국주의와 현대의 신자유주의가 어떻게 빈곤과 불평등을 심화시켰는지를 사실과 숫자로써 설명한다.

1500년 무렵, 유럽과 세계 다른 국가들 사이에 주목할 만한 소득 및 생활 수준의 차이는 없었다. 콜럼버스가 신대륙에 도착한 1492년 이후, 유럽의 산업 발전과 시민혁명조차 식민지에서 수탈한 자원(노예, 토지, 천연자원) 덕분에 가능했다. 2차 세계대전 후 제3세계 국가들이 독립과 자립국가 건설을 이루기 위해 공정한 세계 경제 질서를 요구하고 독자적인 개발 목표와 계획을 추진하려고 하였을 때, 서방국가들은 예전보다는 은밀한 방식으로 제3세계 국가들에 정치적 간섭을 하였고, 개발 원조를 수단으로 삼아 이들 국가들을 자신들의 국제 정치 및 경제 질서에 예속시켰다.

서방국가들은 이제 채권국의 위치에서 저개발국에 대해 정책 변경 및 구조조정을 요구하였고, 자국의 경제 발전 과정에서 시행하였던 각종 정책보조금과 같은 개발정책도 저개발국가들에게는 금지시켰다. 저개발국에게는 농업보조금을 금지하면서 자국 농민들에게는 보조금을 지원하여, 저개발국이 자연적 경쟁우위를 가지고 있는 부분에서도 저개발국의 시장을 찬탈하였다.[30]

2006~2008년 세계 식량가격 위기와 2007~2008년 세계금융위기를 기치면서 상품선물 가격이 폭등하자, 농업생산물을 선점하기 위해 토지에 대한 투자가 급증하였다. 그때까지 많은 저개발국은 아직 서구적 토지소유권과 거래체계가 갖추어져 있지 않은 경우가 많았는데, 이러한 상황에서 선진국들이 앞다투어 저개발국의 토지를 강탈하듯 사들였다. 2000년에서 2010년 사이 아프리카 대륙의 4%에 상당하는 토지의 소유권이나 영구적 이용권이 여러 선진국으로 넘어갔다. 2012년 기준으로 라이베리아 전 국토의 75%를 외국 투자자가 소유하게 되었다. 이렇게 소유권이나 이용권이 넘어간 곳에서는 전통사회에서 유지되던 공유재산(커먼즈)이 파괴되고, 주민들은 생산수단과 생계를 상실하였으며, 심지어 종자 주권이 상실되기도 하였다.[31] REDD+에 의한 인클로저는 사실상 이러한 과정의 후속편이라 하겠다.

흔히 저개발국의 경제와 사회가 발전되지 못한 원인 중 하나로 저개발국 내의 부패를 꼽는다. 그리고 한편으로 선진국들이 상당한 경제적 지원을 통하여 저개발국의 경제와 사회 발전을 지원하고 있다고 한다.

세계은행은 전 세계 저개발국의 연간 부패비용을 200~400억 달러 정도로 추정하였다. 하지만 글로벌 금융시스템의 투명성을 지향하는 연구집단인 Global Financial Integrity는 연구를 통해 2012년 기준으로 개발도상국으로부터 매년 2조 달러의 자금이 '순유출'되고 있다고 밝혔다. 이 중 본원소득과 이전소득, 자금이전 등의 공식적인 금융 거래를 통한 순유출이 3,259억 달러이며, 불법적인 단기자금이동(hot money)과 무역거래 조작, 조세피난처 등의 '비공식적' 금융 거래를 통한 순유출이 1조 6,734억 달러이다. 선진국이 개발도상국의 경제 발전을 위하여 지원 또는 원조를 하는 것이 아니라 선진국이 오히려 개발도상국으로부터 역원조를 받고 있으며, 그중 상당 부분이 불법적이거나 비공식적인 방법을 통해서이다.[32]

온실가스 배출에 있어서도 선진국들은 이미 자신들의 공정한 배출량을 수십 배 초과하여 배출하였고, 그것도 모자라 온실가스 배출을 개발도상국으로 아웃소싱하고 저개발국의 산림파괴 방지와 보전 지원이라는 명목으로 탄소배출권을 강탈하고 있다. 온실가스 배출에서도 선진국은 개발도상국으로부터 수십 배의 역원조를 받고 있다.

따라서 온실가스 배출에 의한 지구온난화의 문제를 해결함에 있어서 핵심적인 해결 방안의 하나는 기후정의를 확립하는 것이다. 아직 국민들이 최소한의 생활 수준과 건강한 삶을 누릴 만큼 산업이 발전되지 않은 국가들에는 공정한 배출량 안에서 더 허용을 하되, 이미 기준을 수십 배 초과한 국가들에서는 강력한 온실가스 배출 감축이 이루어져야 한다. 이와 함께 지금까지의 배출로 인한 피해에 대해서도 충분한 보상이 이루어져야 할 것이다.

탄소중립의 실현 가능성

2008년 한국 정부는 '저탄소 녹색성장'을 국가 비전으로 선포하며 새로운 성장 패러다임을 제시하고, 녹색성장위원회 설립과 녹색성장기본법 제정 등 정책 추진을 위한 기반을 마련했다. 나아가 2020년까지 온실가스 배출을 전망치(BAU) 대비 30% 줄이겠다는 구체적인 목표를 설정하고 국제사회에 선언하였다. 이에 OECD 사무총장은 한국을 녹색성장을 장기적 경제 성장 전략으로 채택한 최초의 국가로 평가하기도 했다.

하지만 태양광이나 풍력 등 신재생에너지 전환은 환경 가치보다는 산업화를 위한 테스트베드로만 보아 보급이 정체되었고, 낮은 전기요금 정책으로 인해 전력 사용량이 증가하는 등 에너지 분야 정책이 실패했다는 평가를 받았다.[1] '녹색'성장을 표방하였지만 4대강 사업과 같은 대규모 토목개발 사업으로 오히려 환경이 파괴되었으며, 2020년까지 탄소를 약 5억 톤 규모로 줄이겠다는 목표는 이후 정부에서 2030년으로 미뤄졌다.

전 세계에서 경제적으로 영향력이 있는 국가 중 어느 한 나라도, 기후위기의 주된 원인인 '성장'을 위한 생산과 소비 활동을 줄이지 않았다. 대신, '녹색' 또는 '지속 가능한' 성장을 기후위기에 대한 해결책으로 주장한다. 그것을 가능하게 정책 또는 정책 접근법이 그린뉴딜이다. 그린뉴딜의 구체적인 정책들은 재생 가능 에너지 확대 또는 전환, 에너지 효율 개선, 친환경 교통수단 도입, 친환경 산업 육성과 친환경 일자리 확대, 생태계 보존 및 보호, 이러한 활동을 위한 R&D 및 금융 지원 등으로, 대부분이 기술적인 방법들이다. 그린뉴딜은 채굴하고 만들고 쓰고 버리는 기존의 경제 모델은 전혀 바꾸지 않고, 생산과 소비하는 방법을 바꾸는 것이다. 과연 그린뉴딜은 기후 문제와 경제 문제를 동시에 해결할 수 있을까?

기후위기를 바라보는 서로 다른 시각들

지구온난화의 원인과 온실가스 배출 감축의 필요성, 각 국가와 경제 주체들의 책임 등 기후변화 전반에 대해 바라보는 시각과 정책 방향은 폭넓은 스펙트럼에 걸쳐 있다. 한쪽 끝에는 온실가스 감축에 대해 근본적으로 반대하는 입장부터 온실가스 감축의 수준과 방법에 대한 다양한 주장들과 그리고 반대쪽 끝에는 지구온난화를 야기하는 생산 및 소비 활동 자체를 줄여서 근본적인 원인을 없애거나 강력하게 통제해야 한다는 주장까지 있다.

온실가스 감축에 반대하는 주장의 근거는 온실가스 배출 규제가 국가의 산업경쟁력을 약화시킬 수 있기 때문이며, 40% 감축 목표는 있지만 대책이나 구체적인 실행 방안이 없다는 이유도 있다. 또 한편 기후변화의 시급성 자체가 과장된 것이라거나 이미 충분한 온실가스 감축 노력이 이루어지고 있다는 주장까지 있다. 이러한 주장은 주로 일부 산업계, 특히 에너지 관련 기업이나 제조기업, 항공업계 등을 중심으로 이루어지고 있다.

기후변화에 대응하여 온실가스 감축을 위한 노력은 하되, 정부 중심의 규제보다는 기업과 시장 중심의 자율적인 노력을 통해 이루어져야 한다는 주장도 있다. 신자유주의자들은 경제적 자유와 환경 보호 사이의 균형을 찾으려 하며, 기술 혁신을 통해 환경 문제를 해결하고 계속 경제적 발전을 이루는 것을 강조한다. 또한 기업과 개인이 '경제적 동기'를 가지고 온실가스 감축을 추진하여야 한다고 주장하며, 예를 들어 탄소시장과 배출권거래, 기타 시장 메커니즘을 통해 감축을 유도할 수 있다고 주장한다.

실제로 미국의 경우 (목표관리제와 연계된) 배출권거래제나 탄소세는 연방정부 차원에서는 시행하지 않고 일부 주에서 도입하고 있다. 온실가스 배출 규제와 관련된 제도도 기업 활동보다는 건물이나 자동차의 에너지 효율 개선과 관련된 것이 주를 이루며, 기업들은 정부 규제보다는 ESG나 무역 관련 기준 준수를 위한 차원에서 자체적인 배출 감소 노력을 기울이거나 자율적 탄소시장에서 배출권을 거래하고 있다.

다음으로 경제적 성장과 번영은 그 자체로도 지속 가능해야 할 뿐만 아니라 사회적 형평성과 환경적 지속 가능성과 조화를 이루어야 하며, 기후위기에 대한 대응은 지속 가능한 미래를 위해 필수적이라고 보는 시각이 있다. '지속 가능한 발전'으로 대표되는 이러한 주장은 유엔이나 OECD 등 주요 국제기구의 공식적인 입장이며, 대부분의 국가들도 유엔 등의 정책에 발맞추어 온실가스 배출감축(NDC 등)이나 기후위기 대응을 위한 정책적 목표를 추진한다. 그런데 지속 가능한 발전 자체도 그것을 표방하는 주체들의 입장에 따라 각각의 색채와 강조점을 가지고 표현된다. '지속 가능한 성장'은 지속 가능한 발전의 경제적 측면에 초점을 맞춘 개념으로, 지속 가능한 생산·소비 구조와 사회기반시설을 갖추고 산업 '성장'과 양질의 일자리 '증진'을 통해 경제 성장의 혜택이 모든 구성원에게 조화롭게 분배되는 것을 강조한다.

마지막으로, 생산 및 소비 활동 자체를 줄여서 지구온난화를 야기하는 근원적인 원인을 없애고 동시에 사회경제적 공정성을 확립하자는 탈성장 주장이 있다. 탈성장도 지속 가능한 발전을 목표로 하지만, 지속 가능한 성장이 경제 성장과 환경 문제 해결의 조화에 초점을 두고 접근하는 것과 달리, 경제 성장의 한계를 인식하고 자원의 과도한 소비와 환경 파괴를 줄이면서 삶의 질 향상과 공동체의 행복을 목표로 한다.

온실가스 감축에 반대하는 주장이나 온실가스 감축을 위한 노력은 하되, 정부 중심의 규제보다는 기업과 시장 중심의 자율적인 노력을 통해 이루어져야 한다는 주장에 대해서는 이 책의 전반을 통해서 비판의 기조를 이어 갈 것이다. 이러한 주장에 비해 지속 가능한 발전은 상대적으로 진보적이며 그 방향성도 기후위기와 사회·경제적 불평등의 문제 해결을 지향하고 있어, 과연 지속 가능한 발전으로 현재 인류에 닥친 절박한 문제의 해결이 가능할지에 대해 좀 더 깊게 살펴볼 필요가 있겠다.

'지속 가능한 발전'의 정책 프레임워크, 그린뉴딜

지구의 유한성이라는 문제의식을 가진 유럽의 경영자, 과학자, 교육자 등이 이탈리아 사업가 아우렐리오 페체이(Aurelio Peccei)의 제창으로 모인 로마클럽은 1972년 「성장의 한계(The Limits to Growth)」라는 보고서를 발표하였다. 보고서에서 로마클럽은 인구 급증으로 환경 파괴가 지속되고 자원이 고갈되어 100년 안에 인류의 성장이 한계에 달할 것으로 예측하고, 제로성장의 실현을 주장하였다. 제로성장은 경제와 인구의 성장이 멈추고 자원 소비와 환경 오염이 일정 수준에서 유지되는 상태를 의미하는데, 이를 위해 지속 가능한 자원 사용, 환경 보호, 경제 구조의 변화, 인구 안정화 등을 주장하였다.

'지속 가능한 발전' 개념이 최초로 공식적으로 사용된 것은 1987년 유엔환경계획의 세계환경개발회의에서 노르웨이 수상 브루틀란트(Brundtland, G. H.)의 주도로 발표된 보고서 「우리 공동의 미래(Our Common Future)」에서이다. 브루틀란트 보고서로도 알려진 이 보고서는 지속 가능한 발전을 '미래 세대가 그들의 필요를 충족시킬 능력을 저해하지 않으면서 현재 세대의 필요를 충족시키는 발전'으로 정의하였다.

2000년 제55차 유엔총회에서는 '새천년개발목표(Millennium Development Goals)'를 의제로 채택하고 2015년까지 빈곤 감소, 보건, 교육 개선, 환경 보호와 관련한 8개의 목표를 실천하기로 합의하였다. 그리고 2008년 10월, 유엔환경계획은 글로벌 경제위기 속에서 일자리를 창출하고 기후변화를 억제하면서도 지속 가능한 경제 회복을 목표로 하는 그린뉴딜 이니셔티브를 발표했다. 2015년 제70차 유엔총회에서는 2015년 만료된 새천년개발목표(MDGs)의 뒤를 이어 지속가능발전목표(SDGs: Sustainable Development Goals)를 2030년까지 이행하기로 결의하였다. 지속가능발전목표는 '단 한 사람도 소외되지 않는 것(Leave no one behind)'이라는 슬로건과 함께 인간, 지구, 번영, 평화, 파트너십이라는 5개 영역에서 인류가 나아가야 할 방향성을 17개 목표로 제시하였다.[2]

그린뉴딜은 지속 가능한 발전의 개념을 실천하기 위한 구체적인 정책 프레임워크이다. 2007년 미국의 언론인 토마스 프리드먼(Thomas L. Friedman)은 기후위기를 극복하면서 신산업을 육성하고 (녹색)일자리를 늘리기 위해, 화석 연료 기반 질서에서 신재생에너지로의 지형 변화를 추구하는 뉴딜 정책의 녹색판이 필요하다고 주장했다. 2008년 버락 오바마가 대선에 출마하며 프리드먼의 '그린뉴딜'을 캠프 공약에 포함시켰다. 미국 대통령으로 당선된 버락 오바마는 신재생에너지 부문에 10년간 1,500억 달러를 투자해 500만 개의 '녹색 일자리'를 창출하겠다고 밝혔다. 이후 대통령 선거에서 미국 녹색당과 민주당 후보들은 그린뉴딜을 공약으로 내세웠으며, 2020년 민주당 대통령 후보 경선에 나선 버니 샌더스와 엘리자베스 워렌은 그린뉴딜을 위한 재원으로 화석 연료 보조금 중단, 화석 연료 기업들에 대한 공해비용 부과, 군비 축소와 부유세 등의 새로운 조세 수입을 제시하였다.[3]

2008년 유엔환경계획에서 그린뉴딜 이니셔티브를 발표하자, 2008년 한국 정부도 신성장동력으로 '환경'과 '경제 성장' 간의 조화를 강조하며 '녹색성장' 개념을 제시하였다. 당시 녹색성장은 2008년 글로벌 금융위기를 겪으면서 성장 한계를 녹색산업으로 돌파해 보자는 취지였다. 그러나 당시 정부가 녹색성장을 외치며 내놓은 정책은 '4대강 사업' 등의 대규모 토목 공사였다. 2장에서 이야기한 바와 같이, 대규모 토목공사 등을 통한 토지 이용 변화를 통해서도 상당한 온실가스가 배출(실제로는 탄소 흡수원의 감소)된다. 녹색성장의 목표는 있었지만, 실제 정책 추진 과정에서 기후변화 대응이나 지속 가능성이 충분히 고려되지 않았다고 평가할 수 있다.

2019년 12월 출범한 새 EU 집행위원회는 향후 EU가 지향할 새로운 성장 전략으로 '유럽 그린딜(European Green Deal)'을 제시했다. 유럽 그린딜은 EU가 직면하고 있는 기후·환경 위기를 모든 정책 분야에서 기회로 전환시켜, 궁극적으로 EU경제를 보다 지속 가능하게 만들기 위한 정책 방향 및 실행 계획을 담고 있는 로드맵이다.[4] 유럽 그린딜은 2050년까지 EU 27개 회원국을 탄소중립으로 만들어 기후변화에 대응하며, 신재생 산업의 육성과 일자리 창출까지 함께 해결하여 지속 가능한 경제 성장을 이루고자 하는 목표를 세우고, 에너지, 산업 및 순환 경제, 건축, 수송 등 4개 분야의 정책을 제시하였다.[5]

제러미 리프킨(Jeremy Rifkin)은 『3차 산업혁명』(2011)에서 정보통신 기술과 재생 가능 에너지를 기반으로 지역 사회가 자립적으로 에너지를 생산하고 소비하는 탈중앙화되고 협력적인 경제 구조로 변화하여 지속 가능한 발전을 이루게 될 것이라고 예측하였다. 이후 리프킨은 그가 『3차 산업혁명』에서 제시한 지속 가능한 발전 모델을 토대로 기후변화에 대응하고 경제 회복을 동시에 이루기 위한 포괄적인 정책으로, 대규모 공공 투자와 일자리 창출을 통해 재생 가능 에너지 산업을 발전시키고 사회적 불평등을 해소하는 그린뉴딜 개념을 제시하였다. 그리고 『글로벌 그린뉴딜』(2019)에서는 그린뉴딜을 실행하기 위한 방안으로 '에너지 서비스 기업(Energy Service Co.)'을 제시한다.

에너지 서비스 기업은 에너지 '사용자'를 대신해 재생 에너지 인프라에 투자하고, 그에 따른 에너지 절감액으로 투자비를 회수하는 기업이다. 이는 판매자와 구매자 간의 시장계약이 아닌 이용자와 서비스 제공자 간의 '성과계약'에 따라 비즈니스를 제공하는 것으로, 리프킨이 제시한 '사회적 자본주의'의 본질적인 부분이다. 그리고 리프킨은 에너지 전환을 위한 대규모 공공 투자 재원 마련 방안으로, 공공-민간 파트너십 강화, 탄소세 도입, 녹색채권 발행, 국제협력기금 조성과 연금 및 자산 운용 기금 활용을 제시한다.

언어학자이자 역사가 · 철학자 · 인지과학자이면서 사회참여 지식인인 노암 촘스키(Noam Chomsky)도 기후위기를 핵전쟁에 이어 인류 생존의 두 번째 중대한 위협으로 평가하면서, 기후위기 대응과 사회경제적 불평등 해소를 위한 포괄적인 접근법으로 그린뉴딜을 제안하였다. 그는 특히 녹색경제로 이행하면서 기존 산업 안에 있는 '사람들'을 간과해서는 안 된다면서, 그린뉴딜을 단순한 환경 정책이 아닌 사회 전반의 변화를 이끌어 내는 혁신적인 정책이라고 강조하였다.

또 촘스키는 경제학자 로버트 폴린(Robert Pollin)과 공저한 『기후위기와 글로벌 그린뉴딜(Climate Crisis and the Global Green New Deal)』(2021)에서 순전히 기술적 · 경제적 관점에서 본다면 그린뉴딜은 충분히 가능하지만, 실질적으로 녹색경제로 이행하는 데 있어서 장애물이 되는 것은 전 세계 화석 연료 산업이 확립한 거대한 '기득권'이라고 이야기한다. 그리고 이에 맞서고 해결하기 위해서는 시민들의 정치적 의지를 결집하고 공동체 중심의 의사결정 과정을 통하여 경제와 사회 구조의 변화가 이루어져야 한다고 주장한다.

그린뉴딜과 탄소중립의 가능성에 대한 몇 가지 질문

그린뉴딜은 기존의 화석 연료 중심 경제 모델에서 벗어나 친환경적이고 지속 가능한 경제 체제로의 전환을 목표로 한다. 이를 위해서 정부의 적극적인 개입과 규제, 기업의 친환경 투자, 소비자의 친환경 소비 행태 변화 등 다양한 측면에서의 변화를 요구한다. 그린뉴딜은 생산과 소비 자체를 감소시키기보다는 재생 가능 에너지원 전환과 에너지 효율성 향상, 친환경 기술 적용, 순환경제 구축 등을 통해 지속 가능한 방식으로 생산과 소비를 유지하고자 한다. 이런 측면에서 그린뉴딜은 기존 자본주의 체제 내에서 그 한계를 극복하고 새로운 경제 모델을 모색하는 시도라고 볼 수 있다.

그렇다면 이 같은 기후변화 대응으로 사회·경제적인 목표는 차치하고라도 탄소중립의 목표는 과연 달성할 수 있을까? 이를 판단하기 위해서는 그린뉴딜 접근 방법에 대해 몇 가지 질문과 그에 대한 대답을 구해야 하는데, 질문을 위해서는 먼저 현재 온실가스 배출이 어떤 부문에서 어떤 활동으로 인해 발생하는지를 살펴볼 필요가 있다.

Climate Watch가 제공하는 자료(그림 1)에 의하면, 2020년 기준 전 세계 온실가스 배출의 4분의 3(74.8%)은 발전이나 열 공급, 건물, 제조 및 건설, 운송 그리고 비산 배출[1]을 포함한 직접적인 화석 연료 에너지 사용에 따른 것이다. 8분의 1(12.3%)은 쌀 경작, 초지 황폐화, 농지 관리, 농작물 소각, 합성질소비료 사용과 같은 농업 활동이나 가축의 소화작용과 분뇨 등 축산 활동으로부터 직접 배출된다. 그 외에는 산업 공정의 부산물로 온실가스가 배출(6.6%)되거나, 매립폐기물이나 폐수에서 배출(3.5%)되거나, 삼림 활동이나 인간의 토지 이용 변화에 따라 탄소 흡수원이 감소함으로써 탄소 배출과 동일한 효과가 발생(2.9%)한다.

화석 연료 에너지 사용에 의한 온실가스 배출을 최종 용도나 활동별로 다시 나누어 보면, 제조 및 건설 27.7%, 건물 내 에너지 사용 18.2%, 운송 15.8%, 농업 및 축산 활동 12.4% 등이다. 그리고 열 병합 발전이나 원자력 발전, 양수 발전, 바이오매스 연료 발전 등 비화석 연료로부터 에너지를 얻기 위해 화석 연료 에너지를 사용하는 경우(6.8%)와 석유·가스·석탄의 채굴·수송·가공 과정이나 전력 계통의 송배전 손실로부터 발생하는 비산 배출(6.6%)도 에너지 사용에 의한 온실가스 배출에 해당한다.

그러면 그린뉴딜에 의한 탄소중립의 실현 가능성을 확인하기 위한 몇 가지 질문을 다음과 같이 제시하고, 이후에서는 각 질문에 대해 탄소중립이라는 목표의 실현 가능성 또는 기여를 확인해 보도록 하자.

---

[1] 정해진 배출구(굴뚝 등)를 거치지 않고 대기 중으로 직접 방출되는 오염물질의 배출을 말한다.

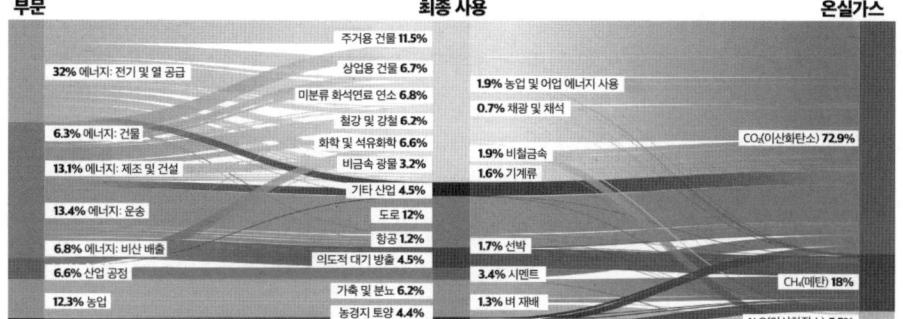

[그림 1] 2020년 전 세계 온실가스 배출 (부문 / 최종 사용 / 온실가스)[6]

- 에너지원을 태양광, 풍력 등의 재생 가능 에너지나 원자력으로 전환하면, 발전 부문과 건물 에너지 부문에서 발생하는 온실가스 배출량 38.3%를 줄일 수 있을까?
- 모든 자동차를 전기자동차로 바꾸면, 도로 교통에서 발생하는 온실가스 배출량 12%를 줄일 수 있을까?
- IT · 금융 · 서비스 중심으로 경제 체제가 바뀌면, 제조 및 건설 부문(13.1%)과 산업 공정(6.6%)에서 발생하는 온실가스 배출량 19.7%를 줄일 수 있을까?
- 식량 생산과 관련하여 농업 및 축산 활동(12.3%), 농업 및 어업에서의 에너지 사용(1.9%), 식품 및 담배 산업(1.2%) 등 온실가스의 15.4%가 이미 발생하고 있지만, 아직도 많은 기아인구를 위하여 식량 생산을 더 늘리면 온실가스 배출이 더 늘어나지 않을까?
- 탄소포집 · 활용 · 저장(CCUS) 등 기술적 해결 방안은 이미 대기

중으로 배출된 탄소를 얼마나 줄일 수 있을까?

– 온실가스 배출만 줄이면 기후위기가 해결될까?

재생 가능 에너지원으로의 전환에 따른 문제점들

에너지원 전환은 온실가스 배출을 가장 확실하고 효과적으로 줄일 수 있는 방법이다. 대안도 명확하다. 태양광, 풍력, 수력 등의 재생 가능 에너지와 직접적인 온실가스 발생이 없는 원자력이나 지열, 그리고 화석 연료에 비해 온실가스 배출이 적은 바이오 에너지도 있다. 대안 에너지원들은 모두 기술적·경제적 타당성을 가지고 있으며, 이미 널리 상용되고 있다. 최근 지속적인 기술 발전으로 재생 가능 에너지의 평준화원가(LCOE: Levelized Cost of Energy)[2]가 빠르게 낮아지고 있다(그림 2).

지역 및 국가에 따라 차이는 있지만, 풍력 발전이나 대규모 태양광 발전 시설의 평준화원가는 이미 석탄이나 가스, 원자력 발전의 평준화원가에 근접하였거나 그보다 더 낮아지고 있다(표 1). 단, 현재 산출되는 재생 가능 에너지의 평준화원가에는 원격지에 건설되는 발전 시설로부터의 송전선로 확충 등 계통보강 비용과 대규모 에너지 저장장치 등 백업시설 비용이 반영되지 않은 경우가 많다.

[2] 특정 발전원의 전체 수명 기간 동안 발생하는 모든 비용(초기 투자 비용, 자본 조달 비용, 운영 및 유지 비용, 연료 비용, 세금 및 규제 비용, 폐로 및 폐기물 처리 비용)을 현재 가치로 환산하여 단일 가격으로 나타낸 발전원가를 의미한다.

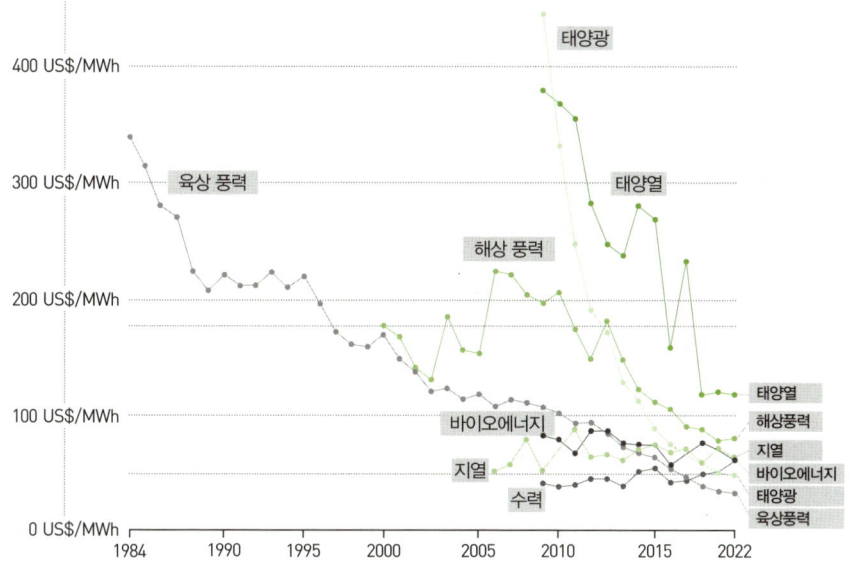

[그림 2] 재생 가능 에너지의 평준화원가 변화 추이[7]

[표 1] 에너지원별 예상 평준화원가[8]

(단위: US$/MWh)

에너지원	최소값	제3사분위수	중위수	제1사분위수	최대값
석탄	75	78	88	98	110
원자력	42	52	69	75	102
가스복합발전	42	50	71	89	107
풍력(육상)	29	39	50	65	140
풍력(해상)	49	78	88	109	200
태양광(대규모)	34	43	56	85	172
태양광(상업용)	74	87	94	10	140
태양광(가정용)	108	121	126	158	223

태양열(CSP)	112	117	121	125	130
수력(댐식)	39	47	72	106	142
수력(수로식)	46	54	68	85	104
지열	78	88	99	109	120
바이오에너지	53	86	118	150	182

하지만 평준화원가가 낮다고 모든 지역과 국가에서 기존 화석 연료 발전원을 모두 재생 가능 에너지원으로 대체할 수는 없다. 경제적인 측면 외에도 고려해야 할 주요 요소는 설치 가능한 지역과 필요할 때 상시 안정적으로 전력을 공급할 수 있는 능력이다.

풍력이나 태양광 발전의 경우, 단위면적당 생산 가능한 전력이 원자력이나 화석 연료에 비해 매우 낮다. 풍력발전의 경우 우선 풍량이 충분하여야 하고 대규모 시설을 설치할 수 있는 지역이어야 한다. 그런데 육상풍력발전 건설 시 대상 지역의 생태계 파괴와 주민 반대 등의 문제가 자주 발생한다. 이 때문에 국토가 넓지 않은 국가들은 육상풍력발전에 비해 높은 비용에도 불구하고 최근 해상풍력발전에 더 많은 관심을 기울이고 있다. 2020년대 초만 해도 전 세계 풍력발전 중 해상풍력발전의 비중은 발전용량 기준으로 5%에 불과하였으나, 2024년에는 약 30%에 이를 것으로 예측된다.

노르웨이 과학기술대학교(NTNU)의 교수인 요나스 뇌란드(Jonas Nøland) 등이 『네이처』지에 발표한 연구 결과에 의하면, 2050년 탄소 중립 달성을 위해 재생 가능 에너지원의 필요성이 늘어남에 따라 전 세계 전력 생산에 필요한 토지 면적이 현재 전 세계 토지의 0.5%에서 2050년에는 3%로 6배가량 늘어날 것으로 전망된다.[9] 그것도 전체 발전량 중 8.27%의 해상풍력발전을 포함하는 에너지원 조합을 전제로 했을 경우이다.

3%면 전 세계 도시의 면적과 동일한 크기이다. 즉, 전 세계 모든 도시의 면적과 같은 넓이의 땅에 풍력발전기와 태양광 전지판, 태양열 집광판이 설치되어야 한다는 의미이다. 이 과정에서 인간의 기존 거주 영역(농업용지 포함)을 침해하지 않으려면 상당한 생태계 파괴가 동반될 것이고, 이는 다시 토지 이용 변화로 이산화탄소 흡수원을 감소시켜 온실가스 배출 증가와 같은 결과를 빚을 것이다.

일반적으로 삼림 1헥타르는 연간 약 10~20톤의 이산화탄소를 흡수하는 것으로 알려져 있다. 전 세계 육지 면적에서 삼림은 약 31%(40.6억 헥타르)를 차지한다. 전체 삼림 면적의 1%(4,060만 헥타르)가 줄어들면 4억~8억 톤의 이산화탄소 흡수원이 줄어들게 된다. 재생 가능 에너지 발전 시설을 위해 필요한 3% 중 1%가 삼림지역이라면, 전 세계 삼림의 약 3%(31% 중 1%)가 사라질 수 있으며, 그에 따라 이산화탄소 배출 저감 능력 또한 비례하여 줄어들 것이다.

전 세계 육지의 3%를 재생 가능 에너지 발전 시설로 뒤덮는다 하더라도, 필요로 하는 때에 맞추어 필요한 만큼 전력을 생산하여 공급하는 것은 또 다른 문제이다. 재생 가능 에너지의 특성상 전력 생산 가능 시기는 인간의 의지 밖에 있기 때문이다. 풍력 발전의 경우 대기 변동과 태양광 발전의 경우 일조 상황 등 기상학적인 조건에 따라 전력을

[표 2] 에너지원별 에너지 밀도[10]

에너지원	단위면적당 평균 전력		연간 에너지 밀도1		용량계수[2]
	중위수 (W/m²)	평균±표준편차 (W/m²)	중위수 [TWh/km²]	평균±표준편차 (TWh/km²)	평균 (%)
원자력	587.17	764.69 ± 549.69	5.147	6.703 ± 4.819	81.0
천연가스	350.37	374.14 ± 247.38	3.071	3.280 ± 2.168	52.7
수력	4.26	33.73 ± 157.28	0.037	0.296 ± 1.379	41.9
태양열 (CSP)	14.45	20.33 ± 12.74	0.127	0.178 ± 0.112	24.8
태양광 (PV)	9.13	9.91 ± 3.28	0.080	0.087 ± 0.029	14.2
풍력(해상)	3.84	3.89 ± 1.61	0.034	0.034 ± 0.014	44.3
풍력(육상)	1.49	2.12 ± 2.06	0.013	0.019 ± 0.018	34.0
파력	9.73	7.94 ± 2.77	0.085	0.070 ± 0.024	35.1
조력	2.29	2.84 ± 2.49	0.020	0.025 ± 0.022	24.1
지열	5.56	4.88 ± 3.39	0.049	0.043 ± 0.030	65.2
바이오에너지	0.08	0.13 ± 0.02	0.001	0.001 ± 0.000	N/A

* 본 연구는 전 세계 870개의 발전 시설을 대상으로 수행되었음.

생산할 수 있는 시기와 생산량이 달라진다. [표 2]에서 보듯이 풍력 발전과 태양광 발전의 용량계수가 타 에너지원보다 낮은 이유이다.

이러한 전력의 수요와 공급 불일치를 해결하는 기본적인 역할은 정보통신 기술을 이용하여 전력의 생산, 전송, 분배 및 소비를 효율적으로 관리하는 스마트그리드가 맡는다. 스마트그리드에서 전력의 수요 상황에 따라 부족한 전력의 생산을 가용한 전력 생산 시설에 요구하는 것이다.

[그림 3]에서 보듯이 우리나라의 경우, 현재 부족한 전력의 생산은 대부분 가스발전에 의존한다. 하지만 재생 가능 에너지 조합에서는 가스발전과 같이 필요한 때에만 가동하여 필요한 만큼의 전력을 생산할 수 있는 선택지가 없다. 그래서 필요한 것이 대량으로 에너지를 저장하여 재생 가능 에너지원의 변동성을 관리하고 전력망의 안정성을 높일 수 있는 에너지 저장 장치(ESS: Energy Storage System)이다.

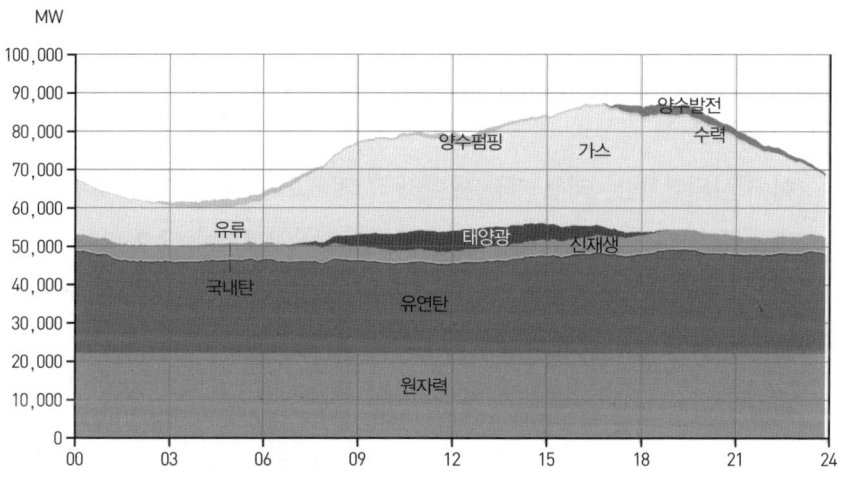

[그림 3] 발전원별 실시간 전력 수급 현황 예시(전력거래소, 2024.8.28.)

한 연구 결과에 의하면, 2050년까지 재생 가능 에너지로의 전환을 위해서 약 2022년의 60 GW보다 10배 많은 최소 600 GW의 에너지 저장 용량이 필요할 것으로 예상된다.[11] 이를 위해 현재 자동차나 가정용·산업용 전자전기 장치에 많이 이용되고 있는 리튬 이온 배터리 외에도, 플로우 배터리나 고체 상태 배터리, 압축 공기 저장(CASE), 펌

프 수력 저장(PHS), 열 저장 기술 등 다양한 에너지 저장 기술들이 개발되고 있다.

이 가운데 리튬 이온 배터리는 높은 에너지 밀도와 긴 사용 시간으로 인해 널리 사용되지만, 비용·수명·안전성·환경 문제 등 여러 단점이 존재한다. 특히, 리튬을 채굴하는 과정에서 1톤의 리튬을 채굴할 때 약 15톤의 이산화탄소가 배출되며, 리튬 이온 배터리 셀 생산 과정에서도 상당한 양의 온실가스가 배출된다. 다른 에너지 저장 기술들도 현재 개발 중이거나 상용화 중에 있는데, 실제 양산될 경우 어떠한 부작용과 환경 영향이 있을지에 대해서는 아직 많은 부분이 확인되지 않았다.

지구온난화 문제의 해결 방안으로 재생 가능 에너지원으로의 전환이 제시되었지만, 재생 가능 에너지 그 자체도 지구온난화의 영향을 받을 수 있다는 것은 문제가 나타난 다음에야 사람들이 알게 되었다. 연구에 따르면, 기온 상승으로 인해 특정 지역의 풍력 자원이 최대 5%까지 감소할 수 있다는 예측이 있다. 최근 유럽에서 이상기온으로 풍력 발전량이 크게 줄어들자, 천연가스와 석탄의 가격이 급등하면서 그린플레이션[3] 우려가 나오고 있다. 실리콘 태양전지도 25℃ 기준으로 기온이 1℃ 상승할 때마다 0.5퍼센트씩 효율이 감소하게 되는데, 고온에서 태양광 모듈의 과열로 인한 열화 현상이 발생한다면 비가역적인 효율 감소가 유발될 수 있다고 한다.

기술에 기반한 미래 전망은 많은 경우 단선적인 시나리오에 기반하

---

[3] 친환경을 의미하는 '그린(green)'과 물가 상승을 뜻하는 '인플레이션(inflation)'의 합성어로, 탄소중립 등 친환경 정책으로 인해 원자재 가격이 급등하여 전반적인 물가 상승을 초래하는 현상을 말한다.

고 있다. 하지만, 기술이 적용되는 상황은 모든 다른 요소들이 완벽하게 통제되고 있는 실험실 상태가 아니다. 재생 가능 에너지원을 확대하면서 삼림 면적이 감소되어 온실가스 배출 저감 효과가 줄어들 수 있다는 것, 재생 가능 에너지원이 가지는 변동성 문제를 해결하기 위해 배터리와 같은 대규모 에너지 저장장치를 이용하면 그 생산 과정에서 온실가스가 더 발생할 수 있다는 것, 지구온난화로 인해 재생 가능 에너지 기술의 효율성이 저하되어 더 많은 시설과 장치가 필요할 수 있다는 것과 같은 복잡계 내의 상호 작용까지 고려하여야 할 것이다.

전기자동차는 탄소제로 이동을 약속하는가?

전기자동차가 최초로 세상에 모습을 보인 것은 1830년대로, 1860년에 최초의 내연기관이 발명되고 1879년에 독일의 고트리프 다임러(Gottlieb Daimler)와 카를 벤츠(Karl Benz)가 각각 독립적으로 내연기관을 이용하여 최초의 자동차를 제작한 시기보다 약 50년 정도 앞선 것이었다. 물론 이때는 전기자동차는 지금의 자동차보다는 말이 없는 마차의 형태에 더 가까웠다.

1900년대 초반 전기자동차가 인기를 끌었으나, 내연기관 자동차의 발전과 대량 생산으로 인해 전기자동차는 시장에서 빠르게 사라졌다. 그러다 2000년대에 들어서면서 환경 문제와 에너지 위기가 대두되자, 전기자동차에 대한 관심이 다시 높아졌고, 2010년대부터는 전기자동차의 판매량이 눈부시게 증가하기 시작하였다. 전기자동차가 현재의 캐즘을 넘어서 대중 시장으로 진입하려면, 비싼 자동차 가격, 충전 인프라 부족, 주행 거리 제한 등 해결해야 할 문제가 있지만, 이러한 기술적인 문제는 머지않아 해결될 수 있을 것이다.

하지만 이같이 전기자동차의 기술적 발전만 이루어진다면, 자동차 사용으로 인한 온실가스 배출 문제는 완전히 해결될 수 있을까? 자동차의 온실가스 배출은 단지 자동차를 이용할 때 필요한 연료만으로 판단해서는 안 되며, 자동차의 생산과 사용, 폐기에 이르는 전 수명주기에서 발생하는 온실가스 배출을 고려하여야 한다.

교통 관련 청정기술 및 정책 연구기관인 ICCT(International Council on Clean Transportation)에서 제시한 파워트레인별 평균적인 중형자동차의 2030년 온실가스 배출량 예상치를 2020년 배출량과 비교하여 보자(그림 4, 그림 5). 전기자동차에 사용되는 배터리 제조에서 배출되는 온실가스를 포함하여, 2021년 기준으로 자동차 제조 시에 배출되는 온실가스는 전기자동차가 내연기관 자동차보다 약간 많다. 물론 전기자동차의 경우 자동차 운행 시 연료 연소에 의한 온실가스 배출은 전혀 없지만, 연료(전기) 생산 단계에서의 에너지 믹스에 따른 온실가스 배출도 수명주기 온실가스 배출에 포함시켜야 한다.

국가별로 다소의 차이는 있지만 2021년 시점의 각 국가의 에너지 믹스를 고려한다면, 전기자동차에 충전되는 전기의 생산 단계에서도 적지 않은 온실가스가 배출된다. 2030년에도 내연기관 자동차는 계속 사용되고 있겠지만, 제조 기술과 연비 향상 등을 통해 내연기관 자동차의 수명주기 온실가스 배출은 다소 감소할 수 있다. 전기자동차의 경우에도 제조 기술 발전과 배터리 효율 향상, 에너지 믹스의 친환경 전환이 이루어진다면, 내연기관 자동차는 물론 현재의 전기자동차와 비교하여 수명주기 온실가스 배출은 상당히 감소될 것으로 기대된다.

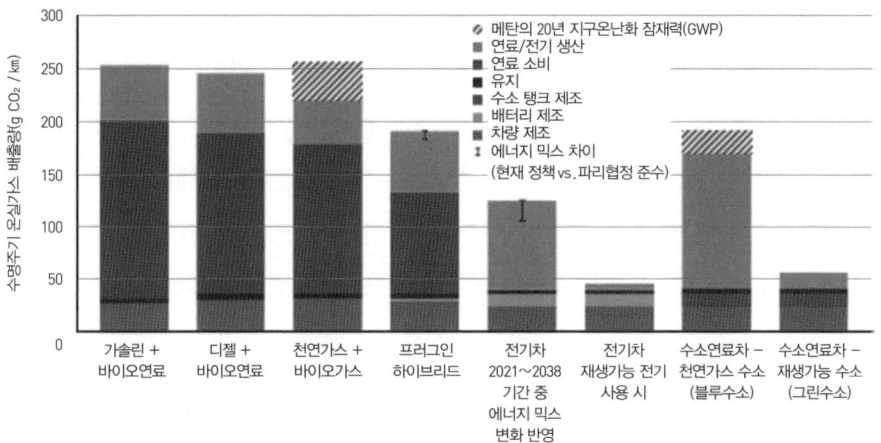

* 2021년에 중국, 유럽, 인도 및 미국에 등록된 파워트레인별 중형 자동차의 평균 수명주기 온실가스 배출량

[그림 4] 파워트레인별 수명주기 온실가스 배출(2021년)[12]

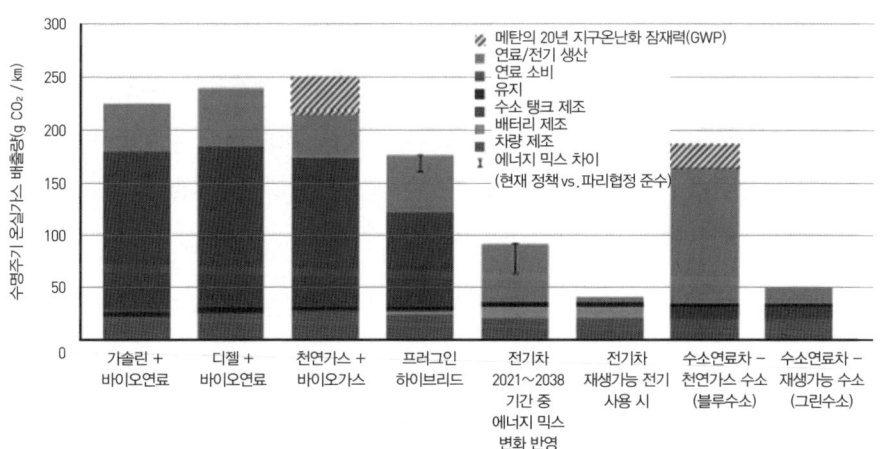

* 2030년에 중국, 유럽, 인도 및 미국에 등록될 것으로 예상되는 파워트레인별 중형 자동차의 평균 수명주기 온실가스 배출량

[그림 5] 파워트레인별 수명주기 온실가스 배출(2030년)[13]

자동차의 수명주기 온실가스 배출뿐만 아니라, 사용되는 모든 자동차 중 전기자동차를 포함한 친환경 자동차의 비중이 얼마나 될 것인지도 고려하여야 한다. 미국에너지관리청의 자료에 따르면, 2020년 현재 전 세계에서 사용 중인 승용차와 소형트럭을 포함한 경량차량(LDV)은 약 13억 1천만 대이며 이 중 전기자동차의 비중은 0.7%인 1천만 대이다. 2050년에 사용 중인 경량차량은 22억 1천만 대로 증가하고, 이 중 전기자동차의 비중은 31%로 늘어날 것으로 예측되었다. 2040년경에는 신차 판매수량 중 50% 이상이 전기자동차일 것이며 2050년경에는 그 비중이 80%에 이를 것이라는 여러 예측도 있지만, 그 이전에 판매된 내연기관자동차도 여전히 사용될 것이다.

　여기에서 2050년 시점의 자동차 온실가스 배출에 대해 아주 단순화된 사고실험을 한번 해 보자. 2050년의 경량차량 수와 전기자동차 비중이 22억 1천만 대와 31%이고, 내연기관자동차와 전기자동차의 수명주기 온실가스 배출량이 2021년 내연기관자동차 대비 80% 및 15% 수준(그림 4와 그림 5로부터 목측하여 추정)으로 감소한다고 할 때, 2050년의 경량차량 수명주기 온실가스 배출 수준은 다음과 같다(이때 파워트레인은 가솔린엔진 자동차와 배터리형 전기자동차만 고려하고, 자동차 사용 조건에 따른 차이 등도 무시한다). 기대와 달리 온실가스 배출량은 2020년에 비해 줄어들지 않는다(시나리오 1).

　2050년까지 전기자동차 보급이 빠르게 늘어나 2050년 기준 전체 경량차량의 50%가 전기자동차라고 매우 낙관적으로 가정해 본다면, 2050년의 온실가스 배출량은 2020년의 80.47%로 다소 줄어든다(시나리오 2). 경량차량(LDV)의 온실가스 배출 비중은 전 세계 자동차 온실가스 배출량 중 비중은 58%(2020년 기준)이며, 중형차량(MDV)은 20%, 대형차량(HDV)은 22%이다. ICCT의 연구 결과에 의하면, 대형트럭 등에 많이 사용될 것으로 기대되는 수소연료 자동차는 2050년 예상 수명주기 온실가스 배출량이 순수 배터리형 전기차보다 조금 더 많을 것으로 예상된다(그림 5).

[표 3] 2050년 자동차의 수명주기 온실가스 배출량 예측 사고실험

		내연기관 자동차	전기자동차	전체
2020년	차량대수	13억 대	1천만 대(약 0.7%)	13억 1천만 대
	수명주기 온실가스 배출 수준	100% (2021년 가솔린엔진 자동차 기준)	45% (2021년 가솔린엔진 자동차 기준)	
	온실가스 배출량	13억 기준량	450만 기준량 (환산)	13억 450만 기준량 (환산)
2050년 (시나리오1)	차량대수	15억 2,500만 대	6억 8,500만 대(31%)	22억 1천만 대
	수명주기 온실가스 배출 수준	80% (2021년 가솔린엔진 자동차 기준)	15% (2021년 가솔린엔진 자동차 기준)	
	온실가스 배출량	12억 2,000만 기준량 (환산)	1억 275만 기준량 (환산)	13억 2,275만 기준량 (2020년 기준 101.4%)
2050년 (시나리오2)	차량대수	11억 500만 대	11억 500만 대(50%)	22억 1천만 대
	수명주기 온실가스 배출 수준	80% (2021년 가솔린엔진 자동차 기준)	15% (2021년 가솔린엔진 자동차 기준)	
	온실가스 배출량	8억 8,400만 기준량 (환산)	1억 6,575만 기준량 (환산)	10억 4,975만 기준량 (2020년 기준 80.47%)

결국 중요한 것은 배터리나 파워트레인 같은 자동차 기술보다도, 자동차를 얼마나 사용할 것인가이다. 자동차 사용이 증가하는 이유는 인구 증가, 소득 증가, 기술 발전, 도시화 등으로 인한 이동수단의 필요성 증가 등 다양한 원인 때문이다. 특히 개발도상국에서 자동차 사용이 앞으로 급격하게 증대할 것으로 예상된다. OECD 국가들의 경우 2020년 기준 인구 1,000명당 자동차 수(motorization ratio)가 600~800대로, 2050년까지는 8%에서 20% 증가할 것으로 예측된다.

반면 비OECD 국가들의 2020년 기준 인구 1,000명당 자동차 수는 92대이며 2050년에는 173대로 88% 증가할 것으로 예측된다. 또한 비OECD국가들의 경우 재생 가능 에너지 인프라 구축이 늦어, 전기자동차 보급이 OECD 국가들에 비해 늦어지거나 전기자동차가 보급되더라도 화석 연료에 의한 전기 생산 비중이 높아서 수명주기 온실가스 배출 감축 효과가 낮을 것으로 예상된다. 개발도상국의 경제 성장과 내연기관 자동차 이용을 막을 수 있는가? (결국 이는 2장에서 제기한 기후 불평등의 문제이기도 하다.)

필요한 경제 활동을 가능하게 하면서도 자동차 이용을 줄이기 위해서는, 자동차 이외의 부문에서 보다 근본적인 해결 방법을 찾아야 한다. 첫 번째는 효율적인 교통수단으로 대체하거나 교통수단을 덜 사용하는 것이다. 자전거와 같은 친환경 교통수단을 이용할 수 있는 인프라를 갖추고, 공유 자동차와 대중교통 이용이 더 편리한 여건을 만들어야 한다.

두 번째는 일하는 곳과 사는 곳이 가깝도록 하여 출퇴근으로 인해 낭비되는 시간과 자원과 환경을 줄여야 한다. 소위 말하는 '직주근접'

으로, 이는 대규모 산업단지 근처에 대규모 주거단지를 만드는 것을 의미하지 않는다. 오히려 반대이다. 사람들이 사는 곳과 가까운 곳에 질 좋은 일자리를 많이 만들어 주어야 한다는 의미이다.

세 번째는 불필요한 생산과 유통을 줄여 그로 인한 운송의 필요성을 줄이는 것이다. 2020년 기준 전 세계에서 사용 중인 차량 중 차량 대수 기준으로는 트럭과 같은 중형차량(MDV)과 대형차량(HDV)의 비중이 약 8%이지만, 온실가스 배출 비중은 42%에 달한다. 불필요한 생산과 유통을 줄이는 방안에 대해서는 이후에 좀 더 많은 논의가 필요하다.

IT/서비스/금융 중심 경제 체제로의 전환

산업 구조가 제조업 중심에서 금융업이나 서비스, 정보기술 중심으로 바뀌게 되면, 자원의 낭비와 온실가스 배출 등 환경에 미치는 영향을 줄여 지속 가능한 성장을 할 수 있다는 것은 보수적인 금융자본이나 신자유주의자들의 돌림노래이다. 과연 그런지 바로 숫자로 확인해 보자. [그림 6]은 2022년 기준 세계 각국의 1인당 GDP와 1인당 온실가스 배출량의 분포도이다. 2022년 전 세계 평균 1인당 온실가스 배출량은 6.75 tCO2e이다. 전체 국가들 중 2022년 기준 국가 총 부가가치(GDP) 중 3차 산업의 부가가치 비중이 70% 이상인 국가들은 굵은 글씨로 국가명과 3차 산업의 부가가치 비중을 표시하였다.

3차 산업의 비중이 70% 이상인 국가들 중 홍콩(93.29%, 4.95

tCO2e), 영국(80.78%, 6.03 tCO2e), 프랑스(79.06%, 5.82 tCO2e), 스위스(73.80%, 4.86 tCO2e), 덴마크(76.36%, 7.56 tCO2e) 등의 일부 국가들은 1인당 온실가스 배출량이 전 세계 평균 이하이거나 전 세계 평균과 비슷하다. 그런가 하면 룩셈부르크(88.31%, 12.96 tCO2e), 미국(80.67%, 17.74 tCO2e), 싱가포르(74.55%, 10.08 tCO2e), 캐나다(72.72%, 20.33 tCO2e) 등 다른 나라들은 전 세계 평균 1인당 온실가스 배출량과 비교하여 상당히 또는 매우 높다. 즉, 산업 구조가 금융업이나 서비스, 정보기술 중심으로 바뀌더라도 온실가스 배출 등 환경에 미치는 영향이 반드시 줄어들지는 않는다는 것을 알 수 있다.

오히려 그보다는 [그림 6]을 보면 각 국가들의 1인당 GDP가 증가하면 그에 따라 1인당 온실가스 배출도 늘어나는 경향성을 확인할 수 있다. 1인당 GDP가 비슷한 다른 나라들에 비해 1인당 온실가스 배출량이 낮은 국가들은 이러한 경향성 속에서 각 나라의 정책이나 사회·환경·문화에 따른 차이가 반영된 것이라 볼 수 있겠다. 분명한 것은 대부분 국가들의 1인당 온실가스 배출량이 현재로서는 2010년 대비 온실가스 배출량을 40% 감축하겠다는 2030년 목표인 3.45 tCO2e에 비해서는 상당히 또는 매우 많다는 것이다.

그리고 국가별 1인당 온실가스 배출량을 고려할 때 한 가지 빠뜨리지 말아야 할 것이 있다. 2장에서 이야기한 바와 같이, 현재 공식적으로 발표되는 국가별 배출량은 각 국가 내에서 이루어지는 생산 활동에 따른 온실가스 배출만을 반영한 숫자이다. 그런데 북반구의 많은 고소득 국가들의 경우, 온실가스 배출이 많은 제품은 다른 국가에서 생산된 제품을 수입하거나 자국에 있던 생산시설을 다른 나라로 이전하여 생산하고 이를 역으로 다시 수입하여 소비하고 있다. 2장의 [표 4]에 제시되어 있듯이 국가별로 생산이 아닌 소비를 기준으로 1인당 온실가스 배출량을 산출하게 되면, 북미와 유럽 고소득 국가들 대부분은 배출량이 10~20%가량 더 늘어나게 된다.

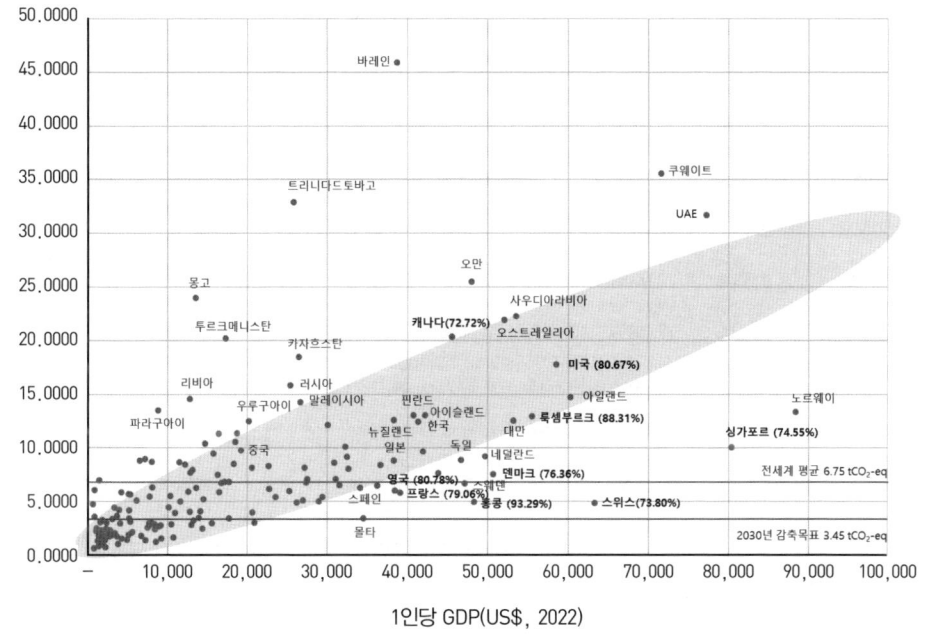

* 2030년 감축 목표: 2010년 배출량 49.42 GtCO2e 대비 40% 감축, 2030년 예상 전 세계 인구 85억 명(UN)

[그림 6] 세계 각국의 1인당 GDP와 1인당 온실가스 배출량(2022년)[14]

[표 4] 주요 국가의 1차/2차/3차 산업 비중(2022년 기준)[15]

국가	1차 산업	2차 산업				3차 산업			
	농업/산림/수산	광업/제조/유틸리티	제조	건설	합계	도소매/숙박/식음료	교통/물류/정보통신	금융/부동산/공공/교육/보건 등	합계
홍콩	0.08%	2.31%	0.98%	4.33%	6.63%	19.04%	10.93%	63.32%	93.29%
룩셈부르크	0.27%	5.68%	4.21%	5.74%	11.42%	10.02%	11.50%	66.80%	88.31%
영국	0.86%	12.16%	9.39%	6.21%	18.37%	13.39%	10.30%	57.09%	80.78%
미국	1.05%	14.05%	10.29%	4.23%	18.28%	15.45%	11.06%	54.16%	80.67%
프랑스	2.14%	13.26%	10.67%	5.55%	18.80%	13.44%	10.66%	54.96%	79.06%
덴마크	1.33%	17.03%	13.23%	5.29%	22.31%	18.48%	12.88%	45.00%	76.36%
싱가포르	0.03%	22.67%	21.57%	2.75%	25.42%	21.41%	15.81%	37.33%	74.55%
스위스	0.63%	20.73%	18.92%	4.84%	25.57%	17.70%	8.11%	47.99%	73.80%
캐나다	2.02%	17.58%	10.54%	7.68%	25.26%	12.74%	7.74%	52.24%	72.72%
스웨덴	1.65%	20.33%	15.08%	6.57%	26.90%	12.35%	12.98%	46.13%	71.45%
일본	1.01%	23.42%	20.33%	5.58%	29.00%	14.85%	9.63%	45.51%	69.99%
독일	1.02%	23.99%	20.37%	5.73%	29.72%	11.93%	9.95%	47.38%	69.27%
노르웨이	3.28%	21.17%	6.21%	7.12%	28.29%	11.32%	6.89%	50.22%	68.43%
오스트레일리아	2.54%	22.03%	5.73%	7.08%	29.12%	11.12%	6.96%	50.26%	68.35%
핀란드	2.64%	22.43%	18.17%	6.96%	29.39%	9.91%	10.47%	47.58%	67.97%
한국	1.80%	29.04%	28.04%	5.67%	34.71%	9.68%	8.81%	45.01%	63.49%
멕시코	4.10%	28.71%	22.69%	6.36%	35.07%	23.30%	9.19%	28.33%	60.83%
러시아	4.30%	28.14%	14.16%	8.03%	36.17%	16.38%	8.24%	34.91%	59.53%
카자흐스탄	5.65%	32.00%	14.45%	5.66%	37.66%	18.78%	8.82%	29.08%	56.69%
아일랜드	1.16%	41.35%	39.91%	2.22%	43.58%	7.09%	19.46%	28.71%	55.26%

인도	18.42%	20.05%	14.70%	8.19%	28.25%	9.09%	8.89%	35.36%	53.33%
쿠웨이트	0.37%	44.13%	6.10%	2.20%	46.33%	4.64%	6.50%	42.16%	53.30%
중국	7.65%	33.19%	28.19%	6.89%	40.08%	10.94%	8.07%	33.27%	52.27%
말레이시아	9.02%	36.18%	23.71%	3.43%	39.62%	19.83%	9.27%	22.26%	51.36%
세계	4.55%	23.08%	16.81%	5.74%	28.82%	13.99%	9.52%	43.11%	66.62%

    기후변화에 영향을 주지 않으면서 지속 가능한 경제로 전환하는 것이 단순히 산업 구조의 문제가 아님은 여러 가지로 이야기할 수 있다. 현재 국가 경제의 대부분을 석유 등 화석 연료에 의존하고 있는 중동 국가들은 석유 고갈 또는 인위적인 탈석유 경제로의 전환 등으로 인한 '석유 이후(post-oil)'의 상황에 대비하여 석유 의존도를 줄이고 지속 가능한 경제로 전환하는 다양한 전략을 추진하고 있다. 여러 중동 국가들은 석유 산업 외에도 관광, 금융, 기술, 농업 등 다양한 산업을 발전시키고 있다. 예를 들어, UAE는 두바이와 아부다비를 중심으로 관광과 금융 중심지로 성장하고 있다.

    그런데 중동 지역은 여름철 기온이 매우 높아 에어컨 사용이 필수적이며, 고온 건조한 기후와 지리적 환경으로 인해 부족한 물을 확보하기 위해 담수화 시설을 건설·운영하는데, 이에 또 상당히 많은 에너지가 요구된다. 아직 재생 가능 에너지 인프라가 충분히 확보되지 않은 상황에서 국제적으로 경쟁력이 있는 산업시설과 도시를 건설하기 위해서는, 엄청난 에너지 수요가 발생하며 이로 인한 온실가스 배출이 상당히 많은 상황이다. 물론 여러 중동 국가들이 태양광과 풍력 에너지 개발에도 많은 노력과 투자를 기울이고 있지만, 아직은 그 목표나 이행 상황이 충분하지는 않다.

쿠웨이트는 2030년까지 전체 에너지의 15%를 재생 가능 에너지로 설정하고 있으며, 바레인은 2040년까지 전체 에너지 믹스의 30%를 재생 가능 에너지로 설정하고 있고, UAE는 2050년까지 전체 에너지의 50%를 재생 가능 에너지로 전환할 계획이다. 이처럼 중동 국가들은 재생 가능 에너지로의 전환을 위해 다양한 노력을 기울이고 있으나, 석유 의존도가 높은 구조를 완전히 바꾸기에는 많은 시간이 필요할 것으로 보인다.

제조업에서 온실가스가 배출되는 주요 경로는 크게 탄소 함량이 높은 원재료 사용, 거대한 시설 운영이나 고온 공정을 위한 열 공급 등 에너지 사용, 그리고 생산 공정에서의 직접적인 온실가스 배출 등이다. 석유화학 제품의 원료로 사용되는 석유와 천연가스는 높은 탄소 함량을 가지고 있어, 이들 원료를 사용할 경우 필연적으로 온실가스가 배출된다.

철강이나 화학·석유화학 제품, 시멘트의 생산 과정에서는 원료의 용융이나 화학반응을 위해 상당히 많은 열에너지를 필요로 하고, 이를 위해 생산시설 내에서 직접 화석 연료를 연소시키는 경우가 많다. 적철광(Fe_2O_3)이나 자철광(Fe_3O_4) 형태로 존재하는 철광석에서 산소를 제거하여 철을 추출하는 환원 과정에서도 이산화탄소가 생성되며, 많은 화학 제품의 생산 과정에서도 화학 반응에 의하여 이산화탄소가 생성되고, 시멘트의 주요 원료인 석회석($CaCO_3$)을 고온에서 가열할 때 석회석이 분해되어 이산화탄소가 방출된다.

산업 생산에 필요한 에너지 공급으로 인해 발생하는 온실가스를 줄이기 위해서는 에너지원을 재생 가능 에너지로 전환하고, 고효율 공정을 도입하여 에너지 수요를 줄일 수 있다. 생산 공정에서 직접적으로 발생하는 온실가스를 줄이기 위해서는 온실가스 배출이 없거나 적은 새로운 공정기술을 개발하거나 새로운 환원제·촉매제로 대체하는 방법이 있을 수 있다. 또 포틀랜드 시멘트 대신 지오폴리머 시멘트와 같은 저탄소 시멘트를 개발하는 것처럼, 기존의 제품을 대체하는 새로운 제품을 개발할 수도 있다.

화석 연료 대신 바이오매스나 재활용된 원료를 사용하여 탄소 배출을 줄이는 방법도 있다. 만일 새로운 원부재료 개발이나 공정 기술 혁신, 재생 가능 에너지원 전환 등의 방법으로도 온실가스 배출을 더 이상 줄일 수 없 경우에는, 생산 시설에서 배출되는 가스로부터 이산화탄소를 직접 포집하여 저장(CCS: Carbon Capture and Storage)하거나 재활용하는 최후의 방법도 있다.

요약하자면, 생산과 관련된 온실가스 배출과 관련해서는 어떻게든 기술적인 해결 방안을 찾을 수 있을 것이다. 문제는 필요한 모든 기술이 개발되어 실제 생산 공정에 적용되기까지 최소 십수 년에서 수십 년의 시간이 걸릴 것이며, 그 과정에 또한 엄청난 재원이 필요하다는 것이다. 과연 기업들은 많은 시간과 재원을 투자하여 현재의 기술과 시설을 새로운 기술과 시설로 대체할까? 그럴 경우 제품의 가격이 그만큼 상승한다면 소비자들은 그 부담을 수용할까?

산업 구조가 제조업 중심에서 금융업이나 서비스, 정보기술 중심으로 바뀌더라도, 온실가스 배출이 줄어들지는 않는다는 명확한 반증이 있다. 최근 정보통신 기술 활용의 정점은 단연 인공지능이며, 인공지능이 향후 경제 성장의 중요한 동력이 될 것으로 기대를 모으고 있다. 그런데 이 인공지능이 전기를 먹는 하마가 되고 있다.

　인공지능 모델의 복잡성과 데이터 처리량 증가에 따라 데이터 센터의 전력 소비가 크게 늘어나고, 특히 대규모 인공지능 훈련 및 추론 작업이 증가하면서 에너지 수요는 지속적으로 증가할 것이다. 그리고 인공지능 활용이 늘어날수록, 에너지 수요는 기하급수적으로 증가할 것으로 예상된다. 국제에너지기구(IEA)는 2022년 전 세계적으로 데이터센터, 가상화폐, 인공지능 등이 소비한 전력을 전 세계 전력 수요의 약 2%에 해당하는 약 460TWh에 달한 것으로 추정하고, 2026년 세계 데이터센터, 가상화폐, 인공지능의 전력 소비는 620~1,050TWh에 이를 것으로 전망하였다.[16]

　결론적으로, 온실가스 배출과 관련해서는 산업 구조보다도 소득 및 소비 수준과 산업 정책 및 환경이 더 큰 영향을 미친다고 볼 수 있다. 한 국가의 산업 구조에서 1·2차 산업의 비중이 낮아지고 금융서비스·정보통신 등 3차 산업의 비중이 높아지더라도, 에너지 집약적인 경제 활동이 증가한다면 온실가스 배출은 오히려 더 늘어날 수도 있다.

　그리고 온실가스 배출을 필연적으로 수반하는 제품의 생산 활동 자체를 한 나라에서 없앨 수는 있어도, 필요한 제품은 지구상 어느 나라에서든 생산되어야 한다. 내가 어떤 제품을 사용하면서도 내가 그것을 만들지 않았다는 이유만으로 제품 생산에 따른 온실가스 배출의 책임으로부터 자유로워지는 것은 아니다. 기후변화에는 국경이 없고, 기후변화를 유발하면서 받은 혜택만큼 그에 상응하는 책임도 따라야 할 것이다.

식량 문제와 온실가스 배출, 두 마리 토끼

농업은 기후변화로부터 커다란 영향을 받으면서 또 반대로 온실가스 배출을 통해 기후변화를 가속시키기도 한다. 따라서 어떻게든 온실가스 배출을 줄여야 하는 인류로서는, 농업 부문의 온실가스를 감축시킬 수 있는 방안도 찾아야 한다. 전 세계 온실가스의 12.3%가 농업 및 축산 부문에서 배출된다. 배출되는 온실가스의 종류와 경로는 다양하다.

소와 양과 같은 반추동물의 소화 과정과 가축의 배설물에서 메탄(CH_4)이 발생된다. 화학 비료, 특히 질소 비료의 사용은 토양에서 아산화질소(N_2O)의 형성을 촉진하는데, 경작 방식이나 토양 관리 방법에 따라서 아산화질소의 배출량이 달라질 수 있다. 농업 활동에서 토양의 기계적 경작은 토양의 유기물 분해를 촉진하여 이산화탄소를 방출하며, 또 농업기계와 트랙터의 연료 연소로 인해 이산화탄소가 발생한다. 이외에도 농업 확장을 위한 삼림 파괴는 탄소흡수원을 감소시켜 이산화탄소 배출을 증가시키며, 특정 작물의 재배 방식이나 경작 방법에 따라 온실가스 배출 양상이 달라질 수 있다.

기온 상승과 가뭄, 불규칙적인 강수와 홍수, 극단적인 기후 현상은 작물의 생장에 부정적인 영향을 미쳐 수확량을 감소시킨다. 그뿐만 아니라 작물의 영양소 함량에도 영향을 미치고, 새로운 병해충의 발생을 초래하여 작물의 품질과 생산성을 떨어뜨린다. 기후변화가 식량 생산에 미치는 영향은 지역에 따라서 기후변화의 양상과 주요 작물, 농업 방식에 따라 다르게 나타난다. 그중에서 식량 생산의 절대량이나 생산성이 낮아 식량 자급의 경계선상에 있거나 그 아래에 있는 국가나 지역의 경우, 이러한 기후변화는 치명적일 수 있다. 아프리카와 아시아의 저개발 국가들은 기후변화로 인한 식량 수확량 감소로 식량 안보를 위협받고 있다.

농업기술과 농업생산성의 비약적인 증가에도 불구하고 아직 지구상에 많은 인구가 생존에 필요한 음식을 구하지 못하거나 건강에 필요한 다양한 필수 영양소를 섭취하지 못하고 있다. 유엔식량농업기구가 발표한 「2024 세계 식량 안보 및 영향 현황 보고서」에 의하면, 2023년 현재 세계 기아인구수는 7억 3,300만 명으로 추정되며, 이는 2019년 대비 약 1억5천만 명이 증가한 수준이다. 기아 문제의 주요한 원인은 분쟁과 갈등, 경제적 불평등과 기후변화다. 그리고 이 원인은 각각 별개가 아니라 서로 결합하여 상승 작용을 일으킨다.

유엔식량농업기구에 의하면, 2024년 전 세계 곡물 생산량은 전년에 비해 0.3% 증가한 28억 5,400만 톤(밀 7억 8,810만 톤, 쌀 5억 3,020만 톤)이다. 이를 2023년 전 세계 인구수로 나누면 1인당 연간 352kg으로 하루 약 1kg에 해당하는 양이다. 이렇게 실제로는 전 세계 식량 생산이 전 세계 인구가 필요로 하는 것보다 많음에도 불구하고 기아 인구가 발생하는 이유는 여러 가지 복합적인 요인 때문이다.

첫 번째 원인은 식량이 생산되는 지역과 소비되는 지역 간의 불균형에 있다. 일부 지역에서는 식량이 과잉 생산되지만, 다른 지역에서는 접근이 어렵거나 가격이 비싸다. 이러한 불균형은 기본적으로 지리적·지역적 요인에 기인하겠지만, 인위적인 차이도 존재한다. 한국식량안보재단 이철호 명예이사장은 글로벌 식량위기가 가속화된 요인 중 하나로 세계화를 지목했다. '비교우위경제이론'을 근거로 세계가 분업을 하자며 국제통화기금(IMF)와 세계은행(World Bank)이 식량난에 시달리는 아프리카나 남미 지역에 곡물 대신 부가가치가 높은 카카오나 커피를 재배할 것을 조언한 것도 한 원인이 됐다. 이들 나라는 국제기구들의 조언을 따랐지만, 2008년 국제 곡물가격이 두세 배 급등하면서 식량난이 더욱 심해졌다.[17]

두 번째 원인은 경제적 접근성과 사회적 불평등이다. 많은 사람들은 경제적으로 식량을 구입할 수 있는 충분한 소득이 없는 상황에 처해 있다. 또는 운송 인프라가 부족하여 식량을 합리적인 비용으로 획득할 수 있는 시장에 접근하기 어렵거나, 시장이 있어도 시장의 기능이 왜곡된 경우이다. 2007년부터 2008년 초까지 세계 식량시장은 기후변화와 에너지 가격 상승, 생물연료 사용으로 인한 옥수수와 사탕수수 수요 증가 등으로 곡물 가격이 상승하기 시작했다. 그러자 각국이 자국의 식량 안보를 우선시하며 무역을 제한하여 국제 시장에서의 공급 부족을 더욱 악화시켰고, 여기에 식량가격 상승에 대한 기대감으로 투기 자본이 농산물 시장에 유입되어 곡물가격을 부풀렸다.

다음으로 전쟁, 내전, 정치적 불안정 등이 식량 공급망을 방해하고 기아를 악화시킬 수 있다. 우크라이나는 세계 주요 밀과 옥수수 생산국인데, 2022년 발발한 우크라이나 전쟁으로 인해 농업 활동이 중단되거나 제한되면서 생산량이 급감하고 우크라이나의 주요 항구인 오데사와 마리우폴이 전투로 인해 봉쇄되거나 파괴되면서 곡물 수출이 크게 줄어들어 세계 시장에서의 공급 부족을 초래했다. 내전이 발생한 남수단, 소말리아, 중앙아프리카공화국 등에서는, 식량 생산이 감소하고 공급망이 붕괴되면서 해당 지역의 주민들이 식량 부족과 기아에 직면하게 되었다.

세계 각국의 농업 개발과 식량 안보를 위한 국제기구 및 기금과 관련해서도 그 정책의 효과성과 투명성, 형평성에 대해 많은 비판이 있다. 대표적인 것이 국제농업개발기금(IFAD: International Fund for Agricultural Developemtn)이다. IFAD의 자금이 실제로 세계 각국의 농민들에게 도움이 되기보다는 대규모 농업기업과 중간의 유통기업에게 더 많은 혜택을 주고 있으며, 또 보조금이 특히 고소득 국가와 중상위 국가들의 주식 곡물이나 식품의 생산에 편중되어 있다는 비판이 있다.

이처럼 기아는 단순히 식량 생산량의 문제만이 아니라, 여러 사회적 · 경제적 · 정치적 요인들이 얽혀 있는 복합적인 문제이다. 온실가스 배출 감축과 각 지역 및 국가의 식량 안보라는 두마리 토끼를 잡기 위한 기본적인 방향은 농업의 지속 가능성을 높이는 것이다. 농업의 지속 가능성을 높이기 위해서는 유기농업 등 친환경 농업기술을 개발 · 보급하고, 물을 포함한 농업 자원 및 인프라 관리를 최적화하고, 작물의 다양성을 높여 생태계를 보호하면서 기후변화에 대한 회복력을 높이는 등 여러 가지 방안이 필요하다. 그 외에도 농업의 지속 가능성과 관련하여 몇 가지 사항을 좀 더 짚고 넘어갈 필요가 있겠다. 육류 생산과 식품 시스템의 비효율성, 단종경작의 문제이다.

농업 및 축산 부문에서 배출되는 온실가스 12.3% 중 6.2%가 가축 및 그 분뇨에서 발생한다. 소와 양과 같은 반추동물의 소화 과정과 적절히 처리되지 못한 가축 분뇨에서 메탄이 발생하고, 가축을 사육하고 관리하는 과정에서도 온실가스가 발생한다. 메탄은 이산화탄소보다 25배 강력한 온실가스이다. 유엔환경계획에 의하면 전 세계 육지(약 1억4,900만 km2)의 37%가 농업용으로 사용되며, 이 중 약 11%가 경작지로 그리고 나머지 26%가 목축을 위한 토지로 사용되고 있다. 전 세계 곡물 생산량의 3분의 1, 어획량의 4분의 1이 사료로 사용된다.

그런데 소가 100g의 단백질을 섭취하고 고기로 축적하는 단백질은 채 5g이 안 된다. 인간이 섭취하는 단백질의 25%가 육류에서 공급되는데, 중하위 및 저소득 국가의 경우 식단에서 육류가 차지하는 비중이 낮아 총 단백질의 10% 미만을 차지하는 경우도 많다. 숫자로만 보면 육류는 식량 부족 해결, 온실가스 감축, 토지의 효율적 사용 등 모든 측면에서 인간이 지향하는 방향과 반대의 방향을 향한다.

식품 낭비는 온실가스 배출의 주요 원인 중 하나로, 음식물 쓰레기가 분해되면서 메탄 등의 온실가스가 배출된다. 유엔식량농업기구의 조사에 따르면, 전 세계에서 생산된 식품의 13.2%는 수확과 소비 사이의 생산 및 유통 단계에서 손실되었고, 19% 인 10억 5천만 톤이 유통과 식품 서비스, 가계의 소비 단계에서 낭비되었다.[18] 생산 및 유통과 소비 단계를 모두 합하면, 총 생산된 식품의 약 3분의 1이 음식물을 필요로 하는 사람에게 이르지 못하거나 먹지 않고 버려진다. 경제적으로는 연간 약 1조 달러에 달하는 손실이다. 한국에서도 음식쓰레기로 연간 20조 원이 낭비되는 것으로 파악된다.[19] 생산 및 유통 단계에서의 식품 손실과 소비 단계에서의 식품 낭비를 줄이는 것만으로도, 온실가스 배출을 줄이면서 기아 문제와 인구 증가에 따른 식량 수요를 상당 부분 해결할 수 있다.

세계 각 지역의 전통적인 농업은 대체로 지역의 기후와 토양에 적합한 다양한 작물을 화학비료나 농약을 사용하지 않는 유기농법으로 재배하는 다종경작(polyculture) 방식이다. 작물의 다양성은 토양에서 더 많은 탄소를 고정할 수 있어 탄소 배출을 줄이는 데 기여하면서, 토양의 영양소 회복을 촉진하고 병해충에 대한 저항성도 증대시킬 수 있다.

반면 특정 작물에 특화하여 생산을 집중하는 단종경작(monoculture) 방식은 전문화와 기계화가 용이하여 생산성이 높아지고, 지역이나 국가 단위에서는 비교우위를 가질 수도 있다. 하지만 특정 농경지에서 단일 작물만 반복적으로 재배될 경우, 토양의 영양소 고갈이 초래되고 병충해 발생이 증가하며 기후변화나 자연 재해에 대한 저항력이 떨어지며 화학비료 사용의 증가로 이산화탄소, 메탄, 아산화질소 등의 온실가스 배출이 증가된다. 생물의 다양성이 감소하고 생태계 균형 파괴도 물론 동반되며, 특정 작물에 의존하는 경우 시장 가격 변동에 취약해 경제적 위험도 증가된다.

많은 저개발국에서 경제 발전과 식량 안보를 위하여 농업 생산을 증대시키는 과정에서 대규모 산업농에 대한 지원을 강화하였고, 대규모 산업농은 대체로 특정 작물 생산에 전문화하는 단종경작 방식에 의존하였다. 물론 경작 방식은 각 지역의 기후, 토양, 생태계 특성, 농경 조건 등 여러 가지 복합적인 요인에 대한 고려 속에서 선택되어야 한다. 다만, 지금까지의 생산성 중심의 대규모 농업 개발은 대체로 기후 변화와 생태계, 지역 사회의 생활양식과 사회경제적 환경에 대한 고려 없이 또는 고려가 부족한 상태에서 이루어져 왔다.

결론적으로, 현재 전 세계에서 생산되는 식량은 전 세계 인구를 부양하기에 결코 부족하지 않다. 식량 부족의 원인은 각 국가나 지역의 잘못된 농업 개발 접근과 사회적 불평등, 선진국 중심의 세계 식량시장 체계, 육류 생산의 비효율성과 식품 소비 과정에서의 낭비 등에 있다. 이러한 보다 본질적인 문제들에 대한 해결 방안을 찾는다면 결과적으로 식량 생산에 따른 온실가스 배출과 기아, 식량 안보 문제도 함께 해결될 수 있을 것이다. 기아와 식량 안보 문제의 해결은 결코 식량 생산에 따른 온실가스 배출 문제와 상반된 방향에 있지 않다.

불확실한 기술적 해결 방안

한국 정부는 2021년에 국가 온실가스 감축 목표(NDC)를 2018년 배출량 대비 26.3% 감축하는 기존(2015년) 목표에서 40% 감축으로 상향하여 발표하면서, 산업 부문의 반발을 고려하여 확대된 감축 목표의 상당 부분을 탄소 포집·활용·저장(CCUS), 국외 감축, 흡수원 등의 흡수 및 제거 부문의 목표 확대로 채웠다. 2023년 정부는 다시 산업 부문의 감축 목표는 더 줄이고 원자력과 재생에너지 발전 비중 증가를 통해 에너지 전환 부문의 감축 목표를 늘리면서, CCUS를 이용한 감축과 국외 감축 목표도 더 늘렸다.

탄소 포집, 활용 및 저장(CCUS: carbon capture, utilization and storage) 기술은 발전 및 산업 공정에서 대량으로 배출되는 이산화탄소를 선택적으로 분리하여 포집한 후 이를 활용하거나 저장하는 방식으로 배출된 가스를 제거하여 대기 중으로 방출되지 않도록 하는 기술이다. 한국뿐만 아니라 세계 각국도 온실가스 감축 방안으로 CCUS 활용 비중을 높이고 있고, CCUS 기술 개발 및 상용화를 위한 투자 및 지원을 크게 늘리고 있다.

산업 부문에서는 저탄소·비탄소 원재료 개발이나 에너지 전환, 고효율 공정 개발 등의 가능한 온실가스 감축 방안을 모두 적용하여도, 철강이나 화학, 시멘트 등 핵심적인 산업재의 생산 공정에서 직접 발생하는 온실가스는 완전히 제거하는 것이 불가능하다. 이에 대한 유일한 해결 방안이 CCUS라 할 수 있다. 국제에너지기구(IEA)도 CCUS 기술이 2050년 탄소중립 목표 달성에 핵심적인 수단으로서 온실가스 감축에 대한 기여도가 18%에 달할 것으로 전망하고 있다.

친환경 에너지인 수소의 생산에 있어서 그린수소는 아직 생산 비용이 높고 인프라가 부족한 문제가 있다. 반면 CCUS 기술을 이용하여 천연가스로부터 이산화탄소를 분리하고 수소를 생산하는 블루수소는 상대적으로 기술이 성숙해 있고 기존 인프라를 활용할 수 있다. 즉, CCUS 기술을 이용하여 화석 연료인 천연가스에서 친환경 에너지인 수소를 생산할 수 있다.

또 CCUS 기술을 이용하여 포집된 탄소를 원료로 하여 메탄, 메탄올 등의 합성 연료나 폴리우레탄, 에틸렌, 프로필렌 등의 화학 제품을 생산할 수도 있으며, 포집된 이산화탄소를 콘크리트 제조 과정에 활용하여 콘크리트의 탄소발자국을 줄이고 강도를 높이는 방안도 연구되고 있다. 다만, 이 방법이 합성연료나 화학제품, 콘크리트를 생산하는 다른 방법보다 제품 품질이나 생산 비용 등의 측면에서 더 우수한 방법이기 때문인지, 아니면 포집된 이산화탄소를 처리하기 위한 궁여지책인지가 문제이다.

  CCUS는 기후변화 대응을 위한 중요한 기술로 평가되지만, 비용, 기술적 한계, 환경적 영향, 사회적 수용성 등 다양한 문제점이 존재한다. CCUS 기술의 도입 및 운영에는 높은 초기 비용이 필요하며, 운영되는 동안에도 지속적인 유지 보수 및 관리 비용이 발생한다. 특히, 우리나라의 경우 국내에서 경제성 있는 탄소저장소를 확보하기가 어려워 해외 탄소저장소 확보를 고려하고 있는 상황인데, 여기에 운송 비용까지 고려한다면 CCUS 기술을 통한 탄소 감축의 경제성은 더 낮을 것으로 예상된다.[20]

  현재의 CCUS 기술은 100%의 탄소 포집 효율을 달성하지 못하며, 포집된 탄소를 안전하게 저장하는 데 대한 우려도 있다. CCUS 기술을 운영하는 과정에서 추가적인 에너지가 소모되며, 탄소저장소의 위치나 관리가 잘못될 경우 환경에 매우 큰 영향을 미칠 수 있다. 무엇보다 CCUS 기술은 기존 화석 연료 의존의 지속을 정당화하는 수단이 될 수 있다.

  최근 새로운 탄소흡수원으로 새롭게 각광받고 있는 블루카본도 마찬가지이다. 블루카본은 맹그로브 숲, 염생식물, 잘피 등 해양 생태계에 저장된 탄소를 의미한다. 해양생태계는 육상 생태계에 비해 탄소 흡수 속도가 빠르며, 단위 면적당 탄소 저장 능력도 육상에 비해 커서

탄소저장 효율이 매우 높다. 세계 각국은 이러한 블루카본의 가능성에 주목하여, 해양생태계 보호구역을 설정하고 손상된 해양생태계를 복원하며, 지역 주민과의 협력을 통하여 어업 활동이 해양생태계에 미치는 영향을 최소화하는 방법을 모색하는 등 블루카본 확대에 적극 나서고 있다.

최근 갯벌의 우수한 탄소 흡수 능력이 국내 연구진에 의해 입증되었으나, 국내 갯벌의 98%를 차지하는 비식생갯벌은 아직 정부 간 협의체(IPCC) 지침에서 블루카본으로 인정받고 있지 못하다. 이에 한국 정부는 비식생갯벌을 해양 부문 탄소흡수원으로 인정받기 위한 노력을 기울이고 있다.

그런데 이러한 블루카본의 경우, 몇 가지 한계와 문제점이 있다. 우선 블루카본은 다양한 환경요인에 따라 탄소 저장 능력이 달라질 수 있어, 블루카본 저장량의 정확한 측정과 모니터링이 어렵다. 또 블루카본 생태계의 복원 및 보호가 지속 가능하지 않으면, 장기적인 탄소 저장 효과가 감소할 수 있다. 그리고 블루카본 생태계에는 기후변화, 개발 및 산업화나 과도한 어획 활동 등의 인간 활동, 해양오염과 해양생태계 변화, 자연재해 등 다양한 요인이 영향을 미칠 수 있으므로, 블루카본 생태계 그 자체만으로는 탄소 흡수원으로서의 기능과 능력을 유지하기가 쉽지 않다.

대표적인 국외 감축 방안인 REDD+ 사업 등의 국제 탄소배출권 거래에 대해서는 2장에서 이미 충분히 다루었다. CCUS나 블루카본과 같이 아직까지는 기술적·경제적으로 확실하지 않은 해결 방안에 온실가스 배출 목표의 상당 부분을 할당하는 것은, 온실가스를 발생시키는 근본적인 원인에 대한 실질적인 노력을 방기하는 것이다. 어쩌면 CCUS나 블루카본을 쓰레기통 삼아 해결되지 않는 모든 문제를 욱여넣고 뚜껑을 닫아 두는 것이 아닐까.

지구위험한계선: 온실가스 배출만 줄이면 될까?

생태계와 현재 및 미래 세대의 삶을 위협하는 것은 대기 중에 쌓인 온실가스만이 아니다. 2000년대 초반, 기후변화와 생물 다양성 손실 등 여러 환경 문제가 심각해지면서, 이들 문제의 상호 연관성을 탐구하는 연구가 활발해졌다. 2009년 스웨덴 스톡홀름 리질리언스 센터(Stockholm Resilience Centre)의 요한 록스트룀(Johan Rockström)과 28명의 과학자들은 '지구위험한계선(Planetary Boundaries)' 개념을 제안하면서, 인류가 지구 환경의 안정성을 유지하기 위해 넘어서는 안 되는 9개의 경계를 정의하고 각 경계에 대한 안전 한계를 제시하였다.

이후 각 경계에 대한 연구와 평가를 통해 각 경계에 대한 평가 결과를 순차적으로 발표하였으며, 2023년에는 9개 경계 전체에 대한 평가 결과를 발표하였다. 그 결과 2023년 현재 전체 9개 경계 중 기후변화, 생물권 온전성, 토지이용 변화, 담수 변화, 생물지구화학적 순환 및 신물질 6개의 경계에서 안전 한계가 초과되었으며, 해양산성화 경계도 안전 한계에 육박하고 있다. 안전 한계를 넘어선 영역은 충격에 대해 지구가 자체 회복력을 통해 원래의 안전 한계 이내로 돌아가고자 하나, 위험이 더 쌓이게 되면 돌이킬 수 없는 상황에 빠질 수 있다.

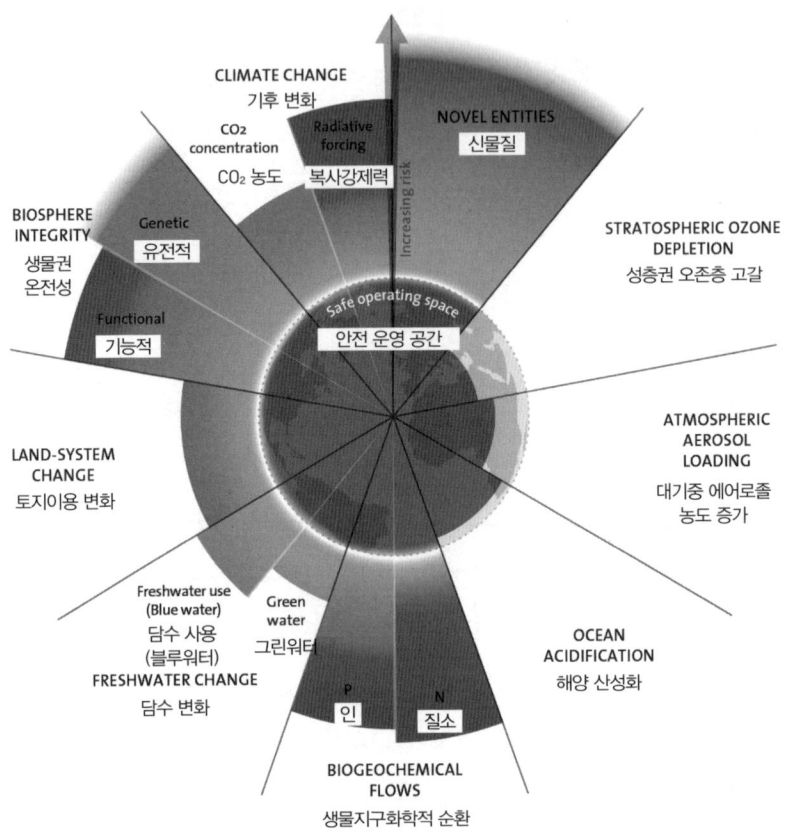

[그림 7] 지구위험한계선[21]

 지구 생태계와 인간 활동 간의 상호작용은 매우 복잡하며, 여러 위험 요소가 서로 연결되어 있다. 인간이 하나 이상의 지구위험한계선을 침범할 경우 나비효과로 연쇄적인 환경변화가 일어나게 되어 대륙 또는 지구 전체가 영향을 받고, 이로 인해 재앙적인 결과가 일어날 수 있다.

예를 들어, 기온 상승으로 인해 북극의 빙하가 녹으면서 북극곰 등의 서식지가 줄어들고 많은 종들의 멸종이 초래될 수 있다. 농지 확대를 위해 아마존 열대우림이 파괴되면, 이 지역의 담수 순환에 영향을 미친다. 산림 벌채로 인한 강수량 변화는 식생에 영향을 주고, 이는 다시 에어로졸 입자 생성에 영향을 미치는 등의 순환적 영향을 만든다. 과도하게 사용된 질소와 인이 해양으로 흘러 들어가 해양산성화를 촉진하고, 산호초의 백화 현상을 일으키는 등 해양생태계에 큰 영향을 미친다.

대부분의 상호 작용은 안전운영 공간을 확장하기보다는 축소시키는 경향이 있다. 이러한 상호 작용은 지구 시스템의 복잡성을 보여 주며, 하나의 문제를 해결하기 위해서는 전체적인 접근이 필요함을 시사한다. 이렇게 보면 기후변화 외에 다른 지구위험 경계에서의 위험을 발생시키는 원인은 서로 같거나 연관되어 있으며, 더 깊이 들여다보면 공통의 원인이 있음을 알 수 있다.

도넛 경제 개념을 제안한 케이트 레이워스(Kate Raworth)의 말에 따르면, "인류의 21세기 과제는 지구의 수용 능력 안에서 모든 이의 필요를 충족시키는 것"[22]이다. 즉, 인류의 필요를 충족시키기 위한 활동—생산과 소비—을 하되 지구의 수용 능력—지구위험한계—을 넘지 않도록 해야 한다는 의미이다.

"어떤 긍정적 지표도 나타나지 않고 있어"

이제 우리는 다음 논의로 넘어가기에 앞서, '지속 가능한 성장'에 대해 본질적인 질문을 던져 보고자 한다.

> "과연, 현재의 문제해결 접근 방법과 그에 따른 정책 및 노력, 그리고 현재까지의 결과로 우리의 지구는 지속 가능한가?"

이에 대한 답을 알려면, 태양광 발전이나 전기자동차, 각종 녹색기술 및 정책과 같은 개별 수단들의 미래에 대한 불확실한 약속보다는, 현재까지의 전체적인 노력의 방향 및 결과와 미래로의 추세를 보아야 한다. 기후변화 대응 활동의 가장 기본이 되는 에너지원 전환과 관련하여 이를 확인해 보자.

발전과 건물에서 직접 사용되는 에너지는 2020년 기준 전체 온실가스 배출의 38.3%를 차지하는 만큼(그림 1), 온실가스 배출 감축을 위해서는 재생 가능 에너지로의 전환이 절대적으로 필요하다. 거의 모든 국가에서 기후변화 대응 정책의 최우선 순위도 재생 가능 에너지로의 전환에 있다. 그렇다면 과연 이 정책과 노력은 목표한 바를 얼마나 달성하고 있을까?

1970년대 이후 전 세계 에너지 소비 중 재생 가능 에너지원을 포함한 비화석 연료의 비중이 늘어나고는 있지만, 화석 연료 소비의 절대량 또한 계속 늘어나고 있다(그림 8). 에너지 소비가 줄어들거나 재생 가능 에너지로 전환되는 것이 아니라, 에너지 소비는 지금까지의 속도

대로 계속 늘어나고 있으며, 단지 늘어나는 에너지 소비의 일부만이 재생 가능 에너지로 채워지고 있음을 확인할 수 있다. 에너지원 전환을 위한 노력도 부족하고 그 결과는 더 부족하다고 볼 수 있겠지만, 지속 가능한 '성장'을 전제로 한 기후변화 대응의 관점과 접근 방법에서부터 이미 잘못이 있었다.

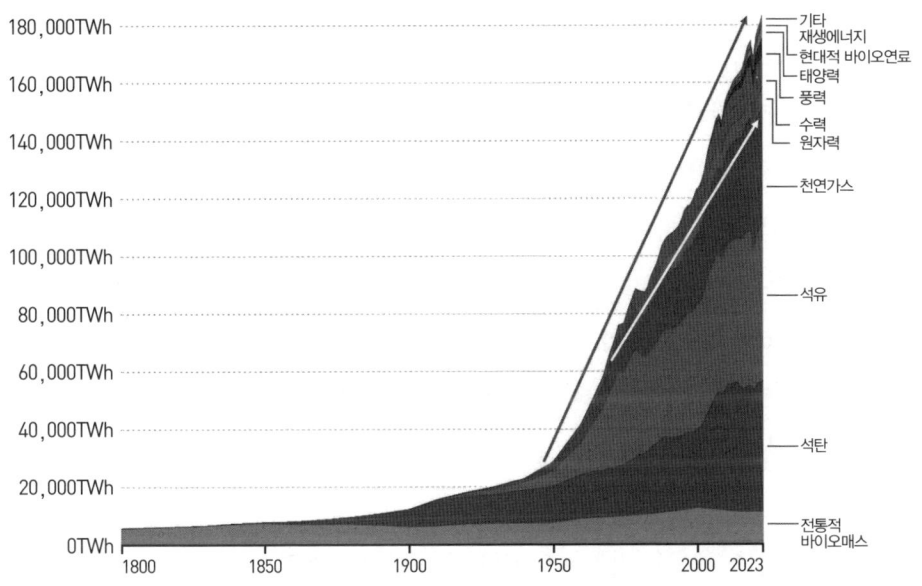

[그림 8] 전 세계 1차 에너지 소비(에너지원별)[23]

세계 평균기온이나 해수면 상승이 일시적이거나 순환적인 기후변화에 의한 것이 아님은 분명하다. 2022년 세계기상기구는 기후위기에 대응하는 인류의 노력에 있어 커다란 전환이 필요함을 매우 무거운 어조로 경고하였다. 세계기상기구는 2022년 11월 발표한 「연례 기후 보고서」에서 1990년대에는 해수면이 매년 2.1㎜씩 상승한 데 비해, 최근 10년에는 1년에 4.4㎜, 2020년 이후에는 1년에 5㎜ 높아졌다고 분석했다. 페테리 타알라스(Petteri Taalas) 세계기상기구 사무총장은 "우리는 빙하가 녹는 걸 막는 데 실패하고 있으며, 해수면 증가도 막지 못했다."며 "지금까지는 어떤 긍정적인 지표도 나타나고 있지 않다."고 경고했다.[24]

유엔기후변화협약이 발간한 「2024년 NDC 종합보고서」도, 파리협정 195개 당사국 중 최신 국가 온실가스 감축 목표(NDC)를 제출한 168개국의 정보를 기준으로 분석한 결과, 이들 국가가 NDC를 모두 이행해도 파리협정 1.5℃ 억제 목표 달성은 불충분하다고 지적하였다. 각국이 제출한 NDC가 모두 이행될 시 전 세계 이산화탄소 배출량은 2030년 515억 톤에 달할 것으로 추정되는데, 이는 2019년 대비 5.9% 줄어든 것에 불과하다. 유엔기후변화협약은 "이 수준의 온실가스 배출량은 모든 국가의 인간과 경제에 재앙을 불러올 것"이라고 경고했다.[25]

온실가스 배출을 감축하기 위한 갖은 기술적 해결 방안은 충분조건이 아니라 필요조건이다. 이미 모든 사람과 기업, 국가가 온실가스 배출을 줄이지 않으면 이 같은 기후변화로부터 발생한 결과를 막을 수 없으며 빠른 시간 안에 기후변화 영향을 줄이기 위한 기후행동이 필요하다는 데 동의한다. 하지만 지금까지 기후행동은 적극적이지 못하고, 미래의 위험을 줄일 수 있다는 조그마한 가능성도 보여 주지 못하였다.

기술에 의존한 녹색'성장'이 대안이 될 수 없다는 것도 충분히 문제 제기되어 왔다. 화석 연료를 사용하는 자동차를 전기자동차로 바꾸고 화석 연료 발전원을 재생 가능 에너지로 대체하는 것은 합병증으로 심장이나 폐 기능이 심각하게 저하된 환자에게 혈액을 체외로 빼내어 산소를 공급하고 이산화탄소를 제거하는 에크모(Ecmo)를 달아 주는 것과 같다. 이미 몸속에는 '성장'이라는 암세포가 모든 장기로 전이되고 있는 상태에서 말이다.

CLIMATE CRISIS

PART 2

> 성장은 자전거와 같아서,
> 넘어지지 않으려면
> 달려야 한다

DEGROWTH

무한 성장의 덫

『총·균·쇠』로 잘 알려진 재레드 다이아몬드(Jared Diamond)는 『문명의 붕괴』(2005)에서, 지금도 외계인이나 초자연적인 존재에 의해 세워졌을 거라는 황당한 주장으로 세계 7대 불가사의의 하나로 여겨지는, 모아이라는 거대 석상을 세웠던 이스터섬의 문명이 붕괴한 이야기를 들려준다. 그는 이 섬의 문명이 더 큰 석상을 세우려는 씨족들 간의 경쟁으로 더 많은 나무와 밧줄과 식량이 필요했고, 자원의 지나친 개발로 인해 스스로 붕괴한 사회의 전형이라고 설명한다.[1] 그리고 조지프 테인터(Joseph A. Tainter)가 "문명 사회가 자신들의 환경자원을 관리하는 데 실패하여 붕괴하지는 않았을 것"이라고 주장[1]한 바에 대해,

---

[1] 테인터의 이 주장은 『The Collapse of Complex Societies』(1990)에 실렸다(이 책은 공교롭게 재레드의 저서와 동일한 제목 『문명의 붕괴』(1999)로 국내에 먼저 소개되었다). 그는 문명의 붕괴가 단순한 환경 자원의 고갈이나 잘못된 관리 때문만이 아니라, 사회의 복잡성 증가와 그에 따른 문제 해결 비용의 증가가 주요 원인이라고 주장하였다.

이스터섬 이후 다른 문명들의 사례를 함께 들며 그와 같은 실패가 반복적으로 일어나고 있다고 반박하였다.[2]

이스터섬의 문명이 붕괴되었을 것으로 추정되는 16~18세기로부터 300~500년이 지난 지금, 더 거대한 석상을 세우려는 기업과 사회, 국가들 사이의 성장 경쟁이 똑같은 양상을 보이며 푸르던 지구를 파국으로 몰아가고 있다. 성장하는 경제는 만족을 모르고 영원한 성장을 계속하고자 한다. 이 같은 성장 지향은 멈추면 패배하는 자본의 경쟁과 축적 논리에 의한 것이다. 혹시 현재의 자본주의 성장 경제도 이스터섬의 전철을 밟지 않을까, 아니면 무한 성장하며 모든 인류가 행복한 삶을 누리게 될까?

끝없는 경제 성장의 도그마

'성장'이란 무엇이며, 왜 필요한가? 생물학적 또는 생태학적 관점에서 성장은 자연 과정이며, 그것이 좋은 것인지 또는 왜 필요한지에 대한 판단은 필요 없다. 그러나 사회적 과정으로서 경제 성장의 의미와 필요에는 인간의 판단과 의지가 개입되어 있다. 자급자족 경제에서 생산 활동이 그 사회 전체의 필요를 충족시키지 못하는 상황이라면 생산 활동의 증가 또는 경제 성장은 당연히 좋은 것이고 필요한 것이다. 이때 성장은 자원(자연자원과 노동력) 투입의 증가를 통한 생산물의 증가일 수도 있고, 생산기술의 발전으로 동일한 자원 투입에서 더 많은 생산물을 얻는 생산성 또는 효율의 증대일 수도 있다.

만약 자급자족 경제에서 잉여생산물을 필요로 하지 않으며 이미 필요를 충족시킬 만큼 충분한 생산 활동이 이뤄지고 있다면, 성장은 (왜) 필요할까? 대개의 경우 이런 상황이라면, 생산을 위한 자원(자원과 함께 노동시간도)의 투입을 줄이고 줄어든 노동시간을 다른 활동을 위해 쓰지 않을까? 인류의 문명은 생산기술의 발전을 통해서뿐만 아니라 생산 이외의 다른 활동을 통해서도 발달하였다.

노예제나 봉건제에 기초한 오랜 중세 시대를 건너뛰고 근대 이후의 자본주의 사회로 넘어가 보자. 초기 자본주의 사회에서도 사회적 생산은 모든 사람의 필요를 충족시킬 만큼 충분하지 않았다. 때문에 동일한 또는 점점 더 많은 노동력을 투입하면서도 기술 발전을 통해 보다 많은 생산물을 얻는 것은 사회 전체의 복지 측면에서도 필요한 일이었다. 그때부터 기술 발전은 생산성 향상을 의미하였고, 사회에는 축복과 같은 것이었다.

그런데 기술 발전이 지속되어 사회적 생산의 총량이 사회적 필요를 충족시킬 수 있게 되었을 때도, 경제 성장은 여전히 필요할까? 당연히 필요하며, 더욱더 요구된다. 그 이유는 사회 내에서 자원의 분배가 불평등하며 성장의 주체가 개인이나 공동체가 아니기 때문이다. 사회적 생산이 사회 전체의 필요를 충족시킬 만큼 충분하여도, 자원의 분배가 불평등하여 필요를 충족시키지 못하는 사람들로서는 경제가 더 성장하기를 바란다. 그리고 자본주의 경제에서 성장의 주요한 주체는 필요를 충족시키고자 하는 개인이나 공동체가 아니라 이윤을 획득하기 위하여 활동하는 기업 또는 자본이다.

자본주의 시장에서 충족되지 않는 수요(필요)가 있다면, 기업들은 추가적인 이익을 위하여 생산을 확대할 것이다. 생산이 충분히 확대되어 공급이 수요를 초과하는 상태가 된다면 기업들 사이에서는 경쟁이 일어난다. 경쟁에서 진다면 시장을 빼앗기고 결국 시장에서 사라지게 될 것이다. 때문에 경쟁에서의 승리는 성장을 의미하지만, 경쟁에서의 패배는 도태를 넘어 사형선고가 되고 만다. 매우 특별한 경우를 제외하고, 한 기업이 경쟁 없이 특정 시장을 오랜 시간 계속 독점하지는 못한다. 그런 시장이 있다면, 언젠가는 새로운 경쟁자가 그 시장에 진입하여 다시 경쟁시장이 될 것이다. 자본주의 경제에서 경쟁하지 않고 성장하지 않는 기업은 죽어 가고 있는 것이다.

이러한 경쟁과 성장의 논리는 자본주의 국가들 사이에서도 동일하게 적용되며, 국가의 경제 체제도 지속적인 혁신 또는 경쟁력에 따라 장기적인 성장성이 결정된다. 때문에 기업이나 국가에서 있어서 성장은 개인이나 공동체에서와 달리 결코 '충분'해지는 지점에 도달하지 못한다. 그래서 "얼마나 (더) 성장하면 충분한가?"라는 질문에 대해서는 아무도 답을 하지 못한다. 세계 최부유국들조차 끊임없이 경제를 성장시키고자 한다. 하지만, 영원한 성장은 과연 가능한가?

고대 인도의 라주(왕)가 전투에서 이긴 한 장군이 차투랑가(인도의 전통 체스 게임)를 하면서 전투에 대한 전략을 익혔다는 이야기를 듣고, 차투랑가를 개발한 라즈니시 모한을 불러 공로를 치하하며 원하는 것을 상으로 주겠다고 하였다. 이에 고민하던 라즈니시 모한은 라주에게 차투랑가의 첫 번째 칸에는 쌀 한 톨을 놓고 다음 칸으로 갈 때마다 전 칸의 두 배를 달라고 하였다. 라주는 이를 참으로 소박한 요청이라 생각하였으나, 결국에는 엄청난 양의 쌀이 필요하여 약속을 지킬 수 없었다고 한다.

    차투랑가는 가로, 세로 각각 8칸, 총 64칸의 판 위에서 게임을 한다. 그의 요구대로 한다면 쌀 한 톨의 무게를 0.02g이라 할 때, 23번째 칸에는 쌀 한 가마(80kg, 0.02g × 2^{22})가 × 놓여야 하고, 33번째 칸에는 쌀 1,000(2^{10})가마가 필요하며, 마지막 칸에는 2조(2^{41}) 가마가 필요하다. 64칸을 모두 합하면 4조($2^{42}-1$) 가마가 필요하다. 1인당 1년에 2가마를 먹는다면, 80억 인구가 250년을 먹을 수 있는 양이다. 이 같은 자산 축적의 방법을 '복리의 마법'이라고 한다. 자본주의 사회에서 자본은 예금에 복리이자가 붙듯이 매 순환주기마다 직전 주기에서 증식된 자본에 대해 또 새로운 이윤을 기대한다.

[표 1] 실질 GDP 성장률(예측)[3]

실질 GDP 성장률 (연간, %)	1981~1990 연평균 성장률	1991~2000 연평균 성장률	2001~2010 연평균 성장률	2011~2020 연평균 성장률	2023	2024 (예측)	2020-2029 연평균 성장률(예측)	GDP (2023, 십억US$)
전 세계	3.3	3.2	3.9	2.9	3.2	3.2	2.92	104,791
선진국	3.3	2.9	1.7	1.3	1.6	1.7	1.62	61,353
유럽연합	2.2	2.2	1.5	0.9	0.6	1.1	1.37	18,347
신흥국/ 개발도상국	3.3	3.9	6.1	4.1	4.3	4.2	3.77	43,438
동아시아	6.2	5.3	6.6	5.0	4.3	3.9	3.42	24,741
사하라이남 아프리카	–	2.4	5.8	3.2	3.4	3.8	3.50	1,938
미국	3.3	3.4	1.8	1.9	2.5	2.7	2.07	27,358
중국	9.3	10.4	10.5	6.8	5.2	4.6	4.15	17,662
독일	2.3	1.9	0.9	1.1	−0.3	0.2	0.63	4,457

일본	4.5	1.3	0.6	0.4	1.9	0.9	0.56	4,213
인도	5.6	5.6	6.7	5.1	7.8	6.8	5.72	3,572
영국	2.9	2.5	1.5	0.6	0.1	0.5	1.01	3,345
프랑스	2.5	2.1	1.2	0.4	0.9	0.7	0.96	3,032
이탈리아	2.2	1.7	0.3	−0.8	0.9	0.7	0.69	2,256
브라질	1.5	2.6	3.7	0.3	2.9	2.2	1.96	2,174
캐나다	2.6	2.9	1.9	1.4	1.1	1.2	1.54	2,140
러시아 연방	−	−3.9	4.8	1.2	3.6	3.2	1.54	1,997
멕시코	1.8	3.6	1.2	0.9	3.2	2.4	1.55	1,789
오스트레일리아	3.3	3.4	3.1	2.1	2.1	1.5	2.15	1,742
한국	10.0	7.1	4.7	2.6	1.4	2.3	2.05	1,713
스페인	3.0	2.9	2.1	−0.2	2.5	1.9	1.30	1,581

이러한 복리계산을 경제 성장에 대입해 보자. [표 1]에 있는 국가나 집단이 2023년 GDP에서 출발하여 2020~2029년 연평균 성장률(2.92%)로 계속 성장한다면, 세계 경제 규모는 24년 뒤 2배가 된다. [(1+0.0292)24=1.9952] 그 전에 2040년이 되면 신흥국/개발도상국의 경제 규모가 선진국보다 커지게 되고, 2045년이 되면 중국의 경제 규모가 미국을 추월하게 된다. 인도의 경제 규모는 20년 뒤면 3배가 되고, 중국의 경제 규모는 27년 뒤 3배가 된다(물론 이들 국가의 경제 성장 속도가 그때까지 동일하게 유지될지는 알 수 없으며, 아마도 그렇지 않을 가능성이 크다).

이와 같은 경제 성장은 언제까지 가능할까? 이미 상당한 수준의 경제적 번영과 복지를 누리고 있는 선진국들조차 왜 끝없이 성장하고자 할까? 다시 말하면 그것은 성장하지 않으면 도태되는 시장의 경쟁원리 때문이다. 국가도 지속적인 경제 성장을 위하여 끊임없이 경제 기회를 만들어 내지 못한다면, 실업이 늘어나고 자본과 인력이 빠져나가며 복지 수준이 저하되고 사회적 불안정이 초래될 것이다.

자본 이동과 경제 활동의 국경이 없는 현대사회에서, 기업이든 국가든 더 이상 성장하지 않는다면 조만간 경쟁기업이나 타국가에게 자원과 경제적 기회를 빼앗기고 만다. 성장과 경쟁은 같은 말이며, 비성장은 도태를 의미한다. 이러한 경쟁과 성장의 원리는 우리 사회를 깊게 꿰뚫고, 국가와 기업과 개인을 위만 보고 내달리게 하고 있다. 성장은 자전거와 같아서, 넘어지지 않으려면 달려야 한다.

사회 발전 지표로서의 생산·소득 성장

세계 주요 국가들은 국가의 경제 상태를 평가하는 주요 지표로 소비자물가지수(CPI), 실업률 등과 함께 GDP(국내총생산) 또는 GDP 성장률을 사용한다. 실은 GDP 또는 GDP성장률이 제1 지표이다. 흥미로운 것은 현재 소득의 크기인 GDP보다는 앞으로의 성장 가능성을 보여 주는 GDP성장률을 더 중요한 지표로 사용하는 국가들이 많다는 것이다.

이는 GDP성장률이 경제의 건강 상태를 나타내고 정책 입안자와 투자자들이 경제의 미래 전망을 평가하는 데 유용하기 때문이다. 국가에 따라서는 특정 국가 내에서 일정 기간 동안 생산된 모든 재화와 서비스의 총 가치를 나타내는 국내총생산보다, 특정 국가의 거주자가 일정 기간 동안 벌어들인 모든 소득의 총합을 나타내는 GNI(국민총소득)를 사용하기도 한다.

GDP는 생산, 분배 및 지출 접근법에 따라 측정할 수 있으며, 각 접근법에 따른 경제 활동의 시간차를 고려하지 않는다면 원칙적으로 세 가지 접근법에 따른 GDP는 동일하다. 또한 GNI는 GDP에 국내외 거주자의 소득을 가감함으로써 측정될 수 있다.

■ 국내총생산(GDP)

= 경제 활동별 부가가치의 총합 　　　　　　　　　　　　　　[생산 접근법]

= 임금(노동소득) + 지대(임대료) + 이자(자본이자) + 이윤(기업이익)
　+ (세금-보조금) 　　　　　　　　　　　　　　　　　　　　[분배 접근법]

= 소비(C) + 투자(I) + 정부지출(G) + 순수출(NX: 수출-수입) 　[지출 접근법]

■ 국민총소득(GNI)

= GDP + 국외순취득요소소득(국내 거주자의 해외 소득 - 해외 거주자의 국내 소득)

1934년 러시아 출신의 미국 경제학자 사이먼 쿠즈네츠(Simon Kuznets)는 뉴딜 정책의 성취도를 평가하기 위한 지표를 개발해 달라는 미국 정부의 요청을 받고 일정 기간, 대체로 1년 동안의 경제 총생산량을 국가별로 측정하고 비교할 수 있는 국가회계 시스템을 개발하였다. 그 결과 한 국가의 경제성과 지표로서 GNP(국민총생산)와 GDP가 탄생하였다. 하지만 쿠즈네츠는 그의 보고서에서 GNP나 GDP는 그저 한 나라의 경제적인 성취만을 알려 주는 척도일 뿐, 한 나라의 복지는 절대 측정할 수 없다는 한계를 분명히 밝혔다.

GDP와 GNI는 경제 성장과 발전을 측정하는 데 중요한 지표이지만, 사회 발전 지표로서 많은 한계점을 가진다. 첫째, 경제 성장을 추진하는 과정에서 환경에 미치는 영향이나 자원 고갈, 여러 사회적 부작용과 같은 부정적인 외부 효과는 고려하지 않는다는 것이다. 경제 성과를 측정할 때 이러한 외부 효과들은 부(負)의 생산이나 소득 또는 비용으로 고려되지 않기 때문에, 경제 성장의 수혜자들은 이 외부 효과에 대한 책임을 전혀 지지 않거나 적은 책임만을 지면서 성과를 오롯이 누릴 수 있게 된다. 그리고 그 외부 효과로 인한 피해나 손실을 사회의 다른 구성원에게 전가되거나 사회 전체가 나누어 부담하게 된다.

둘째, GDP와 GNI는 전체적인 경제 규모를 나타내지만, 소득 분배의 불균형을 반영하지 않는다. 예를 들어, 한 나라의 GDP가 높더라도 소수의 부유층이 대부분의 소득을 차지한다면, 일반 국민의 삶의 질은 낮을 수 있다. 물론 소득 분배 불평등을 알기 위해서는 지니 계수나 로렌츠 곡선, 팔머 계수 등 다른 지표를 이용하여야 한다.

셋째, GDP와 GNI는 시장에서 거래되는 재화와 서비스에만 초점을 맞추며, 자원봉사, 가사 노동, 공동생산품의 자가소비 등 비시장 활동은 포함되지 않는다. 이는 바람직한 경제 활동이 그 가치를 평가받지 못하게 하여, 경제 활동 주체 사이 또는 경제 활동의 수요자 사이에서 자원 분배를 왜곡시킬 수 있다.

넷째, GDP와 GNI는 경제적 측면에만 집중하여 사람들의 행복, 건강, 교육 수준 등 사회적 복지나 삶의 질을 반영하지는 못한다. GDP나 GNI 만으로 사회의 발전 정도를 나타내게 되면, 사람들의 행복은 소득 수준으로 등치되거나, 행복은 소득에 따른 결과의 한 부분이거나, 행복은 소득에 의해 결정되는 것으로만 여겨질 수 있다.

GDP나 GNI 등 생산이나 소득 지표가 가지는 이와 같은 한계점은 국가가 경제 성장을 최우선 목표로 추진할 때 실제로 발생하는 부작용이다. 그리고 경제 성장을 최우선하는 정책 결정자나 경제 성장으로부터 많은 이익을 수혜받는 기업이나 자본가들은 이러한 부작용에 대해 국가 경제가 성장하기 위하여 감내하거나 사회가 추가적인 비용을 굳이 들여서 해결하여야 할 문제라고 이야기한다. 그리고 이들에게는 어느 정도의 생산이나 소득이 아니라 생산과 소득의 '무한' 성장 자체가 목표가 되어 버렸다. 달리는 자전거에는 '속도'라는 하나의 계기판만 있다.

무한 성장은 어떻게 가능한가

하나의 기업 수준에서 성장은 주어진 기간(예를 들어 회계연도)의 생산(또는 판매)이 이전 기간보다 늘어나는 것으로, 소비자들이 그 기업의 상품을 더 많이 구입하면 기업의 수익이 늘어난다. 기업 입장에서는 상품을 구입하는 소비자들의 구매력(소득)은 고민할 필요가 없다. 그런데 국가 경제 수준에서의 성장은 생산과 소비 사이에 그 소비를 가능케 하는 소득 과정이 필요하다.

국가 경제 수준에서의 성장은 단순한 생산 또는 판매의 증가가 아니라, 주어진 기간 동안의 생산-소득-소비의 경제 순환 과정이 이전 기간보다 더 자주 또는 더 많이 일어남으로써 가능해진다. 주어진 기간 동안 경제 순환의 주기가 짧아지고 빈도가 늘어나면, 생산 활동도 늘어나고 그에 따라 임금 소득도 늘어나 더 잦은 구매와 소비 활동이 가능해진다. 다시 말해, 경제 성장은 '생산-소득-소비'의 순환 과정을 가속하거나 단축함으로써 가능해진다.

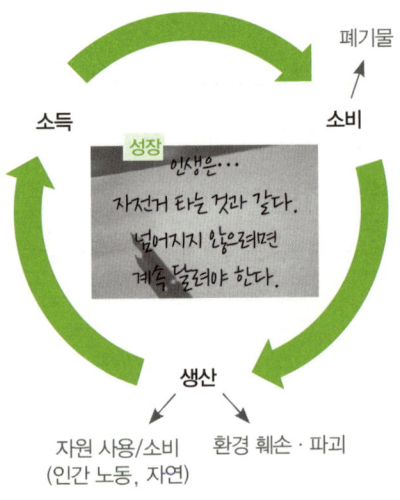

[그림 1] 생산, 소득, 소비의 경제 순환 과정

국가 수준에서의 경제 순환 과정은 개별 경제주체들의 활동의 총합으로 나타나는 것이며, 실제로 경제 성장을 위한 노력은 개별 기업 수준에서 일어난다. 기업은 성장을 위하여 소비자들이 더 많이 더 빨리 소비하도록 만들 유인이 필요하다. 이는 치열한 시장 경쟁에서 살아남기 위한 유일한 생존 방법이기도 하다. 경제인류학자 제이슨 히켈(Jason Hickel)은 『적을수록 풍요롭다(Less Is More)』(2020)에서 자본주의가 무한 성장을 할 수 있게 만드는 주요 장치로 광고와 인위적 희소성, 계획적 진부화를 이야기한다. 그리고 프랑스 경제학자이자 철학자인 세르주 라투슈(Serge Latouche)는 여기에 신용카드를 더한다.

"소비자 자신도 모르는 숨겨진 욕구를 찾아라." 이는 광고 업계에서 널리 알려진 사고와 행동 기준의 하나이다. 20세기 초까지 광고의 역할은 '니즈를 가진' 소비자에게 제품과 브랜드의 '정보를 널리 제공'하는 것이었다. 그런데 프로이드(S. Freud)가 인간의 행동이 종종 무의식적인 욕구와 동기에 의해 좌우된다고 주장하자, 기업의 마케팅 담당자와 광고업계에서는 심리학과 소비자 행동 연구에 관심을 기울이면서 '소비자 자신도 모르는 숨겨진 욕구'에 주목하게 된다.

프로이드의 조카인 에드워드 버네이스(Edward Bernays)는 광고와 홍보 분야에서 그의 이론을 적극적으로 활용하기도 했다. 물론 마케팅 학자들은 이를 소비자의 '겉으로 드러난 욕구'가 아닌 그 밑에 감춰진 본원적인 욕구를 찾아서 해결하는 개념이라고 주장한다. 하지만 실제 기업과 광고기획사는 소비하지 않거나 상품의 필요성을 느끼지 못하는 소비자들이 소비를 하도록 만드는 방법으로서 '숨겨진 욕구'를 찾으려 한다.

TV 광고에는 스타일도 좋고 즐길 줄도 알고 능력도 있어 보이는 젊은이가 나와서 최신 스마트폰을 사용하여 폼나게 업무도 처리하고 브레이크 댄스를 추는 멋진 순간을 사진으로 찍기도 한다. 광고를 보는 사람들로 하여금 그 스마트폰이 있으면 나도 스타일이 좋아지고 능력도 있어 보일 것 같고, 반대로 그러한 스마트폰을 가지지 못하면 자신은 그런 능력이 없는 '루저'가 될 것 같은 생각을 하게 만든다.

몇 년 전부터 '야누스 소비'라는 말이 쓰이기 시작했다. 소비자는 동시에 여러 가지 욕구를 가지고 있어서 이성적으로 소비하기도 하지만 감성적으로 소비하기도 한다는 의미이다. 아르바이트를 하면서 겨우 최저임금을 받는 소비자도, 기본적인 생활을 위해서는 공동구매나 중고용품 구입으로 지출을 줄이고 그렇게 아껴서 모든 돈으로 가끔은 자신이 원하는 프리미엄 명품을 구입한다. 그러면서 이를 "나 자신을 위한 소비"라거나 "나는 그럴 자격이 있다"는 논리로 스스로를 위안한다. 과연 자신의 가장 기본적인 욕구나 미래를 위한 준비를 희생하면서까지 그러한 소비가 가치 있을까? 그리고 자신이 인지하지 못하는 숨겨진 욕구라면, 그것으로 인해 삶의 불편을 느낄까? 굳이 그것을 들추어 자신이 알지 못했던 욕구를 가지고 있음을 알려 주어야 할까?

그런가 하면, 기업들은 이미 충분한 기술과 생산 능력이 있음에도 불구하고, 특정 제품이나 서비스의 공급을 의도적으로 제한하여 제품이나 서비스의 가치를 높이거나 소비자 수요를 증가시키기도 한다. 경제학자들은 이를 '인위적 희소성(artificial scarcity)'이라 한다. 유명 브랜드들이 특정 제품을 한정판으로만 판매하는 것이 예이다. 때로는 경쟁 제한 법률이나 독점가격 체제, 과도한 특허권·저작권 보호가 이러한 인위적 희소성을 조장하기도 한다. 통신서비스나 에너지와 같이 정부의 인허가가 필요한 시장 영역에서, 인허가를 받은 참여 기업들이 독점적인 지위를 이용하여 제품이나 서비스의 가격을 높이고 소비자의 선택을 제한함으로써 인위적 희소성이 만들어질 수 있다.

특정 기술이나 의약품이 특허로 과도하게 보호되면, 그 접근성이 제한되어 공공의 건강이나 복지를 해칠 수 있다. 다라프림(Daraprim)은 에이즈와 기생충 감염 치료에 사용되는 약물로, 2015년 헤지펀드 매니저인 마틴 슈크렐리가 제약회사 튜링(Turing Pharmaceuticals)을 통해 다라프림의 독점 판권을 인수했다. 인수 후 튜링사는 이전 13.5달러였던 다라프림의 가격을 750달러로 인상하였고, 슈크렐리는 이러한 가격 인상이 연구 개발 비용을 보전하기 위한 것이라고 주장하였다. 이에 대해 의료계와 소비자들은 에이즈 환자 및 기생충 감염 환자들에게 필수적인 약물의 가격을 이렇게 크게 인상하는 것은 비윤리적이라고 비판하였다.

국내에서도 비슷한 사례가 있었다. 푸제온(Fuzeon)은 에이즈 치료에 사용되는 항바이러스 약물로, 주로 다른 치료에 반응하지 않는 환자에게 사용된다. 2008년 약가 협상 결렬로 인해 스위스 제약회사 '로슈(Roche)'가 푸제온의 공급을 거부하자, 시민사회단체가 강제실시 등 정부의 강력한 조치를 요구하였다. 강제실시란 공공의 이익을 위하여 특정 조건하에 정부가 특허권자의 동의 없이 해당 특허 기술을 사용할 수 있도록 허가하는 제도이다.

그러나 다음 해 2009년 특허청은 해당 약물의 특허권자가 연구 개발에 투자한 비용과 시간, 그리고 시장의 독점적 지위 등을 고려하여 시민단체가 제기한 푸제온에 대한 강제실시 재정 청구를 기각하였다. 이렇듯 많은 에이즈 치료제가 특정 제약회사의 특허로 보호받으면서 높은 가격을 유지하고 있어, 에이즈 치료제가 절실히 필요한 저소득 국가에서는 치료제에 접근하기 어려운 상황이 발생하고 있다.

　미국의 부동산 브로커였던 버나드 런던(Bernard London)은 1930년대 대공황 시기에 소비자 상품에 법적인 유통기한을 부여함으로써 경기침체를 극복할 수 있다고 주장하였다. 이와 같이 기업이 제품의 수명을 의도적으로 제한하거나 소비자가 더 이상 사용하고 싶지 않도록 설계하는 전략을 '계획적 진부화(planned obsolescence)'라고 한다.

　2017년 애플이 구형 아이폰 모델의 성능을 조절하기 위해 배터리 성능을 제한하는 소프트웨어 업데이트를 실시한 배터리 게이트는 그 대표적인 사례다. 애플은 구형 아이폰의 배터리가 노후화되면서 갑작스럽게 발생할 수 있는 전원 차단을 방지하기 위해 성능을 저하시킬 수 있는 소프트웨어 업데이트를 실시하였다고 변명하였지만, 소비자들은 애플이 이러한 업데이트를 사전에 공지하지 않았고 성능 저하를 숨겼다고 주장했다. 결국 애플은 피해를 주장한 소비자들에게 최대 5억 달러의 배상금을 지불하기로 하였다.

　2001년 미국 캘리포니아주 리버모어시의 한 소방서에서는 전구 탄생 100주년 축하 파티가 열렸다. 전구 '발명' 100주년이 아니고, 그 소방서에 설치되어 있는 전구가 100년째 켜져 있는 것을 축하하는 파티였다. 1881년 에디슨이 만든 인류 최초의 전구 수명은 1,500 시간이었다. 기술의 비약적 진보를 경험한 1920년대 전구의 평균 수명은 2,500 시간에 이르렀다. 그런데 100년이 더 지난 현재 전구의 평균 수명은 1,000시간이 채 되지 않는다. 1940년 듀폰(Dupon)사에서 출시된 스타킹은 올이 풀리지 않고 자동차 한 대를 끌 수 있을 만큼 튼튼했지만,[4] 이후 기업들은 자외선 차단제를 섞어 올이 나가는 시간을 조절하여 지금처럼 쉽게 올이 나가는 스타킹만 남게 되었다.

　제품을 설계하고 제조할 때 제품의 특정 부분이 고장나면 개별 부품 대신 제품 전체 또는 모듈을 교환하도록 만드는 제품 설계도 계획적 진부화의 한 방식이다. 한 제품에 필요한 부품마다 수명이 다르다면 제품의 수명은 가장 수명이 짧은 부품에 의해 결정될 것이며, 그마저도 그 부품이 수명이 다하기 전에 고장 난다면 제품 전체를 폐기하거나 문제없는 부품까지 들어 있는 해당 모듈을 통째로 교체하여야 한다. 물론 이는 기업 입장에서 가장 비용이 적게 들어가면서 또한 매출을 늘릴 수 있는 좋은 방법이다.

　정상적인 경제 순환 과정이라면 [그림 1]과 같이, 소비자는 생산 과정에 참여하고 그로부터 얻은 소득으로 필요한 소비를 할 것이다. 그런데 신용카드는 이 순환 과정의 순서를 바꾸어 놓는다. 소득이 생기기 전에도 소비를 할 수 있게 된 것이다. 지금은 스마트폰 속으로 사라진 신용카드가 처음 선을 보인 것은 1950년 뉴욕의 한 레스토랑에서 식사를 하는 사람들이 현찰 대신 사용할 수 있는 레스토랑 전용 카드로 만들어진 '다이너스 클럽 카드(Diner's club card)'이다. 이때는 '현찰을 소지하지 않고' 사용할 수 있는 편리한 지불수단 정도의 개념이었으나, 이후 신용카드사에서 재산이나 확실한 수입원이 있는 사람에게 당장 현금이 없어도 미리 결제할 수 있도록 '신용'을 주는 개념으로 확대되었다. 지금 당장 사용할 수 있는 현금이 없어도 신용카드가 있으면, 자신도 모르는 숨겨진 욕구를 실현하고 구입한 지 얼마 되지 않아 아직 충분히 사용할 수 있는 제품을 최신 제품으로 교체할 수도 있다.

　일부는 자본주의 경제의 성장은 이 같은 인위적 장치를 통해서가 아니라, 혁신을 통해서 이루어진 것이라 반론할 것이다. 혁신은 계속 있어 왔으며, 오히려 혁신이 없었다면 성장이 아니라 쇠퇴의 과정을 밟았을 것이라고 말이다. 하지만 모든 경제 성장이 혁신에 의해서 이루어진 것은 아니다. 또한 혁신조차도 광고나 인위적희소성과 같은 장치가 함께 작동하는 경우가 대부분이다.

예를 들어 스마트폰 제조사는 새로운 기능과 향상된 성능을 갖춘 새로운 제품을 출시할 때, 한편으로는 화려한 광고를 통하여 새로운 제품을 소유하고자 하는 욕구를 느끼게 만들면서 다른 한편으로는 초기 수요를 충족시키기에 부족한 양만을 생산함으로써 제품의 희소성을 높여 제품에 대한 소유 욕구를 증폭시킨다. 여기에 기존 제품에 대한 계획적 진부화 장치가 결합된다면, 새로운 제품에 대한 대량 수요도 원활하게 창출될 수 있을 것이다. 새로운 제품이 소비자의 생활을 크게 바꾸어 실제로 생활의 편익이나 질이 크게 향상되었는지는 전혀 중요하지 않다. 소비자가 혁신된 제품을 소유하고 싶다고 만드는 것이 중요하다.

이처럼 자본주의 경제 체제는 생산-소득-소비의 순환 과정을 가속화하거나 단축함으로써 생산과 소비를 늘려 끝없이 경제 성장을 이어가도록 하는 여러 장치를 갖추고 있다.

영원한 성장은 없다, 경제 성장의 한계

상식적으로 생각해도 영원한 경제 성장은 불가능할 것이다. 그런데 아무도 영원한 경제 성장이 가능할까에 대해 의문을 품거나 제기하지 않는다. 아니면 그러한 말이나 생각이 금기시될 수도 있겠다. 하지만 우리의 논의를 위하여 영원한 경제 성장이 불가능한 이유, 바꿔 말하자면 지속적으로 경제 성장을 추구하였을 때 맞이하게 되는 바람직하지 않은 결과들에 대해 이야기해 보아야 한다. 먼저 경제 성장 메커니즘의 외부에서 발생하는 제약 요인들—자원의 한계와 성장의 외부비용, 환경 영향—을 생각해 보자.

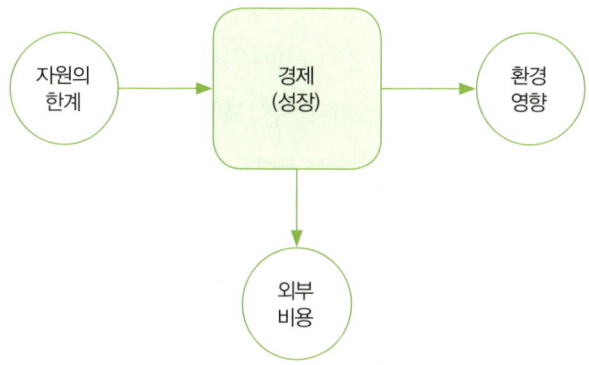

[그림 2] 경제 성장의 외부적 한계

첫 번째 제약 요인은 자원의 한계, 특히 자연자원의 한계이다. 석탄, 석유, 천연가스와 같은 화석 연료는 죽은 유기체가 수백만 년 동안 열과 압력을 받아 형성되며, 다른 광물자원도 형성되는 데 수백만 년 이상의 시간이 소요된다. 결국 한번 채굴되면 인류의 시간 속에서는 재생 불가능하다. 지하자원보다 더 빠르게 고갈이 예상되는 자연자원 중 하나는 지하수이다. 수산자원도 남획과 기후변화로 인해 급격히 감소하고 있다. 예를 들어, 명태와 같은 일부 어종은 이미 상업적 멸종 상태에 이르렀으며, 주요 어종의 생산량도 크게 줄어들고 있다.

물론 모든 자연자원이 다 고갈의 위기에 있지는 않으며, 또 고갈되더라도 발전된 과학기술은 그 자원을 대체할 새로운 자원을 발견하거나 발명할 수도 있다. 그럼에도 불구하고 자원의 한계는 마치 둘레의 높이가 고르지 않은 용기에서 가장 낮은 쪽으로 물이 흘러 나가듯이, 인간의 경제 활동에 대체 불가능하고 필수적이면서 빠르게 고갈되는 자원에서부터 시작될 것이다.

두 번째 제약 요인은 성장의 외부비용이다. 경제가 성장하고 소득이 늘어나면서 사람들은 삶의 질이나 사회 전반의 복지, 자연생태계와의 조화된 삶의 방식도 기대하지만, 사람들의 기대와 달리 성장 중심의 경제 체제로 인한 부작용인 외부비용 또한 발생할 수 있다. 크게 보자면 세 번째 제약 요인인 환경영향도 외부비용의 하나이다. 성장의 외부비용 자체도 문제이지만, 그 외부비용이 그에 대해 책임이 있는 이들보다는 그렇지 않은 이들에게 불공평하게 또는 더 많이 분배되는 사회경제 구조도 큰 문제이다.

성장에 따른 외부비용이 크지 않은 경우에는 사람들이 그냥 감내하기도 하겠지만, 어느 정도 이상 커진다면 결국 그것의 해소를 요구하고 그 결과 사회 자원이 또다시 쓰이게 된다. 그 결과 성장의 효과와 사회 전체의 효용은 그만큼 감소한다. 만약, 성장의 외부비용이 성장 속도보다 빠르게 증가한다면, 경제 발전 지표로 GDP 대신 외부비용을 모두 고려하는(내부화하는) 지표를 사용할 경우 경제 성장 속도는 상당히 낮아지거나 경우에 따라서는 역성장하는 결과가 나올 수도 있을 것이다.

세 번째 제약 요인은 환경영향이다. 일부에서는 경제 성장이 환경에 미치는 영향과 관련하여, 경제 성장이 고도화되면 환경영향이 개선된다고 주장하기도 한다. 1990년대 초반 그로스만(Gene Grossman)과 크루거(Alan Krueger) 등의 신고전파 경제학자들은 경제 성장의 초기 단계에서는 대부분의 국가에서 환경오염이 심해지지만 국민 소득이 높아짐에 따라 일정한 소득 수준을 넘어서게 되면서 환경오염이 다시 감소한다고 주장하고, 이 역(逆)U자 형태의 관계를 '환경 쿠즈네츠 곡선(Environmental Kuznets Curve)'이라 명명하였다. 하지만 이러한 연구에 대해서는 오염 물질이나 연구 방법에 따라 연구 결과의 일관성이 부족하고, 또 일부 연구에서는 일정 소득 수준 이상부터 환경오염이 감소하다가 궁극적으로는 환경오염이 다시 증가하는 N자형 곡선이 관찰되기도 한다는 비판이 있다.

그보다 우리가 환경영향으로 의미하는 바는, 특정 물질에 의한 환경오염뿐만 아니라, 온실가스에 의한 지구온난화와 자원 개발에 따른 환경 훼손, 1장에서 언급한 지구위험한계선상의 여러 가지 위험 요인들을 포괄하는 광의의 개념이다. 그리고 이미 1장에서 이야기한 바와 같이 거의 모든 분야에서 인간의 활동(경제 성장)으로 인해 환경이 심각한 영향을 받고 있으며, 일부 분야에서는 돌이킬 수 없는 수준에 이르고 있음을 확인하였다.

이 장에서는 성장의 한계로서 첫 번째 요인인 자원의 고갈과 두 번째 요인인 외부비용을 중심으로 살펴보고자 한다.

고갈되는 자원, 갈라진 거위의 배

자원의 한계는 자원의 사용량이 증가하는 속도와 자원의 공급 가능성, 그리고 사용된 이후의 자원, 즉 폐기물을 처리할 수 있는 능력의 한계에 의해 결정된다. 자원에 대한 수요는 인구 및 경제의 성장 속도, 기술 발전, 기후 등의 환경 변화와 자원 정책 등에 의해 결정될 것이다. 특히 경제 성장이나 기술발전에 필수적인 자원에 대한 수요는 상당히 빠르게 증가할 것이다. [그림 3]은 저소득/중하위소득/중상위소득/고소득 국가들의 1인당 자원 사용량을 보여 준다. 2000년과 2017년 사이에 특히 경제 성장 속도가 빨랐던 중상위소득 국가들의 경우, 자원의 사용량도 매우 크게 증가하였음을 볼 수 있다.

소득이 증가함에 따라 자원 사용량도 증가한다. 하지만 이 관계는 선형적인 비례 관계에 있지는 않다. 고소득 국가의 경우 단위질량당 교환가치가 높은 자원의 이용이 늘어나거나, 기술 발전으로 자원 효율성이 커져서 동일한 자원으로 더 많은 가치를 생산할 수 있게 되거나, 생산에 자원 이외의 기술 등 서비스 요소의 투입이 늘어남에 따라 소득 대비 자원 사용량은 적어지기도 한다. 또한 경제가 성장할수록 기술 혁신과 서비스 부분의 비중이 확대되면서, 소득 대비 자원 사용은 감소되는 경향을 보인다.[2] 로그 함수 곡선의 형태를 보이는 [그림 4]의 추세선이 이를 설명한다.

---

[2] 소득 대비 자원 사용의 감소이지, 절대적인 자원 사용량의 감소를 의미하는 것은 아니다.

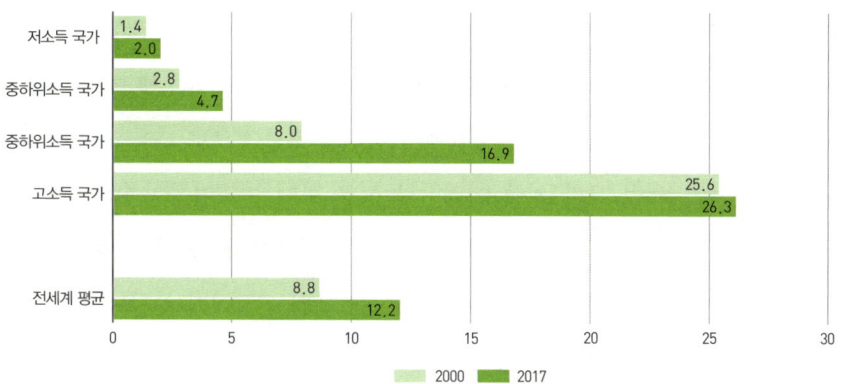

[그림 3] 1인당 물질 발자국[3], 2000년 및 2017년(미터톤/1인당)[5]

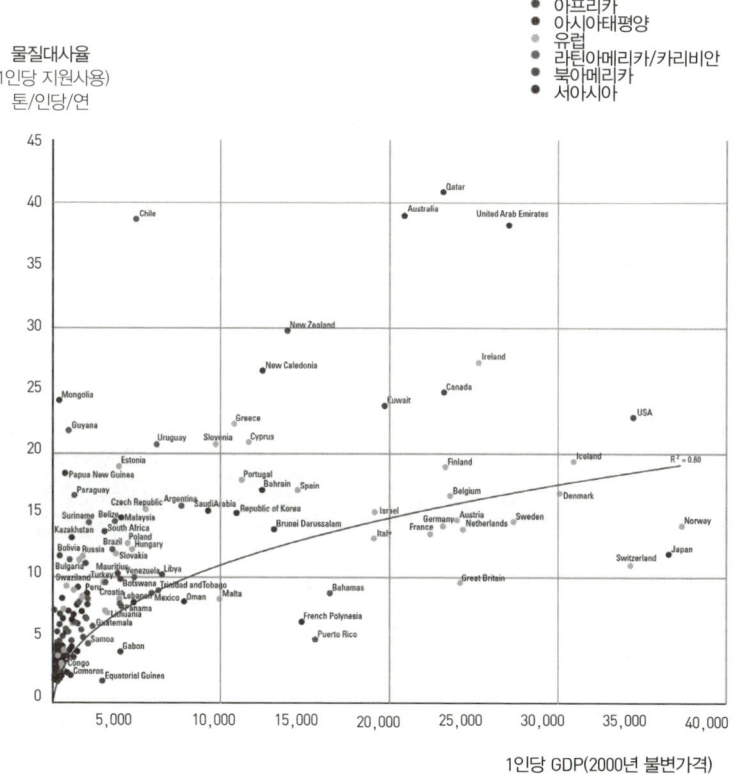

[그림 4] 자원 사용과 소득 사이의 관계(175개국, 2000년)[6]

3 물질 발자국(material footprint)은 개인이나 국가가 소비하는 자원의 양을 측정하는 지표로, 주로 천연 자원의 사용량을 나타낸다.

또한 자원 사용은 개별 국가의 인구와 자원 생산 등 여러 특성 요인에 따라 달라지기도 한다. 자체 생산되는 자원이 적고 국토에 비해 인구가 많은 국가들은 제한된 공간에서 자원을 효율적으로 사용하는 경향이 있다. 유럽 국가들 중 이러한 특성을 보이는 국가들이 많으며, 이들 국가는 [그림 4]에서 추세선 아래쪽에 위치한다. 반대로 자원의 생산이 많거나 국토에 비해 인구가 적어서 자원 인프라가 분산되어 있는 나라들은, 상대적으로 1인당 자원의 사용이 많다. 이러한 나라들은 [그림 4]에서 추세선 위쪽에 위치한다.

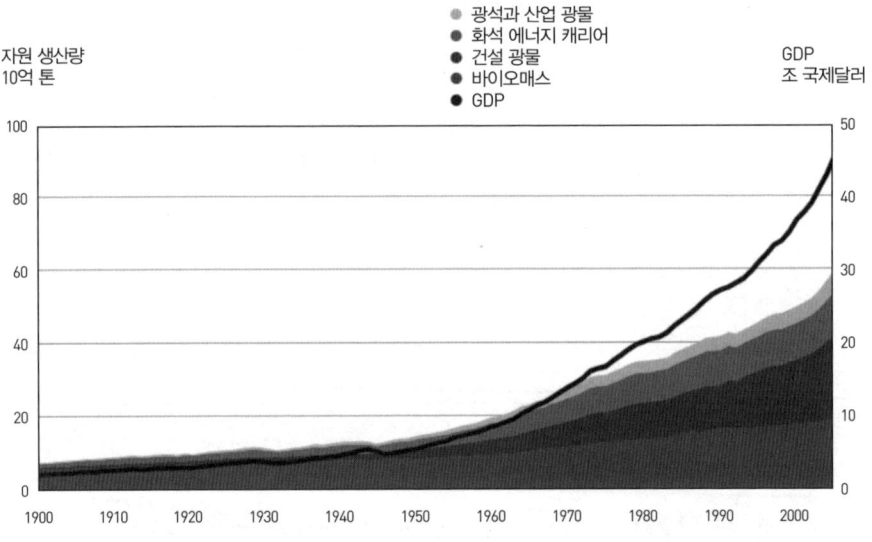

[그림 5] 전 세계 자원 생산량(1900~2005)[7]

각 국가의 환경과 특성, 기술 혁신 및 서비스 부문의 확대 등 국가별로 자원 사용의 정도에는 많은 차이가 있을 수 있지만, 경제가 성장함에 따라 자원 사용량이 늘어나는 것은 분명하다. 또한 전 세계 자원 사용량은 지속적으로 그리고 2000년대 이후에는 급격하게 늘어나고 있다. 1900년 이후 20세기 동안 GDP는 23배 증가하였는데, 총 자원 채굴은 약 8배 증가하였다. 1970년에 220억 톤이었던 전 세계 1차 자원 채굴량은 2010년에 700억 톤으로 3배 이상 증가하였다.[8] 유엔환경계획(UNEP) 산하의 국제자원패널(International Resource Panel)은 현재의 추세대로 가면, 2060년의 자원 생산량은 2020년의 1,000억 톤에 비해 60% 늘어나 1,600억 톤이 될 것으로 예측하였다.[9] 전 세계 인구가 2020년의 78.4억 명에서 2060년에는 97억 명(추정)으로 약 23.7% 증가하는 것에 비해 자원 생산량은 훨씬 빠르게 증가함을 볼 수 있다.

공급 가능한 자원의 양은 여러 가지 요인에 의해 결정된다. 흔히 자원량은 지질학적으로 존재하는 모든 자원(부존량 또는 탐사 자원량) 중에서 기술적으로 추출 가능한 양을 의미하며, 이 중에서도 현재의 기술과 경제적 조건에서 추출 가능한 자원의 양을 경제적 가채량 또는 확인 매장량(Reserves)이라 한다. 자연자원의 공급은 지질학적, 기술적, 경제적 요인 외에도 사회정치적 요인이나 환경적 요인에 의해서도 결정된다. 또한 한정된 자연자원을 둘러싸고 기업이나 국가들이 자원 경쟁에 뛰어들어 자원을 무기화함에 따라, 자원의 공급 가능성은 국가별로도 크게 달라진다.

인류의 경제 활동에 중요한 자원의 가용연수는 자원에 따라 많은 차이가 있고, 이 중 가용연수가 작은 자원, 즉 가장 빠르게 고갈이 예상되는 자원에서 의해 경제 활동 또는 경제 성장은 제약을 받게 될 것이다. 현재 짧은 시간에 고갈이 예상되는 주요 자원으로는 석유나 천연가스 등의 화석 연료와 희토류, 물(지하수) 등이 있다.

브리티시 페트롤리엄(BP)의 조사보고서 「Statistical Review of World Energy 2021」에 따르면, 2020년 말 기준 석유의 채굴 가능 기간[4]은 약 53.5년, 천연가스는 약 48.2년, 석탄은 약 139년이다. 또 재생 가능 에너지 전환에 중요한 자원인 코발트, 리튬, 희토류의 채굴가능 기간은 각각 약 54년, 220년, 464년이나, 이는 2020년의 생산량 기준으로 산정된 채굴 가능 기간이며 향후 사용량 증가에 따라 채굴 가능 기간은 이보다 훨씬 더 짧아질 수 있다. IEA의 연구보고서는 탄소중립 시나리오하에서 청정에너지 전환의 핵심 광물인 리튬, 니켈, 코발트, 구리, 흑연, 희토류에 대한 수요가 2040년에는 2024년 대비 거의 4배 증가하고, 이 중 리튬 수요가 가장 빠르게 증가하여 2040년까지 9배 증가할 것으로 예상하였다.[10]

자원 고갈 시 인류가 대처할 수 있는 방법은 새로운 광상[5]을 발견하거나, 추출 기술을 발전시키거나, 대체 자원을 개발하는 것이다. 하지만 이러한 대체 방법들은 자원 사용의 증가와 고갈 속도를 충분히 보완할 만큼 효과적이지는 못하다.

무엇보다 인간 생활에 필수적인 물 자원의 고갈은 심각한 문제를 낳을 수 있다. 지구상 물의 대부분(97.5%)은 바다에 있으며, 육지에 있는 담수의 70%도 빙산이나 빙하로 존재한다. 나머지 담수의 대부분

4　R/P(Reserves-to-production) ratio. 즉, 현재의 확인매장량을 연간 생산량으로 나눈 값.
5　광상(鑛床)은 유용한 광물이 지각 내의 평균적인 함량보다 높은 비율로 모여 있는 곳으로, 경제적 가치가 있는 광물이 집중적으로 분포하는 지역을 의미한다.

(담수의 약 30%, 전체 물의 0.79%)은 지하수이며, 강이나 호수에 있는 지표수는 전체 물의 약 0.0072%에 불과하다.[11] 지하수는 주로 대수층[6]에 저장되어 있거나 대수층 속에서 흐른다. 그런데 세계 주요 대수층의 절반 이상이 보충되는 속도보다 고갈되는 속도가 빠르게 진행되고 있으며, 전문가들은 대수층이 다시 차오르기까지 수천 년이 걸릴 것으로 예측하고 있다.[12]

특히 미국, 인도, 사우디아라비아 등에서 심각한 고갈 문제가 발생하고 있다. 인도의 곡창지대인 펀자브 주는 10년 전 9~12m였던 지하수 깊이가 18~21m로 약 두 배가량 더 깊어졌다.[13] 대수층이 고갈되면 지하수면 하강으로 인한 토양압축으로 지반이 침하할 수 있으며, 남은 물의 염분화와 오염물질 농도 증가로 수질이 저하되며, 특히 해안 지역에서는 바닷물이 지하수로 스며들어 담수 사용이 불가능해질 수 있다. 이로 인해, 관개용 물 부족으로 농작물 생산량이 줄어들고, 가정용·농업용·산업용 물 공급에 차질이 생기며, 물 자원을 둘러싼 지역 간 또는 국가 간 갈등이 심화될 수 있다.

실제로 세계 대부분의 지역에서 한정된 물 자원을 두고 지역 개발 및 기후변화 등의 요인이 겹치면서 심각한 물 분쟁이 지속적으로 발생하고 있다. 물 부족으로 인한 가장 심각한 문제는 위생 상태에 대한 영향과 그로 인한 질병 감염의 증가 등 건강 문제이다. 세계 여러 나라에서 물 부족 문제 해결을 위하여 해수담수화 등 다양한 방법을 찾고 있

---

6 대수층은 지하수를 저장하고 전달할 수 있는 지질 구조로, 이는 주로 모래, 자갈 또는 균열된 암석과 같은 투과성 물질로 구성되어 있어 물이 구멍이나 균열을 통해 흐를 수 있다.

지만, 해수담수화의 경우 매우 많은 비용이 들 뿐만 아니라 상당한 에너지 사용으로 또 다른 온실가스 배출 문제를 야기할 수 있다.

자원 고갈에 따른 자원 부족 문제의 해결 방법을 심해광물이나 우주자원 개발에서 찾을 수 있다는 의견도 있다. 심해에는 리튬과 니켈을 비롯한 희토류, 코발트 등 신산업에 필요한 주요 광물이 대량으로 묻혀 있으며, 해저 광물 매장량은 8조 달러에서 16조 달러 이상의 가치가 있는 것으로 추정된다.[14] 심해해저는 1982년 채택된 유엔해양법협약(UNCLOS)에 의해 특정 국가나 개인에게 속하지 않고 인류 공동의 유산으로 간주되어, 이곳에서의 상업적 목적 채굴은 금지되어 있다.

하지만 심해광물 개발을 찬성하는 이들은 전 세계가 목표로 하는 탈탄소 전환을 위해서는, 리튬과 니켈, 희토류 등 심해광물 개발이 필수적이라고 주장한다. 문제는 심해광물 개발 시 해양생태계에 돌이킬 수 없는 파괴적 영향을 일으킬 수 있으며, 심해광물을 개발하기 위한 기술 및 경제적 능력을 갖추지 못한 국가들은 또다시 자원 불평등 상황에 처하게 된다는 것이다. 우주자원 개발에도 동일한 문제가 존재한다.

쓰레기를 포함하여 사용한 후 폐기되는 자원을 처리하는 것은 필요한 자원을 채굴하는 것 이상으로 지구 환경에 부담이 된다. 모든 자원은 일정한 수명을 지나면 폐기된다. 여러 가지 자원이 복합되어 만들어진 제품은 그중 가장 수명이 짧은 부품이나 소재에 따라 수명이 충분히 남은 나머지 부분까지 한꺼번에 폐기된다. 그뿐만 아니라 기업들은 잦은 설계나 모델 변경을 통해 소비자들이 수명이 충분히 남은 제품도 새 제품으로 빠르게 교체하도록 만들고, 소매상이나 소비자들은 편의성을 위해 일회용품이나 과도한 포장재를 사용한다.

그리고 판매되지 않는 제품이나 음식 중 대부분은 그대로 버려진다. 사람들이 빨리 버리고 더 많이 쓸수록 경제 생산은 증가하기 때문에, 경제가 성장할수록 자원 폐기량은 늘어난다. 쓰레기나 폐기물의 대부분은 소각이나 분해 처리가 되지 않아 매립하여야 하는데, 이를 위해 국토라는 '자원'이 필요하며 이는 또한 중요한 환경 문제가 되고 있다. 게다가 바다에 버려진 어업폐기물이나 선박폐기물과 비정상적인 경로로 버려져 바다로 흘러 든 플라스틱 쓰레기들은 해류를 따라 떠돌면서, 바다 위에서 쓰레기섬을 이룬다.

미국 캘리포니아와 하와이 사이의 태평양에는 한반도 면적의 약 16배 넓이의 거대한 쓰레기섬(Great Pacific Garbage Patch, GPGP)이 만들어져 지속적으로 커지고 있다. 연구에 의하면, 태평양 쓰레기섬 쓰레기의 92%가 주요 6개국—일본(34%), 중국(32%), 한국(10%), 미국(7%), 타이완(6%), 캐나다(4.7%)—에서 생성되었다.[15] 한국이나 호주 등 일부 국가들은 국내에서 생산된 산업폐기물을 동남아시아 등지의 저소득국가로 수출하였는데, 일부 국가들이 쓰레기 수입을 금지하여 수출된 쓰레기가 되돌아오기도 하였다.[16]

생산과 소비를 위한 자원의 사용은 단지 자원의 고갈뿐만 아니라, 자원 채굴 과정에서의 환경 훼손, 생산과 소비 과정에서의 온실가스 배출, 사용 후 배출된 폐기물에 따른 처리 비용 및 환경오염 등 전 주기적인 문제를 야기한다. 이 같은 전 주기적 문제를 해결하는 방법 중 하나가 순환경제이다. 순환경제는 공유, 임대, 재사용, 수리, 개조 및 재활용을 통해 제품과 자원의 수명을 최대한 연장하고 폐기물을 최소화하는 것을 목표로 한다. 하지만, 순환경제의 확대는 생산-소득-소비라는 경제 순환을 통하여 성장을 지향하는 주류 경제의 패러다임에서는 성장의 한계로 작용할 수 있다.

지구상의 자원이 고갈되더라도, 기술을 통해 대체물질을 개발하거나 심해나 우주로부터 자원을 개발하는 것도 대안이 될 수 있을 것이다. 아이러니하게도 이러한 방법으로 자원을 개발하면 거기에 투자된 엄청난 비용으로 인해 경제가 성장할 수 있게 된다. 대체 자원이 동일한 사용가치를 지니더라도 교환가치가 말도 되지 않게 높아진다면, 거래금액이 증가하는 만큼 경제가 더 성장하는 것이다.

하지만 그러한 대체 자원을 이용할 수 있는 사람은 그만한 경제적 능력이 되는 소수에 한정될 것이다. 때문에 대부분의 사람들은 자원을 고갈시키면서 이루는 경제 성장을 바라지 않겠지만, 자원이 고갈되더라도 경제 성장 결과와 대체 자원의 혜택을 누릴 수 있는 소수의 사람들은 이러한 경제 성장을 또 다른 기회로 여길 수도 있을 것이다.

성장의 외부비용, 빛이 강할수록 짙어지는 그림자

성장의 외부비용(또는 외부효과)은 경제 성장이나 개발 과정에서 발생하지만, 그 비용이 시장 거래 가격에 반영되지 않고 해당 시장 거래에 참여하거나 그로부터 수혜를 입지 않는 사람이나 집단 또는 사회 전체에 미치는 부정적인 영향을 의미한다. 외부비용은 시장 거래 가격에 포함되지 않아 자원의 과다 배분을 초래하거나 시장기구를 통한 효율적인 자원 배분을 왜곡하여 시장실패를 야기할 수도 있다. 성장의 외부비용은 이미 산업화의 부작용 등 우리 사회에서도 오랫동안 논의되어 온 문제들이다. 이 중 국토의 불균형 발전과 교육비용 부담, 현대적 질병과 사회적 재해, 정신질환 및 스트레스, 가족 기능의 약화 등 몇 가지에 대해 살펴보자.

환경 비용	자원고갈(지하자원, 토지, 물, 숲)	
	환경 파괴(공해, 쓰레기, 대기·토양·해양 오염)	
사회적 비용	사회 양극화(불공정한 소득분배, 사회적 배제, 사회 갈등)	
	국토의 불균형 발전(지방·농촌 소멸, 도시주택비용 증가)	
	과도한 경쟁(능력주의)으로 인한 **교육비용 부담**	빈도·정도·속도 증가
	교육의 사회적 기능 상실(교육 기회의 불균등 심화, 사회의 공통가치 공유기능 저하)	
건강 비용	사업재해, 교통사고, 제조자과실에 의한 **소비자 피해**	외부비용의 불공정한 분배
	현대적(산업화) 질병 증가(비만, 당뇨, 성인병, 호흡기질환, 불임·난임, 알레르기, VDT증후군)	
	정신질환, 스트레스, 소진	
개인·가족 비용	삶의 질 저하(노동시간 증가, 교통시간 증가)	
	노령인구의 강제 (정년)퇴직으로 인한 **노인빈곤**	
	가족 기능 약화(저출산, 양육부담, 가족관계 약화/단절)	

[그림 6] 성장의 외부비용

대부분의 산업국가에서는 경제 발전과 함께 인구와 경제 활동의 상당 부분이 대도시에 집중되고 있다. 인구와 경제 활동을 대도시로 집중시키는 요인은 경제적 기회, 교육 및 의료 서비스, 인프라 및 편의시설, 사회적 네트워크 등이다. 대도시는 인구 집중에 따라 주택가격이 급증하고 교통난도 심화된다. 지방과 농촌의 인구가 대도시로 유입되어 대도시 곳곳에 빈민가를 형성하고, 이와 함께 기존에 도시의 중심 지역에 거주하던 사람이 떠나면서 도심이 슬럼화 또는 공동화되는 현상이 나타나기도 한다.

도시에 거주하던 사람들 중 일부가 대도시 외곽으로 이동하면서 도시의 경계가 넓어지는 도시확장(urban sprawl) 현상이 나타나고, 이에 따라 자동차 사용이 늘어나고 출퇴근 시간이 길어져 삶의 질이 저하되는 악순환이 일어난다. 인구와 경제 활동이 대도시로 집중되면서 농촌과 지방은 소멸의 위기를 겪고 전통 사회는 해체된다. 인구 감소와 경제 활동 위축, 경제 기반 약화로 소멸 위기에 봉착한 지방의 도시들은 지역 경제를 활성화하기 위한 다양한 시도를 하고 있지만, 추세를 반전시키기는 무척 어려운 상황이다.

교육비 부담은 성장을 위한 경쟁이 개인 수준에서 나타난 능력주의 사고의 결과이며, 소득 분배 불평등의 증가와 질 좋은 일자리의 감소로 인해 증폭되고 있다. 고성장기에는 개인의 능력이 사회적 성공으로 이어진다는 믿음이 있었지만, 고성장이 끝나면서 개인의 '능력'이나 그 능력을 갖추기 위한 '노력'보다 능력을 갖출 수 있는 '조건'이 더 중요해졌다. 사회적 성공의 기준이 점점 더 높아지고 경쟁이 치열해짐에 따라, '조건'의 비용은 그보다 더 빨리 늘어난다.

그 조건은 공교육으로는 충족되지 않으며, 사교육에 대한 수요를 폭발시켰다. 자녀의 대학 진학을 위해 사교육에 많은 투자를 하는 현상은 한국뿐 아니라 미국, 중국, 일본 등에서도 나타나고 있다. 각국의 사교육 시장 규모는 2021~2023년 GDP 대비 0.4~1.2% 정도로 추정되고 있지만, 상당한 부분이 통계에 포착되지 않는 점을 감안하면 이보다 훨씬 더 큰 규모일 것으로 짐작된다.

사교육비의 증가는 단순히 가계경제에 부담을 주는 것 이상의 문제를 초래한다. 학부모들은 자녀를 위해 가계에 상당한 부담이 되는 투자를 하지만, 이 투자의 대부분은 대학 진학과 취업의 문턱에 걸려 실질적인 교육 효과와 미래 직업 능력으로 이어지지 못하고 결국 막대한 사회적 낭비로 귀결된다. 고소득 가구는 더 많은 사교육을 받을 수 있어 교육 기회가 불평등하게 분배되며, 이는 결국 교육 수준의 양극화를 초래하고 사회적 이동성을 저해한다. 또 교육비 부담은 자녀 양육에 대한 부담으로 이어져 결혼 기피나 저출산의 원인이 되기도 한다.

의학기술의 발전으로 질병 예방, 진단, 치료가 획기적으로 개선되었지만, 산업사회에서의 생활습관과 환경, 심리적 요인의 변화는 새로운 신체적 질병을 증가시켰다. 비만, 당뇨병, 심혈관 질환, 암, 호흡기 질환, 소화기 질환, 면역계 질환, 알레르기, 불임·난임 등 현대인에게 많이 나타나는 질병에는 잘못된 식습관과 생활방식, 환경적 요인(대기오염, 화학물질 노출, 감염 등)이 큰 영향을 미친다. 잘못된 식습관도 대개의 경우 건강한 음식을 준비하거나 운동할 수 있는 시간이 부족한 생활 조건이나 불규칙한 생활 방식, 그리고 대량 생산되는 고지방·고칼로리·가공 음식에 대한 용이한 접근과 같은 환경요인에 의해 형성된다.

현대 산업사회에서 사회경제적 불안 또는 박탈, 경쟁과 학업·업무 부담, 가족 해체나 고립, 사회적 갈등을 경험하는 사람들 중 상당수는 스트레스나 불안, 우울을 겪게 된다. 이러한 스트레스와 불안, 우울이 심화될 경우 그 자체가 질병이 되기도 하고, 심한 경우에는 불안장애나 우울장애 등의 심각한 정신 질병으로 악화되거나 면역력 저하, 심혈관 질환, 소화계 문제, 호르몬 변화 등 신체적 질병을 일으키거나 영향을 미칠 수 있다.

신체적 질병이나 정신적 문제·질병 외에도 교통사고나 산업재해, 제조물에 의한 소비자 피해와 같은 사회적 재해도 증가하고 있다. 2022년 한국에서 도로 교통사고로 인한 사회적 비용은 26조 2,833억 원으로 이는 국내총생산의 1.2%에 해당한다.[17] 급발진 자동차와 같은 제조물(의 결함)에 의한 소비자 피해는 법률적 장벽으로 인해, 제조자들의 책임은 경미한 반면 소비자는 제대로 보호받지 못한다.

국제보건기구(WHO)는 우한에서 발생한 코로나바이러스의 확산이 동물에서 비롯된 것으로 보고 있다.[18] 인간의 (야생 생물) 서식지 침식이나 대규모 축산과 같은 기업형 농업 시스템 확산은 바이러스가 동물에서 인간으로 더 쉽게 전파될 수 있는 환경을 조성하였으며, 항공과 항해로를 통한 지구 경제의 상호 연결성은 감염병의 빠른 전파 속도와 광범위한 영향력을 만들어 낸 힘이었다.[19] 상호 연결성이 팬데믹에 미친 영향은 코로나19 팬데믹 당시 도시와 농촌 지역에서의 감염률 차이로 확인할 수 있다.[7] 또한 일부 국가에서는 감염률과 사망률이 여전히 높음에도 불구하고 경제적 피해를 최소화하기 위해, 즉 경제 성장을 끊임없이 지속하기 위해, 조기에 방역 조치를 완화하는 움직임을 보여 비판을 받기도 했다.

산업화에 따라 경제적 생산과 사회화 등 가족의 주요한 기능이 외부 기관으로 이전되고, 가족 유지의 필요조건인 고용·양육·교육·주거와 관련한 경제적 불안과 부담이 커지면서, 가족의 기능이 약화되거나 변화되고 있다. 생산 수단이나 생산 능력은 더 이상 가족을 통해 전승되지 않으며, 빠른 사회 변화와 기술 발전으로 사회화에 있어서 이전 세대의 권위는 약화되거나 상실되었다. 가족구성원 각각은 노동시장을 따라 이동하고, 대가족 구조는 더 이상 유지하기 어려워졌으며 핵가족을 넘어 1인 가구가 증가하고 있다.

일자리와 소득에 대한 불안과 교육비나 주거비의 경제적 부담은 자녀 양육에 대한 부담을 증가시켰다. 사람들은 미디어를 통해 갈수록 높아지는 소비자 표준에 끊임없이 노출되지만, 이를 충족시키지 못하는 가계의 경제 능력은 (특히, 청소년의) 좌절이나 일탈의 한 원인이 되기도 한다. 인간의 평균수명은 늘어났지만 노년의 경제 및 건강상의 불안은 또 새로운 문제가 되고 있다.

이와 같은 가족 기능의 변화 또는 약화는 저출산과 비혼, 노인 빈곤, 가족 갈등이나 해체와 같은 문제로 이어지고, 가족 구성원들의 삶

---

[7] 중세 유럽에서 페스트가 확산된 주요 원인도 도시화와 인구 증가, 항해 기술 발전으로 인한 교역 증가, 열악한 위생 상태, 의학 지식의 부족 등이었다.

의 질을 떨어뜨리게 된다. 흔히, 가족 기능 약화의 원인으로 개인주의를 지목하는데, 개인주의는 사회적 삶의 구조와 방식이 변화한 결과이지 개인주의로 인해 사람들의 가치관이나 삶의 방식이 변화한 것이 아니다.

위에서 제시한 여러 성장의 외부비용에 대해, 성장과의 인과성이 거의 없다거나 현대사회에서 나타날 수 있는 병리 현상일 뿐 경제 성장으로 인한 것이 아니라는 등의 여러 가지 반론이 있을 수 있다. 이러한 문제들을 경제 성장의 외부비용이라고 규정하는 데는, 무엇을 외부비용으로 볼 것인지에 대한 기준, 경제 성장과 외부비용 사이의 인과성의 정도와 경제 성장 이외 다른 요인의 영향, 외부비용을 수량화하여 측정하는 방법 등 여러 가지 문제가 있다. 그래서 많은 문제들을 그저 현대사회에서 나타나는 여러 병리 현상으로 여기고, 수많은 대증요법으로 그 문제들을 해결하려고 해 왔다.

하지만 이 책에서 이러한 문제들을 경제 성장에 따른 외부비용이라고 규정하는 기준은 단 한 가지이다. 이 책의 뒷부분에서 이야기하는 탈성장 사회에서 지금과 전혀 다른 방식의 삶을 살 때에도 이러한 문제들이 (지금처럼 심각한 정도로) 나타날 것인가이다. 이는 탈성장 사회가 아니더라도 스스로 자본주의의 경쟁과 성장의 논리를 거부하고, 자연과 함께 또는 공동체 속에서 자족의 삶을 사는 이들에게서도 확인할 수 있다.

무엇을 경제 성장의 외부비용으로 볼 것인지에 대해서는 많은 연구와 논의가 이루어지고 있지만, 그것을 객관화하고 통합하여 측정하는 노력은 아직 부족하다. 경제 성장이나 소득 이외에 다양한 대안적 사회 발전 지표를 개발하고 측정하는 과정에서 일부 외부비용을 포함(내부화)하여 사회 발전 또는 복지 수준을 측정하려는 시도도 있다. 또 분야별로는 그러한 노력이 상당히 이루어지고 있으나, 그것을 통합하여 매년 그리고 국가별로 비교하고 관리할 수 있는 통합된 지표 형태로서는 아직 미흡하다. 때문에 경제 성장의 외부비용 총량을 측정하는데는 많은 어려움이 있다.

경제 성장에 따른 외부비용을 수량화하는 것이 어렵기 때문에, 얼마만큼의 외부비용을 우리 사회가 감내할 수 있을지를 정하거나 사회적으로 합의하는 것도 어려운 일이다. 그럼에도 불구하고, 사회 발전 지표로서 경제 활동의 결과를 고려하고자 한다면 그와 관련된 총체적인 사회적 투입과 여러 긍정적·부정적 효과까지 가능한 한 그 결과 안으로 내부화해야 한다는 것은 당연한 일이다.

외부비용의 수량화가 어렵더라도 그것이 경제 성장의 직간접적인 결과라고 사회적으로 인식된다면, 더 이상 그것을 개개인의 능력이나 노력이 부족하여 발생한 문제로 돌리지 않는 것이다. 그리고 어느 정도 이상의 외부비용은 공동체 전체의 행복한 삶을 위하여 사회가 더 이상 감내할 수 없다는 사회적 합의가 이루어진다면, 그 외부비용을 줄이거나 보다 근원적인 경제 성장을 멈추라고 요구할 수 있을 것이다.

경제 성장의 외부비용에 대해 관심을 가져야 할 점이 두 가지 있다. 첫 번째는 경제 성장과 함께 경제 성장의 외부비용도 계속 증가하고 있다는 점이다. 2000년대 이후 전 세계 주요 국가들의 경제 성장 속도는 점차 느려지는 반면 외부비용의 증가 속도는 점점 더 빨라지고 있어, 결국 소득(국내총생산 등) 대비 외부비용의 비율이 증가한다는 것이다.

두 번째는 소득이 낮은 계층일수록 성장의 외부비용 증가 속도가 더 빠르다는 점이다. 사회불평등의 확산으로 성장의 혜택은 소득 상위계층에, 외부비용은 소득 하위계층에 더 집중되는 경향이 있기 때문이다. 현재로서는 위 두 가지를 객관적 자료로 입증하기는 어렵지만, 대신 지금은 저자의 가설로서만 제시하도록 하겠다.

- 가설 1. 경제 성장에 비해 성장의 외부비용은 더 빠르게 증가한다.
- 가설 2. 소득 하위계층일수록, 성장의 외부비용 증가 속도가 더 빠르다.

과연 지속 가능한 성장은 가능한가?

2011년 유엔환경계획 산하의 국제자원패널(International Resource Panel)은 1900년부터 2000년까지 GDP가 23배 증가하면서 자원 채굴도 약 8배 증가하였으며, 이런 추세대로 간다면 2050년경 인류는 연간 1,400억 톤—현재(2011년 기준)의 약 3배—의 광물, 광석, 화석 연료 및 바이오매스를 먹어 치울 것으로 예측하였다. 그러면서 '지속 가능성'을 달성하기 위한 방안으로 '자원 탈동조화(Resource Decoupling)'와 '영향 탈동조화(Impact Decoupling)'의 두 가지 탈동조화 개념을 제시하고,

이를 통해 지속적인 성장을 유지하면서 자원 고갈과 기후변화 두 가지 문제를 해결할 수 있다고 제안하였다.

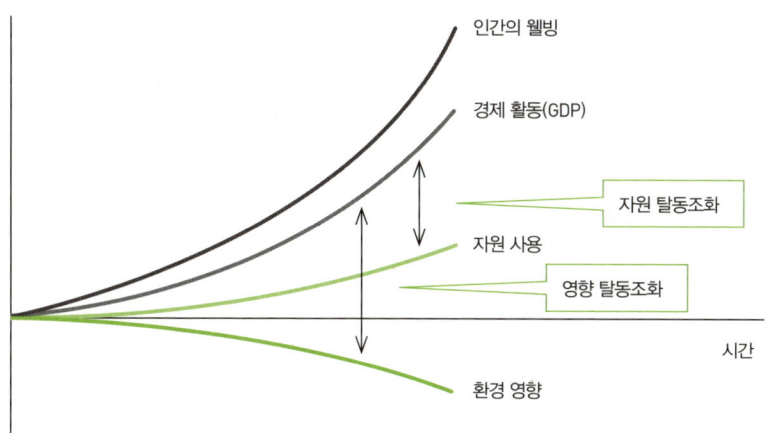

[그림 7] 탈동조화의 두 가지 측면[20]

여기서 탈동조화는 경제 활동 산출물 단위당 더 적은 자원을 사용하고 경제 활동에 사용되는 자원이 환경에 미치는 영향을 줄이는 것을 의미한다. 이러한 탈동조화를 위해서는 기술 혁신과 자원효율성 향상, 지속 가능한 생산 및 소비 방식, 이를 위한 정책적 지원이 필요하다고 주장하였다. 그러면서 국제자원패널은 계속적인 경제 발전의 필요성과 탈동조화에 필요한 기술 수준 등에 따라 선진국과 개발도상국에는 다른 경로가 필요함을 고려하여 다음과 같은 세 가지 시나리오를 제시하였다.

시나리오		예상 결과
현재 방식 지속 (Business as Usual) / 수렴	산업화된 국가들이 현재의 1인당 자원 소비 수준을 유지하고, 개발도상국들은 산업화된 국가와 동일한 수준으로 소비를 증가시키는 상황	2050년까지 전 세계 연간 자원 추출량이 세 배로 증가
점진적인 축소 (Moderate contraction) / 수렴	산업화된 국가들이 1인당 자원 소비를 절반으로 줄이고, 개발도상국들은 산업화된 국가와 동일한 수준으로 소비를 증가시키는 상황	2050년까지 전 세계 연간 자원 추출량이 40% 증가
강력한 축소 (Tough contraction) / 수렴	2000년의 전 세계 자원 소비 수준을 유지하고, 모든 국가에서 1인당 자원 소비가 동일하게 되는 상황	전 세계 자원 추출량을 현재 수준으로 유지

그러나 2024년 국제자원패널은 새로운 보고서에서 "전 세계 경제는 점점 더 많은 자연 자원을 소비하고 있지만, 세계는 지속가능발전목표(SDGs)를 달성할 수 있는 방향으로 나아가고 있지 않다. … 긴급하고 협력적인 조치가 없다면, 2060년까지 자원추출량이 2020년 수준보다 60% 증가할 수 있으며, 이는 점점 더 많은 피해와 위험을 초래할 수 있다."고 밝혔다.[21]

인류가 지속 가능한 성장—자원 사용과 환경에의 영향을 줄이면서 계속 경제가 성장하는 것—을 이루는 것은 난망하다는 뼈아픈 고백이다. 아무리 '녹색' 성장이라도 기술 발전에만 치중하고 자원의 소비를 줄이지 않는 한 지속 가능한 성장은 불가능할 것이다. 여기에서 우리는 새로운 질문을 다시 던져 보아야 한다. 성장은 왜 필요한가? 경제 성장 옹호론자들은 인간의 기본적인 욕구 충족을 넘어서, 경제적 안정성과 높은 수준의 복지를 제공하고 국제적 경쟁력을 유지하기 위해서 성장이 필요하다고 한다. 성장을 하지 않고 인간의 기본적인 욕구를 충족시키고 필요한 수준의 복지를 제공할 수 있는 방법은 없을까? 만약 그런 방법이 있다면 국제적 경쟁력의 의미와 필요성도 다른 관점에서 고려될 수 있을 것이다.

경제 성장과 자원 사용 및 환경영향의 탈동조화는 불가능해도, 인간의 좋은 삶(well-being)과 경제 성장 사이의 탈동조화는 가능하지 않을까? 하지만 현재의 자본주의 사회체제 속에서는 이 같은 인간의 좋은 삶과 경제 성장 사이의 탈동조화가 불가능하다. 인간의 좋은 삶 이전에 '성장'을 하지 않으면 사회체제의 유지와 작동이 불가능하기 때문이다.

자본주의 경제에서 기업(가)은 기업의 설립 또는 성장을 위하여 자본시장에서 투자자로부터 자본을 투자받아야 한다. 자본을 투자받은 기업이 다른 기업보다 더 높은 수익률을 내지 못하면, 투자자는 투자한 자본을 회수하여 더 높은 수익률을 내는 다른 기업에 투자를 한다. 때문에 자본을 투자받은 기업은 투자자에게 계속하여 점점 더 많은 자본 이익을 만들어 주어야 하는 생존의 동기가 생기게 된다. 이로 인해 자본주의 시장경제에서 '성장'은 인간의 좋은 삶 이전에 그 자체가 목적이 된다. 그리고 그 자체가 목적이 된 성장을 합리화시키기 위해서, '성장'이 인간의 좋은 삶을 이룰 수 있는 유일한 방법이라고 사람들을 세뇌시켜 왔다. 이러한 성장의 방법은 기술 혁신을 통한 새로운 시장 개발이나 생산성 향상이며, 시장 경쟁에서 승리한 기업은 시장으로부터의 이익을 독점하고 더 큰 경쟁을 준비할 수 있게 된다. 그런데 경쟁과 독점은 그 자체가 다시 경제 성장의 내적 한계로서 작용하게 된다. 이에 대해서는 다음 장에서 살펴보기로 하자.

기술 혁신, 소득 분배, 유효수요

4장에서는 자원의 한계나 외부비용과 같은 경제 과정의 외부적인 측면에서 무한 성장이 어려움을 확인하였다. 이 장에서는 성장 메커니즘의 내부적인 측면에서 지속적인 성장의 가능성 또는 한계를 살펴보고자 한다.

경제가 성장하기 위해서는, 생산-소득-소비의 경제 순환 과정에서 공급과 수요 양 측면에서의 양적 확대가 필요하다. 공급의 확대를 위해서는 새로운 상품의 개발이나 자원 투입의 증가, 생산성 증대가 필요하고, 수요의 확대를 위해서는 무엇보다 잠재수요를 구매력으로 실현시킬 수 있는 소득이 뒷받침되어야 한다. 경제가 성장하기 위한 조건을 역방향으로 보자면, 시장에 공급되는 제품이나 서비스를 구매할 수 있는 충분한 유효수요가 꾸준히 증가하여야 하고, 신용의 제공이나 정부의 재정 정책과 같은 인위적인 방법 없이도 유효수요가 증가하려면 소비자(그중 상당수가 임금노동자인)의 소득이 증가하여야 하며, 임금노동자의 소득이 증가하려면 기술 발전과 생산성 증대를 통해 생산이 확대되어야 한다.

과연 현재의 자본주의 경제 체제는 이 성장의 과정을 순조롭게 작동시키고 있을까? 그리하여 80억 세계 인구가 향후 수백 년간 계속 성장의 혜택을 누릴 수 있을까?

경제 성장에 대한 우울한 전망

세계은행은 2024년 초 「세계경제전망(Global Economic Prospects) 보고서」에서 세계 경제가 1990년대 이후 최악의 저성장 궤도에 진입하였으며, 2024~2026년에 세계 인구와 GDP의 80% 이상을 차지하는 국가들이 팬데믹 이전보다 더 느린 성장을 지속할 것으로 예상하였다. 국제통화기금(IMF)도 2024년 「세계경제전망(World Economic Outlook) 보고서」에서 중기적으로는 생산성 증가에 어려움이 예상되어 경제 성장이 둔화할 것이며, 이에 따라 2029년 세계 경제 성장률은 3.1%로 둔화할 것으로 예측하였다. 이는 5년 후 전망치로는 과거 수십 년 동안의 최저 수준이고, 2000~2019년의 평균 3.8%를 크게 밑도는 전망치이다.

전 세계 GDP 성장률 변화 추세를 보아도, 2000년 중반 이후 GDP 성장률이 점차 하락하는 것을 확인할 수 있다. 고소득 국가의 경우 이미 2000년대 초반 추세 전환이 있었으며, 상위-중소득 국가나 하위-중소득 국가의 경우 2010년 전후에 추세 전환이 있었다(그림 1).

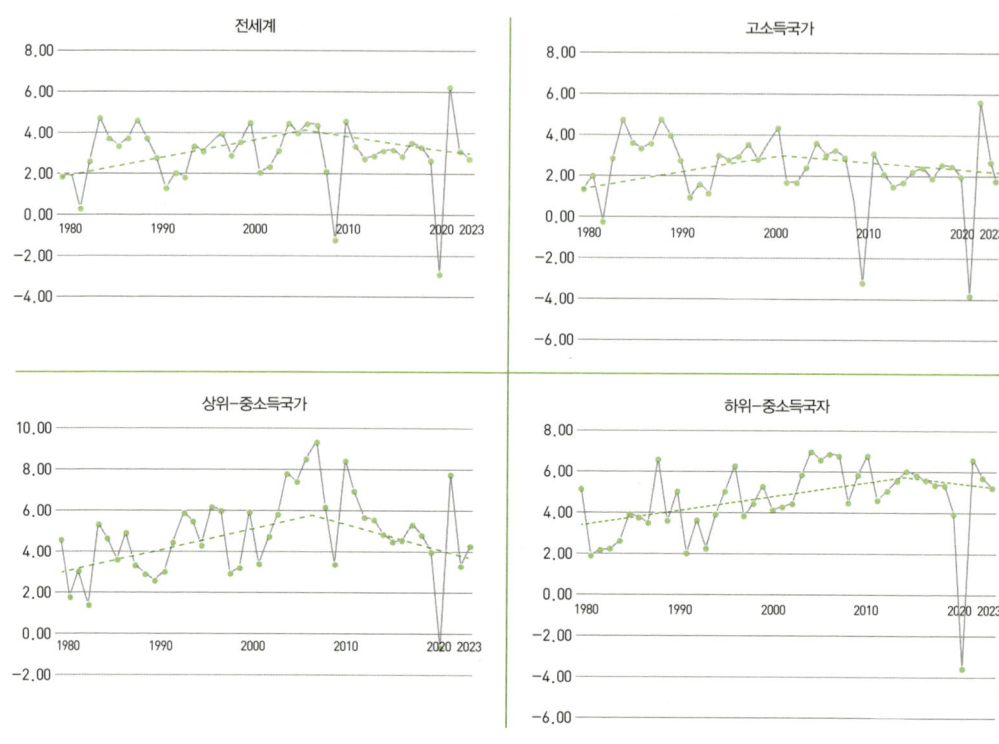

[그림 1] GDP 성장률 변화 추세(1980~2023)[1]

[표 1] 실질 GDP 성장률(예측)[2]

실질 GDP 성장률 (연간, %)	1981~1990 연평균 성장률	1991~2000 연평균 성장률	2001~2010 연평균 성장률	2011~2020 연평균 성장률	2023	2024 (예측)	2020-2029 연평균 성장률(예측)
전 세계	3.3	3.2	3.9	2.9	3.2	3.2	2.92
선진국	3.3	2.9	1.7	1.3	1.6	1.7	1.62
유럽연합	2.2	2.2	1.5	0.9	0.6	1.1	1.37
신흥국/ 개발도상국	3.3	3.9	6.1	4.1	4.3	4.2	3.77
동아시아	6.2	5.3	6.6	5.0	4.3	3.9	3.42

사하라이남 아프리카	–	2.4	5.8	3.2	3.4	3.8	3.50
미국	3.3	3.4	1.8	1.9	2.5	2.7	2.07
중국	9.3	10.4	10.5	6.8	5.2	4.6	4.15
일본	4.5	1.3	0.6	0.4	1.9	0.9	0.56
인도	5.6	5.6	6.7	5.1	7.8	6.8	5.72
한국	10.0	7.1	4.7	2.6	1.4	2.3	2.05

10년 기간 단위의 연평균 성장률은 선진국의 경우 2000년대부터 크게 낮아졌으며, 신흥국 및 개발도상국과 저개발국도 2000년대에 정점에 이른 후 2010년대부터 감소하고 있다(표 1). 2000년대 이후 세계 경제의 성장이 점차 둔화하고 있는 이유로는 인구 성장 둔화, 기후변화, 자원 및 환경 제약, 불평등 심화, 글로벌 경제 불확실성, 생산성 증가 둔화, 유효수요 부족 등이 있다.

에너지, 환경, 식량, 그리고 인구 변화 등 다양한 분야에서의 연구로 잘 알려져 있는 바츨라프 스밀(Václav Smil)은 『대전환(Grand Transitions)』(2021)에서 전 세계 인구가 일정 시점에 정점에 도달하고 그 이후에는 감소하거나 정체될 것이라고 예상하며, 인구 구조의 전환은 경제 성장 패턴에도 영향을 미칠 것이라고 주장하였다. 뚜렷한 고령화와 절대적인 인구 감소는 유럽 일부 지역에서 이미 흔한 현상이며, 일본과 한국, 대만 등 다른 아시아 국가에서도 고령화 여파가 나타나고 있다. 미국과 캐나다는 또 다른 문제점을 가진 대규모 이민에 의존해서 이러한 전환에 간신히 맞서고 있다.[3] 선진국의 경우 인구증가율에 의한 GDP 증가 효과를 제거하면, 2023년 실제 GDP 성장률은 1% 내외에 불과하며 유럽연합은 0.1%까지 떨어진다. 인구 증가에 따른 경제 성장은 경제 규모는 증대시키지만 개인별 소득의 측면에서는 삶의 수준을 더 이상 향상시키지 못한다.

[표 2] 세계 주요 지역/국가의 인구성장률 변화(1980~2023)[4]

소득집단/ 지역/ 국가	1980	1990	2000	2005	2010	2015	2020	2023
전 세계	1.75	1.75	1.35	1.26	1.22	1.19	1.01	0.92
고소득 국가	0.80	0.63	0.48	0.53	0.56	0.52	0.34	0.51
상위중소득 국가	1.68	1.67	1.02	0.86	0.79	0.87	0.55	0.26
중소득 국가	2.06	2.03	1.48	1.31	1.23	1.21	0.99	0.80
하위중소득 국가	2.56	2.48	2.01	1.79	1.69	1.55	1.40	1.30
저소득 국가	2.21	2.55	2.69	2.92	2.88	2.55	2.82	2.74
유럽연합	0.46	0.33	0.12	0.35	0.14	0.22	0.07	0.47
사하라이남 아프리카	2.92	2.81	2.65	2.74	2.79	2.77	2.65	2.54
미국	0.96	1.13	1.11	0.92	0.83	0.74	0.97	0.49
일본	0.79	0.33	0.17	0.01	0.02	−0.11	−0.29	−0.49
한국	1.56	0.99	0.84	0.21	0.50	0.53	0.14	0.08
중국	1.25	1.47	0.79	0.59	0.48	0.58	0.24	−0.10
인도	2.26	2.14	1.82	1.60	1.38	1.19	0.96	0.81

기후변화와 자원 및 환경 제약, 불평등 심화는 그 자체로 경제 성장의 제약 요인이면서 해결하지 않으면 지속적인 성장이 불가능한 요인이고, 오히려 지속적으로 경제 성장을 추구한 결과이다. 글로벌 경제의 불확실성은 항상 존재하였다. 시대 역순으로 우크라이나 전쟁과 COVID-19 팬데믹, 2007~2008년 세계 금융위기 이전에도, 1997~1998년 아시아 금융위기, 1970년대의 석유위기, 중동 전쟁, 냉전 대립 등 불확실성 요소는 항상 존재하였다.

인구 증가에 따른 착시효과와 제약 요인인 기후변화, 자원 및 환경 제약, 불평등 심화, 불확실성 등을 걷어 내고 보면, 결국 세계 경제의 성장률이 점차 감소하는 근본적인 원인은 생산성 증가 둔화와 유효수요의 부족에서 찾을 수 있다. 즉, 경제 성장의 핵심 요인인 수요와 공급의 본원적 성장이 원활하게 이루어지지 못한 것이다.

미국 클린턴 정부에서 재무장관을 지낸 경제학자 로렌스 서머스(Lawrence Summers)는 2014년 구조적 장기침체(Secular Stagnation) 개념을 통해, 선진국에서 장기적인 저성장이 나타나는 이유로 총수요 부족과 인구 고령화, 저금리 환경, 기술 발전 둔화를 지적했다. 그리고 서머스는 총수요 부족의 원인으로 소득 불평등, 소득의 불안정성, 인구 고령화, 그리고 과잉 저축과 금융위기 이후 긴축정책을 들었다.

또한 2016년 미국 대선과 코로나19 팬데믹 이후 세계 경제의 보호무역주의가 강화되고 있다. 선진국들은 1970년대 이후 시장만능주의의 신자유주의 패러다임 위에서 시장과 자본의 개방을 전 세계 모든 국가에 강요하면서, 개발도상국·저개발국의 자원과 시장에 기대어 상당한 경제 성장을 이루었다. 그런데 점차 신흥국들이 자국 내 제조업 육성을 목표로 공격적인 경제 성장 정책을 시행하면서 세계 시장에 공급 과잉 문제가 발생하자, 이제는 선진국을 중심으로 자국 산업을 보호하기 위해 적극적인 보호무역 조치가 취해지고 있다. 여기에 세계 각 지역에서의 지정학적 갈등과 자원 경쟁, 미·중 간의 경제 패권 다툼, 각국의 정치적 포퓰리즘이 맞물리면서 글로벌 경제의 불안정성이 증폭되었고, 이에 따라 전 세계 각국의 장기적인 경제 성장 잠재력은 더욱 약화되고 있다.

산업 구조의 변화와 경제 성장

경제 성장이 둔화되더라도 산업 구조가 제조업에서 서비스업 중심으로 전환되면, 그 나라의 경제는 고도화 또는 발전되는 것이 아닐까? 경제의 서비스화는 소득 수준의 향상에 따른 서비스 수요 증가, 제조업의 고부가가치화로 인한 탈산업화, 국제 분업 구조의 확산, ICT기술의 발전, 인구의 고령화, 여성의 경제 활동 참여 등 다양한 요인에 의해 견인된다.[5] 선진국의 경우 1960~1970년대부터 경제의 서비스화가 일어났으며, 디지털 기술의 발전과 함께 개발도상국이나 저개발국들도 2000년대 이후 서비스 부문의 성장이 가속되었다.

경제의 서비스화는 노동력의 이동에서도 확인할 수 있다. 2000년 이후 전 세계 각국은 제조업에서 서비스업으로 노동력 이동이 가속화되면서, 비정규직과 유연 고용이 증가하고 노동시장이 양극화되고 있

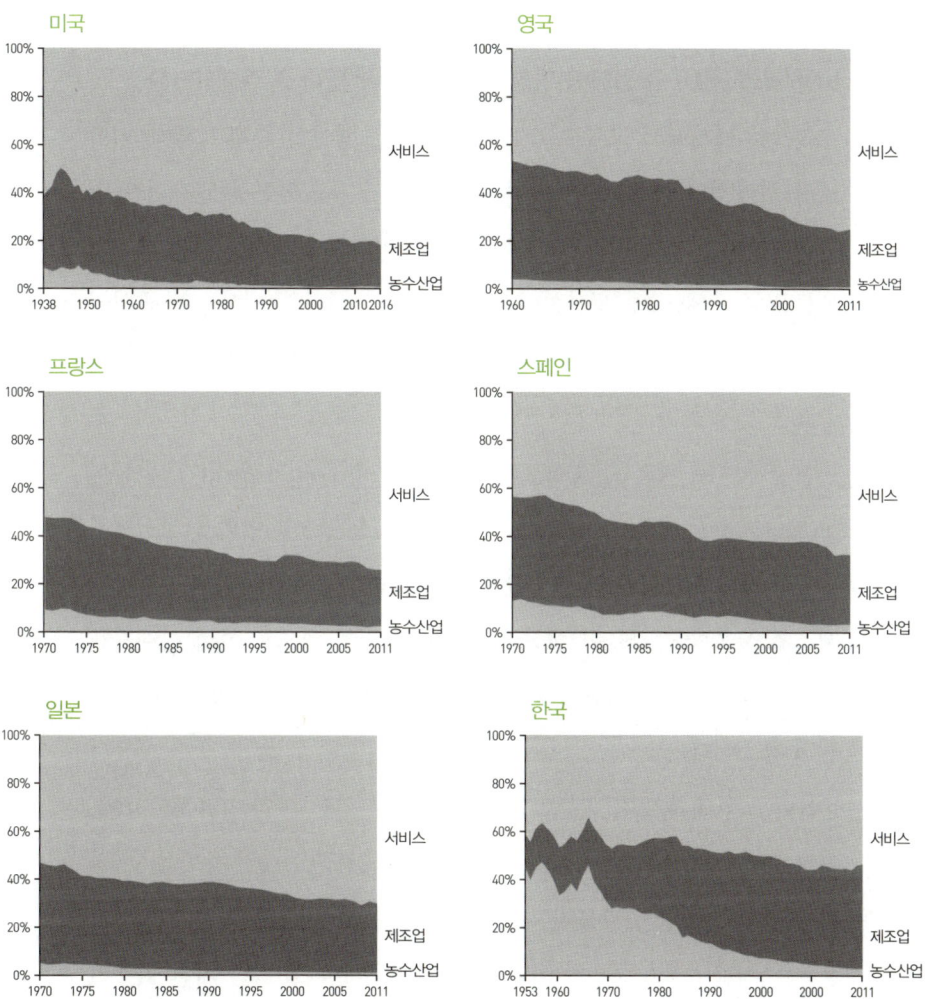

[그림 2] 세계 각국의 부문별 GDP 비중 변화[6]

다. 임금노동자 입장에서는 노동력의 수요-공급이 저(低)수요 상태로 국면이 바뀐 것이다. 경제사학자인 아론 베나나브(Aaron Benanav)는

『자동화와 노동의 미래』(2020)에서, 전 세계에서 나타나는 만성적인 노동 저(低)수요의 원인이 성장동력의 저하에 있다고 주장하였다.

즉, 전 세계에서 노동수요가 줄어든 것은 생산성 증대로 인해 일자리가 사라졌기 때문이 아니라, 경제 성장이 둔화되면서 일자리가 만들어지는 속도가 느려졌기 때문이라는 것이다. 지난 수십 년간 제조업 부문은 수요에 비해 생산설비가 과도하게 늘어나는 생산능력 과잉이 발생하여 성장동력이 떨어지는 가운데, 제조업을 대신할 만한 노동력 수요를 찾지 못한 것이다.

베나나브는 이를 산출량(Output)과 고용(Employment), 생산성(Productivity) 변화율의 관계로 설명한다. 산출량의 변화율(ΔO)에서 노동생산성 변화율(ΔP)을 뺀 값은 고용의 변화율(ΔE)과 같다.[1] 각국의 제조업 산출량 증가율이 생산성 증가율을 밑돌 정도로 양적 경제지표가 악화되면서 고용시장에 나타난 질적 변화가 바로 제조업 고용의 점진적 감소이다.

프랑스의 예를 보자. 전후 자본주의 황금기였던 1950~1973년 사이, 연평균 제조업 생산성 증가율은 5.2%이고 연평균 산출량 증가율 5.9%로 연평균 산출량 증가율이 더 높았다. 이에 따라 같은 기간 제조업 고용은 연평균 0.7% 증가하였다. 이에 비해 2001~2017년 기간에는 연평균 생산성 증가율이 2.7%이고 연평균 산출량 증가율은 0.9%로 떨어졌으며, 이에 따라 제조업 고용은 연평균 1.7%씩 감소하였다. 미국과, 독일, 일본의 예에서도 이러한 추세를 확인할 수 있다.[7]

---

1   ΔO(산출량 변화율) - ΔP(생산성 변화율) = ΔE(고용 증가율)

[표 3] 제조업의 산출량, 생산성 및 고용 증가율의 변화(1950~2017)[8]

국가	기간	(실질) 산출량 증가율	생산성 증가율	고용 증가율
미국	1950~1973	4.4%	3.1%	1.2%
	1974~2000	3.1%	3.3%	-0.2%
	2001~2017	1.2%	3.2%	-1.8%
독일	1950~1973	7.6%	5.7%	1.8%
	1974~2000	1.3%	2.5%	-1.1%
	2001~2017	2.0%	2.2%	-0.2%
일본	1950~1973	14.9%	10.1%	4.3%
	1974~2000	2.8%	3.4%	-0.6%
	2001~2017	1.7%	2.7%	-1.1%

총산출량은 결국 한 국가의 GDP이므로, 경제 성장이 둔화되는 주요한 원인은 결국 유효수요의 부족과 생산능력 과잉에 있다. 1929년 세계대공황의 주요 원인 중 하나였던 세계적 공급 과잉 문제는 제2차 세계대전을 통해 한편으로는 군수물자 생산 확대와 다른 한편으로는 유럽의 산업 인프라 파괴를 통해 해소되는 모습을 보였다. 하지만 1950년 이후 동서냉전 체제하에서 미국은 소련을 중심으로 한 공산권 국가들과의 체제 경쟁을 위해 2차 세계대전의 전범국인 독일과 일본을 비롯, 여러 국가가 제조업 발전을 통해 자본주의 경제를 성장시키도록 경제 지원을 하였다.

유럽 국가들과 일본은 이러한 경제 지원을 기반으로 수출 주도 성장 전략을 성공적으로 이행하였고, 이후 이러한 수출 주도 성장 전략은 동아시아 국가를 포함한 세계 각국의 경제 발전 모델로 자리 잡게 되었다. 하지만 수출 주도 성장 전략에 따른 전 세계 제조업 생산능력의 성장은 곧 전 세계적 생산능력 과잉으로 이어졌고, 제조업 산출량 증가는 '장기 하강' 상태에 빠지게 되었다. 전 세계의 제조업 생산능력이 증가하고 국가 간 경쟁이 심해지면서 제조업의 성장 둔화와 노동시장의 탈공업화 경향이 라틴아메리카와 중동, 아시아, 아프리카를 비롯해 세계 경제 전체로 확산되었다.[9]

노동시장의 탈공업화 경향에 대해, 일부에서는 이를 경제 발전에 따라 선진국에서 공통적으로 나타나는 현상으로 산업 구조 고도화의 결과라고 여기기도 하였다. 탈공업화는 국내총생산(GDP)에서 각 산업 부문의 부가가치 비중 변화로 설명할 수 있다. 고소득 국가들은 1980년대 이후 계속하여 국내총생산 중 제조업의 부가가치(MVA: Manufacturing Value added) 비중은 감소하면서 서비스 부문의 부가가치(SVA: Service Value added) 비중은 계속 늘어나고 있다. 중·저소득 국가들의 경우, 2000년 이후 2020년까지도 제조업 및 2차 산업의 부가가치 비중이 계속 늘어나고 있지만, 3차 산업의 부가가치 비중이 더 빠르게 늘어나고 있음을 볼 수 있다. 이는 중·저소득국가들이 앞선 국가들처럼 제조업 중심의 수출 주도 성장 전략을 추구할 기회가 없음을 뜻하기도 한다.

이러한 변화 추세는 각 부문의 고용 비중에서도 동일하게 나타난다. 고소득 국가들은 2000년대 이후에도 1차 산업 및 2차 산업의 고용 비중이 줄면서 3차 산업의 고용 비중이 꾸준히 늘어나고 있다. 중·저소득국가들은 2000년 이후 2020년까지도 2차 산업 고용 비중이 계속 늘어나고 있지만, 3차 산업의 고용 비중이 더 빠르게 늘어나고 있다.

[표 4] GDP 대비 부가가치 비중의 변화(1980~2020)[10]

(단위: %)

국가	제조업 (% of GDP)					2차 산업 (제조업 포함, % of GDP)					서비스 부문 (% of GDP)				
	1980	1990	2000	2010	2020	1980	1990	2000	2010	2020	1980	1990	2000	2010	2020
프랑스	13.3	12.1	12.6	11.6	11.5	27.1	24.4	22.9	20.7	19.1	75.7	76.4	76.2	77.7	79.6
독일	25.5	23.9	21.4	21.8	21.8	39.9	35.6	31.0	29.7	29.7	58.5	63.0	70.3	69.6	69.5
일본	18.7	20.3	19.4	20.8	20.9	35.0	35.0	31.0	29.2	29.6	62.2	62.9	68.3	69.8	69.6
영국	12.7	11.1	10.1	10.2	11.5	26.3	25.3	25.8	20.4	21.3	72.1	73.0	73.0	78.8	78.5
미국	11.8	11.2	12.3	12.2	10.8	23.7	22.0	21.9	19.3	18.2	76.1	77.7	77.8	80.1	80.9
대한민국	16.6	20.5	25.3	29.2	28.7	35.2	37.9	36.6	38.3	36.8	66.7	63.1	61.6	59.7	61.4
중국	–	–	26.1	27.5	28.0	25.9	26.1	36.4	40.8	39.6	32.4	42.5	45.3	48.8	53.1
인도	11.5	13.9	14.6	16.7	17.2	24.2	27.9	28.1	31.3	29.1	31.6	35.4	43.7	47.9	52.4
전 세계	15.1	14.6	14.3	16.5	17.2	31.2	29.3	28.4	27.9	27.9	64.6	66.5	67.8	67.8	67.7

[표 5] 부문별 고용 비중의 변화(2000~2020)[11]

(단위: %)

국가	1차 산업(농업·수산업·산림업)			2차 산업(제조업 포함)			3차 산업(서비스 부문)		
	2000년	2010년	2020년	2000년	2010년	2020년	2000년	2010년	2020년
프랑스	4.1	2.9	2.4	26.3	22.3	20.0	69.6	74.8	77.7
독일	2.6	1.6	1.2	33.5	28.3	27.4	63.8	70.0	71.4
일본	4.9	3.9	3.1	31.4	25.8	24.0	63.7	70.3	72.8
영국	1.5	1.2	1.0	25.2	19.2	18.2	73.3	79.6	80.8
미국	2.3	1.7	1.7	22.7	19.4	19.4	75.0	78.9	78.8

대한민국	11.0	6.5	5.4	28.0	24.8	24.6	61.0	68.7	70.0
중국	50.0	36.7	23.6	22.5	28.7	31.6	27.5	34.6	44.8
인도	59.6	51.1	44.7	16.3	22.4	23.7	24.0	26.6	31.6
고소득 국가	6.8	4.5	3.4	27.2	23.8	22.8	66.0	71.8	73.7
중·저소득 국가	49.2	40.2	33.1	18.8	22.3	23.6	32.0	37.5	43.3
전 세계	39.8	32.8	27.0	20.6	22.6	23.4	39.6	44.7	49.5

[표 4]와 [표 5]에서 볼 수 있듯이 중·저소득 국가들에서도 제조업을 비롯한 산업 부문의 부가가치 및 고용 비중보다 서비스 부문의 부가가치 및 고용 비중이 더 빠르게 늘어나고 있다. 하지만 이것이 세계 모든 국가의 경제 구조가 동일하게 고도화되고 있음을 의미하지는 않는다. 그보다는 지난 수십 년간 제조업 부문의 수요에 비해 생산설비가 과도하게 늘어나는 생산능력 과잉이 발생하여 성장동력이 떨어지는 가운데, 제조업을 대신할 만한 대안을 찾지 못했다는 베나브의 설명이 더 설득력 있다.

[표 6]에서 보듯이, 1970년 이후 주요 국가의 제조업 부가가치 성장률은 계속 감소하는 가운데, 서비스 부문의 부가가치 성장률도 함께 감소하고 있다. 이에 따라 해당 국가들의 GDP 성장률은 2010년대에 연평균 1% 안팎의 수준으로 떨어졌다. 그나마 전 세계 GDP 성장률은 중·저소득 국가들이 떠받치고 있으나, 이 수치도 계속하여 감소하고 있다. 즉, 1950년대와 1970년대 초반 사이의 전후 고성장기 동안

각국의 경제는 제조업을 중심으로 생산성 증대를 위한 설비 투자와 그 생산물에 대한 시장 수요의 확대라는 두 바퀴에 의해 폭발적으로 성장하였으나, 시장 수요가 포화 상태에 이른 이후 지속적인 성장을 가능하게 하는 새로운 시장 수요가 그만큼 늘어나지 못한 것이다.

[표 6] 제조업과 서비스업의 부가가치 성장률 비교[12]

(단위: %)

국가	MVA(제조업 부가가치) 성장률					SVA(서비스 부문 부가가치) 성장률					GDP 성장률				
	1970~1980	1980~1990	1990~2000	2000~2010	2010~2020	1970~1980	1980~1990	1990~2000	2000~2010	2010~2020	1970~1980	1980~1990	1990~2000	2000~2010	2010~2020
프랑스	3.14	1.40	2.56	0.48	0.33	3.81	2.51	2.12	1.47	0.70	3.60	2.42	2.14	1.29	0.45
독일	1.80	1.67	0.54	1.16	1.11	4.13	3.05	2.79	0.90	1.08	2.95	2.30	1.66	1.00	1.09
일본	4.44	4.80	0.88	1.17	0.31	6.61	4.07	2.17	0.68	0.24	5.36	3.95	1.34	0.46	0.25
영국	1.25	1.90	1.64	1.13	1.81	2.31	3.42	2.60	1.73	0.55	1.70	3.29	2.60	0.95	0.60
미국	1.67	2.50	3.98	1.47	0.51	3.27	3.18	3.04	1.84	1.90	2.65	2.96	3.03	1.54	1.80
대한민국	16.08	12.22	9.43	6.30	2.38	7.85	9.28	6.90	4.46	2.86	8.93	9.87	7.16	4.79	2.57
중국	-	-	-	7.06	7.02	6.03	12.26	10.27	11.17	7.71	4.65	9.26	9.56	10.33	6.82
인도	4.02	7.56	5.88	8.13	5.45	4.33	6.71	7.60	7.68	6.05	2.94	5.53	5.33	6.70	5.11
전 세계	3.51	2.69	2.57	4.44	2.79	4.16	3.32	3.02	2.90	2.41	3.72	3.02	2.82	2.90	2.42

생산성 증대와 노동 대체의 역사

경제가 성장하기 위해서는 기술 발전을 통해 새로운 제품이나 산업이 만들어지는 것뿐만 아니라 적은 자원으로 더 많은 산출을 만들어 낼 수 있는 생산성 증대가 필수적이다. 산업혁명도 혁신적인 제품의 발명보다는 동력의 변화와 기계화를 통하여 대량 생산을 가능하게 함으로써 시작되었다. 생산성은 투입 요소와 산출물의 비율을 나타내는 경제적 개념으로, 투입 요소에 따라 자원생산성, 노동생산성, 자본생산성 등으로 나타낼 수 있다.

자원생산성과 노동생산성, 자본생산성은 동일한 산출에 대해 각 투입 요소의 관점에서의 효율성을 나타내는 것으로, 각각은 속도의 차이는 있지만 대체로 같이 증가하는 경향이 있다. 산업혁명 이후 기업은 생산 확대와 원가 절감, 이를 통한 시장 또는 시장경쟁력 확대를 위해 지속적으로 생산성을 향상시켜 왔으며, 이 과정에서 인간의 노동 중 많은 부분이 기계로 대체되면서 노동생산성도 계속 향상되어 왔다.

- 증기기관: 토마스 뉴커먼(Thomas Newcomen)이 1705년 발명한 증기 기관[2]으로 20여 명의 사람과 말 10마리가 일주일 내내 하던 광산 배수 작업을 단 하루 만에 해낼 수 있었다.
- 조립라인: 포드는 모델T를 대중들도 구입할 수 있도록 가격을 낮출 수 있는 방법을 찾던 끝에, 1913년 하이랜드파크 공장에 컨베이어벨트를 이용한 '조립 라인'을 도입하였다. 이를 통해 자동차 한 대를 조립하는 시간이 이전의 12.5시간에서 93분으로 획기적으로 단축되었고, 그 결과 자동차의 가격도 약 260달러(오늘날 가치로 약 6,000달러)로 줄어들었다. 작업도 조립 라인이 각 노동

---

2   제임스 와트는 뉴커먼의 증기기관이 가진 단점을 해결하고 1776년 '화력기관에서 증기와 연료의 소모를 줄이는 방법'(1769년 와트가 취득한 특허)을 적용한 새로운 증기기관을 개발하였다.

자 앞으로 통과하는 시간 동안으로 한정되어 매우 단순화됨에 따라 숙련노동자에 대한 필요성이 줄어들게 되었다.

- 산업용 로봇: GM은 트렌턴 공장의 주물 공정에 최초의 산업용 로봇 유니메이트(Unimate)를 설치하였고, 유니메이트는 여러 명의 노동자들이 3교대로 하던 위험한 작업(수 kg에서 수십 kg에 달하는 뜨거운 주조 부품을 냉각 수조로 옮겨서 식히고 다음 공정 작업자들에게 넘겨주는 일)을 대체하였다.

- 공작기계: 수치제어(NC, Numerical Control)[3] 공작기계와 컴퓨터 수치제어(CNC: Computerized Numerical Control)[4] 공작기계는 수십 년간 숙련된 작업자 없이도 높은 정확도와 정밀도로 부품을 장시간 연속적으로 그리고 크게 향상된 속도로 가공할 수 있다.

- POS(Point of Sales, 판매시점 정보시스템): 할인마트나 슈퍼마켓, 편의점 같은 소매점에서는 POS 도입으로 소매점원들의 판매, 결제, 매출 관리, 재고 관리 등의 업무가 크게 줄었다. 최근에는 많은 대형 점포들이 셀프 계산대를 설치하여 구매자가 스스로 구매 물품 등록 및 결제를 할 수 있도록 하면서 소매점원들을 상당수 줄이고 있다.

- 온라인/모바일 금융: 스마트폰이 보급되기 시작한 이후 금융 서비스 및 거래가 디지털 기술과 융합되면서, 금융 거래의 상당 부분이 온라인 또는 모바일로 이동하였다. 금융기관들은 온라인

---

3 공작물과 공구의 움직임을 미리 입력된 수치 정보로 제어한다.
4 미리 프로그래밍된 소프트웨어와 코드를 통해 장비의 움직임을 제어한다.

금융 업무에 적극 대응하면서, 오프라인 금융 업무가 크게 줄어들자 지점 수와 인력을 감소시켰다(초기에 감소된 지점 인력이 본사 업무로 재배치되면서, 전체 인력이 바로 크게 줄어들지는 않았다).
- AI와 로봇: 산업용 로봇이나 인공지능을 활용한 업무용 시스템이 단순 반복적인 생산노동이나 사무노동을 대체하고 있다. AI 기술과 로봇 기술의 결합으로 로봇의 능력이 비약적으로 향상되고 있어, AI와 로봇에 의한 노동력 대체 가능성은 점점 더 커질 것으로 예상된다.

기술 발전과 새로운 도구에 따른 노동 대체(자동화)의 효과는 여러 층위에서 분석할 수 있다. 개별 기업 차원에서는 새로운 도구가 사람이 하던 일을 대신하게 되면 일자리가 없어질 수도 있지만, 원가 절감으로 특정 기업의 시장경쟁력을 제고시킴으로써 생산량이 늘어나고 그 기업에서는 일자리가 더 늘어날 수도 있다. 산업 차원에서도 막 형성되거나 한창 확장되는 시장이라면 새로운 기계가 도입되더라도 사람의 일자리가 줄어드는 대신 생산량이 크게 증대될 것이고, 더 이상 성장하지는 못하고 경쟁이 매우 치열한 시장에서는 한 기업이 새로운 기계를 도입하여 생산성을 크게 향상시키면 시장 경쟁에서 패배한 기업의 일자리가 사라질 것이다. 또 국가 경제나 세계 경제 차원에서는 기술 발전을 통한 개별 산업의 성쇠에 따라 혁신산업으로 자본이나 노동력 자원이 이동할 수도 있으며, 보다 장기적인 시간 틀에서는 기술 발전을 유인하는 기제를 통해 특정 경제 체제의 효율성이나 지속 가능성, 사회적 효용이 담보될 수 있다.

경제 전체 수준에서 자원(자본, 천연자원, 노동력)의 공급이 전체 수요를 충족시키지 못한다면 생산성 증대가 그 간극을 채웠다. 개별 기업은 시장경쟁력을 높이고 생산과 이익을 확대하기 위하여 부단히 생산성 증대를 위하여 노력한다. 반면 자원의 공급이 전체 수요를 충족시키기에 충분한(또는 그보다 많은) 경우에도, 개별 기업은 경쟁과 성장을 위하여 계속하여 생산성을 증대시키고 결국 공급이 수요를 초과하는 자원(특히 노동력)의 투입을 줄인다. 생산성 증대와 이를 위한 기술 발전은 자본의 투입을 통해 가능해진다. 기술 발전과 생산성 증대로 노동의 역할은 줄어들고 자본의 역할은 커지며, 그에 따라 노동소득과 자본소득의 분배도 변화한다.

토마 피케티(Thomas Piketty)는 『21세기 자본』(2013)에서 200년간의 역사적 데이터 분석을 통해, 자본의 수익률이 경제 성장률보다 높아지면서 총소득 중 자본소득의 비중이 커지고 노동소득의 비중이 줄어들어 소득 불평등이 점점 심화된다고 주장하였다. 그리고 저성장이 지속되면, 상속받은 부가 개인의 노력으로 얻은 부보다 더 큰 비중을 차지하는 세습자본주의가 강화될 것으로 예측하였다.

소득 분배와 총유효수요, 잃어버린 성장의 고리

거시경제학자인 로버트 고든(Robert J. Gordon)은 『미국의 성장은 끝났는가(The Rise and Fall of American Growth)』(2016)에서 성장이라

는 배의 속도를 늦추는 역풍 중에서 가장 중요한 것은 1970년대 이후로 미국의 성장 기제가 만들어 낸 결실의 상당 부분을 소득 분배의 상위층으로 계속 몰아주었던 불평등의 심화라고 주장하였다. 그는 소득 불평등이 증가하면 고소득층은 저소득층보다 소비 성향이 낮아서 전체적인 소비가 줄어들면서 경제 성장이 둔화될 수 있다고 한다.

소득 불평등이 커질 경우, 소비 성향이 높은 저소득층의 소득 감소로 인해 총유효수요에 부정적인 영향을 미친다. 또한 저소득층이 양질의 교육과 기회에 접근하기가 어려워져 숙련된 노동력이 감소되고 생산성 향상과 혁신이 저해될 수 있으며, 인구의 전반적인 건강과 복지에도 영향을 미쳐 생산성이 감소하고 의료 비용이 증가될 수 있다. 또 높은 수준의 소득 불평등은 사회적 및 정치적 불안정을 초래하여 투자를 저해하고 경제 성장을 둔화시킬 수 있다는 것이다.[5]

소득 분배의 불평등이 심화되어 고소득층(이들 대부분은 노동소득과 함께 자본소득을 가지고 있거나 자본소득만을 가지고 있다)의 소득이 증대될 경우, 이들은 소비도 늘리지만 늘어난 소득의 상당 부분을 더 많은 자본소득을 얻기 위해 투자한다. 더 많은 자본 투자는 기술 혁신을 통해 새로운 제품을 개발하거나 생산성을 더 높이는 데 사용된다. 하지만 이미 혁신적인 기술이 포화된 상태로 기술 혁신의 효용은 더욱 낮아질 것이며, 추가적인 생산성 향상은 고용을 줄이거나 노동소득 분배를 줄여 총유효수요가 줄어드는 악순환에 빠질 수 있다.

---

5 주류 경제학에서도 소득 분배가 경제 성장에 미치는 이러한 영향에 대해 부인하지는 않으면서, 여러 요인들이 복잡한 역학 관계를 통해 작동하므로 소득 분배가 경제 성장에 미치는 영향은 명확하게 알기 어렵다는 말로 얼버무리고 만다.

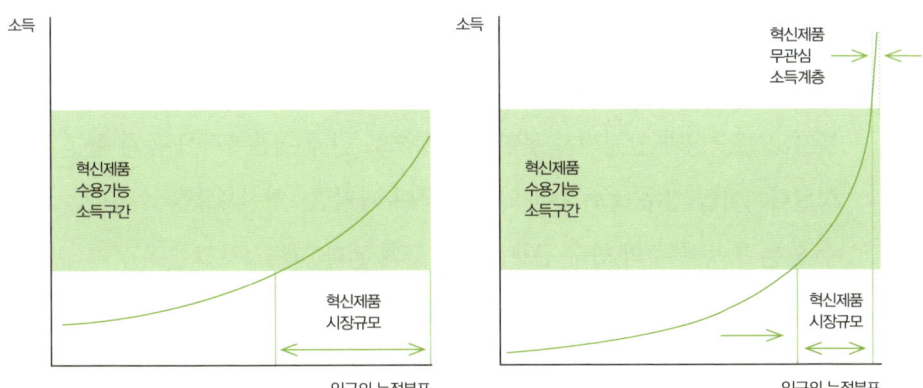

[그림 2] 소득 분배의 불평등과 혁신제품 시장 규모

경제 성장을 소득 분배의 불평등과 혁신제품 수용의 측면에서 생각해 볼 수 있다. 소득계층별로 새로운 제품이나 기술을 받아들이는 정도는 다르다. 저소득층의 경우, 경제적 제약으로 인해 혁신제품에 대한 수용 성향이 상대적으로 낮다. 저소득층은 필수품을 우선적으로 소비하며, 새로운 기술이나 제품은 필요성이 크지 않으면 구매하지 않는 경향이 있다. 중간소득층은 기본적인 생계가 안정된 경우, 새로운 제품이나 기술에 대한 관심이 증가하여 혁신제품에 대한 수용 성향이 높아질 수 있다.

반면, 고소득층은 대체로 혁신제품에 대한 수용 성향이 가장 높다. 이들은 혁신제품이 제공하는 편리함이나 차별성을 중시하고 새로운 기술이나 제품을 조기에 받아들여 경험해 보려는 경향이 있다. 하지만 소득이 충분히 많아서 고가의 다른 제품으로 혁신제품이 제공하는 것과 유사한 효용을 이미 누리고 있다면, 혁신제품에 대한 관심을 가지지 않을 수도 있다.

그리고 대부분의 혁신제품은 제품 수명주기의 초기에는 연구 개발 투자의 필요성과 안정되지 못한 생산성으로 인해 제품가격이 높게 형성된다. 이럴 경우 소득 분배의 불평등이 커지면, 혁신제품을 수용할 수 있는 소득 수준의 인구 규모가 줄어들게 된다(그림 2의 오른쪽). 결국 소득 분배의 불평등이 심화되면 혁신제품에 대한 수요는 특정 계층에 한정되게 되고, 수요 확대를 통해 경제를 성장시킬 수 있는 기회를 포착하기 어렵게 만든다.

기술 혁신과 경제 성장은 비례하는가

1900년대 초반 미국과 유럽 각국은 여러 경제적 위기와 불황을 경험하였다. 그 원인은 산업혁명 이후 생산능력의 급격한 증가를 소비시장이 따라가지 못하여 과잉생산이 발생하였고, 1907년 미국에서 발생한 금융위기와 같은 사건들로 자본 흐름이 위축되었으며, 제국주의적 경쟁과 세계시장의 변화로 인해 국제적인 경제 불균형이 나타나고, 유럽에서 정치적 긴장과 갈등이 고조됨으로써 경제적 불확실성이 증가되었기 때문이다.

이에 조지프 슘페터(Joseph A. Schumpeter)는 기업가가 새로운 제품과 서비스를 개발하고 생산 방법을 개선하여 경쟁력을 높이는 것이 경제 회복의 핵심이라고 보고, 『경제 발전 이론(The Theory of Economic Development)』(1911)에서 혁신의 중요성을 주장하였다. 이후 『자본주의, 사회주의 및 민주주의(Capitalism, Socialism and Democracy)』(1942)에서 슘페터는 경제 발전 과정에서 기존 산업이나 기업이 새로운 혁신에 의해 파괴되고 그 자리를 새로운 산업이나 기업이 대체하는 과정을 '창조적 파괴(creative destruction)'라는 용어로 표현하였다.

 이후 세계 각국과 전 세계의 경제 발전은 이 같은 창조적 파괴와 혁신의 과정이자 결과였다. 그런데 1970년대 이전까지는 특별히 혁신의 중요성이나 필요성이 주장되지도 않았고, 혁신은 의식적인 과정이라기보다 자본주의 시장경쟁에서 자연적인 과정이었다. 새로운 제품을 개발하고 생산공정을 개선하는 것은 기업의 본능적이고 일상적인 행동이었다. 그런데 1970년와 1980년대 정보기술이 급격히 발전하면서 새로운 산업과 시장이 형성되고 세계 경제가 통합되면서 국제 경쟁이 심화되자, 혁신의 중요성이 다시 강조되기 시작하였다. 이제는 혁신의 중요성이 강조되는 것을 넘어서, 혁신이 절대적으로 필요하며 또한 혁신으로 인해 인류 사회에 엄청난 변화와 혜택이 주어질 것처럼 주장하고 있다.

 1차 산업혁명과 2차 산업혁명으로 일컬어지는 획기적인 변화는 그 시기를 겪은 이후 혁신의 결과와 그로 인한 영향을 논의하면서 사후적으로 평가한 개념이다. 3차 산업혁명은 대체로 1970년대부터 2000년대 초반까지의 시기에 컴퓨터와 인터넷, 자동화 기술 등에 따른 경제사회적 변화를 일컫는데, 3차 산업혁명이란 용어는 1980년대에 이미 사용되기 시작하였다. 4차 산업혁명도 비슷하다. 제레미 리프킨(Jeremy Rifkin)은 4차 산업혁명을 미완의 3차 산업혁명의 2차전이라고 평가하기도 하였다. 그만큼 세계 경제의 성장이 정체되고 있으며, 기술 혁신의 결과는 기대에 미치지 못했기 때문이다.

로버트 고든(Robert J. Gordon)은 『미국의 성장은 끝났는가』에서 현대 미국 경제의 정체와 혁신 속도의 둔화를 다루면서, 현재의 기술 혁신이 과거에 비해 생산성 향상과 생활 수준 향상에 영향을 미치지 못하고 있다고 주장한다. 기술 발전은 늘 있었지만, 컴퓨터, 인터넷, 인공지능 등의 3차 산업혁명 기술들이 전기, 내연기관, 항공기, TV 등 2차 산업혁명 기술만큼 경제 성장에 기여하지 못했다는 것이다. 기술 혁신의 효용이 체감(遞減)하고 있다고 보아야 할 것이다.

인간이 기술 혁신으로부터 얻는 효용과 복지가 더 이상 증가하지 않고 오히려 줄어들고 있다. '기술'의 효용 체감이 아니라 '혁신'의 효용 체감이다. 분명 전기자동차의 효용(낮은 연료비용, 친환경, 자율운전 기능 등)은 19세기 말에 처음 나타난 내연기관자동차의 효용보다 분명 크다. 그러나 전기자동차가 가져온 혁신(친환경 이동, 자율주행, 디지털 플랫폼으로의 확장 등)의 효용은 내연기관자동차가 가져온 혁신의 효용(개인의 이동 자유, 도시 구조의 변화와 도시의 확장, 관련산업의 성장 등)보다 크지 않다. 작동 방식과 형태는 달라도 같은 자동차이기 때문이다. 그리고 전기자동차가 가진 온실가스 배출 감소 또는 제거라는 효용은 자동차가 가지고 있던 자기 결함을 보정한 것일 뿐이며, 내연기관자동차가 발명된 초기에는 온실가스 배출이 사회적으로 문제되지도 않았다.

인간이 기술 혁신으로부터 느끼는 효용과 복지가 점차 줄어드는 가장 기본적인 이유는, 동일한 사회적 변화를 유발할 수 있는 기술들이 이미 포화된 상태이기 때문이다. 또 기술 간의 상호의존성이 있는 경우, 즉 새로운 기술이 기존 기술과 통합되거나 의존하는 경우 혁신의 효과가 상쇄될 수 있어서, 하나의 기술이 발전하더라도 다른 기술의 발전이 따라오지 않으면 전체적인 효율성이 떨어질 수 있다.

그 외에도 기술 혁신에 대한 기대의 증가, 기술 혁신 혜택의 불평등 또는 소외, 환경 문제, 자원의 한계, 자동화로 인한 일자리 감소와 경제적 불안정성의 증가 등으로 인해 인간이 기술 혁신으로부터 얻는 효용과 복지가 감소할 수 있다. 기술 혁신의 경제적 효용의 체감은 결국 경제 성장 동력의 약화로 이어진다.

개별 기업이든 국가든 전 세계적 무한 기술 혁신 경쟁에 엄청난 규모의 투자와 노력을 쏟는다. 그리고 기술 혁신에 필요한 투자의 규모는 갈수록 증가하고 있다. 삼성전자가 1980년대에 반도체 산업에 투자한 투자액은 연간 수천억 원 수준이었으나, 2020년대 투자액은 매년 수십조 원 규모이다. 테슬라는 완전자율주행(FSD) 소프트웨어와 휴머노이드 로봇 옵티머스의 AI훈련을 위한 컴퓨팅 인프라 구축에 2024년에만 약 100억 달러를 투자하였다.[13] 문제는 기술 혁신 경쟁에서 실패할 경우 이 투자금액의 상당 부분이 매몰비용이 된다는 것이다.

기술 혁신과 경쟁은 하나의 행동을 다른 측면에서 표현한 것일 뿐이다. 기술 혁신 경쟁의 승자는 시장을 독차지하지만, 패자는 모든 것을 잃게 된다. 패자가 모든 것을 잃을 때, 사회는 패자가 보유한 지적 자산과 경험 자산도 잃을 수 있다. 즉, 사회는 기술 혁신 경쟁에서 투여된 자산과 노력의 절반을 잃게 된다.

2000년대 초반 차세대 광디스크 저장 매체의 표준을 두고 블루레이(Blu-ray) 기술을 내세운 소니에 대항하여 도시바와 NEC, 마이크로

소프트의 연합은 HD-DVD 기술에 수천억원 이상을 투자하였다. 그러나 2008년 워너브라더스 등 대형 영화사가 블루레이를 지지하며 시장의 판세가 기울어지고, 도시바는 HD-DVD 사업에서 철수를 선언하였다. 이에 따라 HD-DVD 관련 모든 인프라, 기기, 연구개발 자산은 사실상 무용지물이 되었다, 하지만 블루레이 기술도 HD-DVD와 경쟁하느라 제품 출시가 늦어지고 그 사이 넷플릭스 등의 디지털 스트리밍 서비스가 폭발적으로 성장하면서, 기술적으로는 성공하였지만 시장에서 장기적인 성공을 거두지는 못하였다.

1950년대 말 혁신적인 사무용 복사기로 크게 성공한 제록스(Xerox)사는 1970년 세계 4대 민간연구소로 꼽히는 제록스 팔로알토연구소(Xerox PARC)를 설립하였다. 이 연구소에서 이후 컴퓨터와 인터넷 환경 전반에 매우 중요한 기술들이 개발되었지만, 복사기의 성공에 사로잡힌 회사는 다른 기술들의 상용화에는 전혀 관심을 두지 않았다. 제록스의 팔로알토연구소를 견학하고 아이디어를 얻은 스티브잡스는 매킨토시를 개발하였고, 마이크로소프트의 빌게이츠도 GUI 방식의 운영체계인 윈도우를 출시하였다. 결국 대표적인 혁신기업이었던 제록스는 2018년 후지필름에 회사를 매각하였다.[14]

기술 혁신 경쟁이 점점 더 초거대 자본 간의 경쟁으로 좁혀지고 이 경쟁에서 승리한 쪽이 시장을 독점하는 구도가 될수록, 사회 전체 기술 혁신의 경제적 효용도 체감할 것이다. (기술 혁신이 경쟁이 아니라 협력과 공유를 통해 이루어질 수 있다면, 혁신을 위해 기울인 투자와 노력의 성과를 온전히 사회가 누릴 수 있지 않을까?)

경제 성장에 대한 기술 혁신의 효용은 여러 측면에서 다양한 요인에 의해 계속 감소하고 있다. 그럼에도 불구하고 오늘날에도 AI, 로봇, IoT 등 디지털 기술의 발전이 생산성 향상이나 신산업 창출, 글로벌 경쟁력 강화, 심지어 지속 가능한 발전 등 경제 성장에 많은 기여를 하고 저성장의 덫을 풀어 줄 것이라는 기대가 끊이지 않는다.

1970년대에서 1990년대 중반까지의 산업사회 전성기와 비교했을 때, 3차 산업혁명 이후의 경제 성장률은 상대적으로 낮아졌다. 정보통신기술(ICT) 기반의 3차 산업혁명이 기대했던 것만큼 큰 경제 성장 효과를 창출하지 못한 것은, 정보통신기술 산업에 대한 잘못된 이해와 지나친 기대에서 기인한 부분이 크다. 정보통신기술은 그 자체로서보다는 정보통신기술의 '활용'이 경제 성장에 더 중요한 역할을 한다.

즉, 정보통신기술 산업이 직접 경제 성장에 기여하는 효과보다는, 정보통신기술을 이용(신제품 개발 또는 생산성 향상)하는 다른 산업을 통해 간접적으로 경제 성장에 기여하는 효과가 더 크다. 인공지능과 전기자동차, 내연기관자동차는 각각의 시장을 가지는 것이 아니라, 인공지능을 활용한 자율주행 기능을 갖춘 전기자동차가 내연기관자동차를 대체한다. 만약 자동차에 대한 총수요가 감소한다면, 인공지능과 전기자동차, 내연기관자동차 모든 부분에서 유효수요는 감소할 것이다.

1960년대에서 1980년대 사이 자본주의 경제의 고도성장기에는 성장에 따른 여러 가지 부작용(외부비용)의 합리화를 위해 경제 성장이 모든 문제를 해결하고 사회 전체의 풍요와 복지를 보장할 것이라고 주장하였다. 1980년대를 지나 경제 성장이 둔화되자, 이제는 차수를 늘려 4차 산업혁명으로 지칭하는 기술 혁신에 그 모든 기대를 떠넘기고 있다.

4차 산업혁명에 대한 지나친 기대

　클라우스 슈밥(Klaus Schwab)은 2016년 세계경제포럼(WEF)에서 '4차 산업혁명'이라는 개념을 처음으로 제안하였다. 그는 3차 산업혁명은 20세기 중반부터 시작되어 전자공학과 정보기술을 기반으로 생산을 자동화해 온 디지털 혁명이며, 이제는 3차 산업혁명의 기반 위에 물리적·디지털·생물학적 영역이 융합되는 기술 혁신인 4차 산업혁명이 진행되고 있다고 설명하였다. 그는 오늘날의 변화가 단순히 3차 산업혁명의 연장이 아니라 4차 산업혁명이 도래하였음을 보여 주는 이유로, 전례 없이 빠른 변화의 속도와 다양한 산업과 분야에 걸친 변화의 범위, 그리고 사회 및 경제 전반에 걸쳐 복잡하게 연결된 시스템 영향을 제시하였다. 그리고 이러한 변화를 촉진하는 요소기술은 인공지능, 로봇공학, 사물인터넷, 자율주행차, 3D 프린팅, 나노기술, 생명공학, 소재과학, 에너지저장, 양자컴퓨팅 등이다.
　경제계와 성장주의자, 일부 정치가들은 4차 산업혁명이 2000년 전후부터 저성장의 저주를 벗어나지 못하고 있는 세계 경제를 화려한 성장 궤도로 복귀시키고, 나아가 질병·기아·자원 고갈·환경 파괴 등 인류가 아직 풀지 못하고 있는 난제까지 풀어 줄 것이라 찬사를 퍼붓고 있다. 현재 서점에서 판매되는 10년 또는 20~30년 후 미래에 대한 예측서들의 내용 대부분이 이 4차 산업혁명과 관련된 것이다.
　예를 들자면, 나노IoT 기기를 인체 내에 투입하거나 인체 내 마이크로바이옴(microbiome)⁶을 이용하여 세포 단위의 신체 활동이나 심리 상태까지 측정하고, 유전자 가위로 결함이 있는 유전자를 떼어 내고 정상적인 유전자로 교체하거나, 3D 프린팅으로 인공기관을 새로 또는 원하는 형태로 프린팅하여 장애가 있거나 나이가 들어도 건강한 신체를 다시 가질 수 있게 될 것이라고 한다.

 4차 산업혁명으로 대변되는 기술 혁신과 이에 기초한 사회 변화의 많은 부분은 언젠가는 실현될 수 있을 것이다. 지금까지 눈부신 기술적 진보를 이루어 온 인간의 능력에 대해서는 의심할 여지가 없다. 하지만, 4차 산업혁명을 실현시킬 개별 기술 혁신의 실현 가능성 및 시기, 그것이 가져올 결과나 영향에 대해서는 항상 그랬듯이, 과분한 기대와 그에 기초한 장밋빛 성장 전망이 어김없이 제시되고 있다. 1970~80년대의 미래 예측대로라면 인류는 현재 화성에 식민지를 건설하고 자유롭게 우주 공간을 오가고 있을 것이다.

 2013년 일론 머스크는 도시 간 고속교통 시스템으로 기존의 고속전철에 비해 건설 및 운영 비용이 훨씬 저렴하고 친환경적이며 더 빠른 하이퍼루프를 제시하였다. 도시와 도시를 잇는 진공 상태의 튜브 속을 캡슐 형태의 차량이 자기부상 시스템을 이용하여 떠 있는 상태로 태양광으로 충전된 리튬 배터리와 전기 모터로 추진되는 방식이다. 이론상으로는 시속 1,200㎞ 이상의 속도도 가능하니, 현재까지 가장 빠른 고속열차인 자기부상열차(최고 시속 603㎞/h)보다 2배 빠르다.

 현재 각국 기업과 연구기관들이 상당한 규모의 하이퍼루프 개발 프

---

6 특정 환경에 서식하는 미생물 집단과 그들이 생성하는 유전자의 총합

로젝트를 진행 중이다. 하이퍼루프는 도시 간 이동 속도를 크게 단축할 수 있고, 탄소 배출이 적고 에너지 효율이 높으며, 많은 인원을 수송할 수 있어 도시 간 이동 수요를 충족할 수 있고, 새로운 일자리를 창출하고 관련 산업 발전을 촉진할 수 있을 것이라는 기대가 있었다. 심지어 2050년경에는 세계 주요 도시들을 하이퍼루프로 연결하여 전 세계가 1일생활권이 될 것이라는 미래 예측도 있다.

하지만 하이퍼루프는 고속전철 등 다른 고속교통 방식에 비해 더 많은 인원을 수송하기 어려우며, 무엇보다 선로 건설과 안전성 확보에 예상보다 훨씬 많은 비용과 높은 공학기술이 요구된다는 비판이 있다. 실제로 1960년대부터 개발되기 시작한 자기부상열차도 60년이 지난 현재까지 중국(2002년), 일본(2005년)과 한국(인천공항 자기부상열차, 2016년 개통, 2023년 9월 운영 종료)에서만 단거리 중저속 노선이 실용화되었을 뿐이고, 일본은 2027년 이후 장거리 초고속 노선을 실용화할 계획이라고 한다. 자기부상열차는 (육중한 차량을 선로 위에 띄우기 위해) 일반열차보다 더 많은 에너지를 사용한다.

하지만 이러한 기술 혁신에 있어서 문제는 단순히 그 가능성과 기대효과가 과장되었다는 데 있지 않다. 4차 산업혁명 담론이 가지는 기술결정론적 관점은 현재 사회가 가지고 있는 복잡한 사회적 및 경제적 문제를 기술 발전으로 해결할 수 있다고 가정하고 문제의 해결을 미래의 불확실한 기술적 해결책에 기대어 유예하거나 방기할 뿐만 아니라, 현재의 문제를 더 악화시키거나 새로운 문제를 야기할 수도 있다는 것이다.

4차 산업혁명 예찬론자들은 인공지능, IoT, 블록체인 등의 첨단기술을 이용하여 기후 모델링, 측정 및 예측을 개선하고 재생 가능 에너지의 배분과 사용을 최적화함으로써 기후변화 문제를 완화하는 데 도움이 될 것이라고 주장한다. 하지만 이는 기후변화를 유발하는 근본적인 원인에 대한 해결이 아니다. 또한 3D 프린팅 기술을 이용하면 수요에 맞추어 제품을 생산할 수 있게 되어 제조 과정에서의 자원 낭비와 에너지 소비를 줄일 수 있다고 하지만, 자원효율성은 이미 지금도 충분히 높은 수준이며 문제의 근본 원인은 끊임없이 생산과 소비를 늘리도록 만드는 시장과 자본의 논리이다.

나노기술을 이용하여 개발되는 신물질과 미생물로부터 특정 기능이나 제품을 효율적으로 생산할 수 있는 시스템 대사공학(Systems Metabolic Engineering)은 자원 고갈 문제를 해결할 뿐만 아니라 기존의 물질로는 불가능했던 기능과 특성을 갖는 제품의 생산을 가능케 해 줄 것이다. 하지만 이 기술들은 아직까지 매우 많은 생산비용이 들고 인류가 필요로 하는 규모로 자원을 대량 생산할 수 있는 기술은 완전히 확립되지 않았다.

또한 4차 산업혁명은 다양한 기술적 혁신을 가져오면서 그것과 관련하여 새로운 사회 문제를 야기하고 있다. IoT, AI 등의 기술은 대량의 개인 데이터를 수집하는데 이로 인해 개인의 프라이버시 침해와 데이터 유출의 위험이 증가하고, 감시 기술의 확산으로 인해 시민의 자유와 권리가 침해될 가능성이 현저하게 커진다. 기술에 대한 의존도가 높아지면서 사람들 간의 직접적인 상호 작용은 줄어들고 사회적 고립이 심화되고, 방대한 정보의 홍수 속에서 올바른 정보를 선택하고 이해하는 데 어려움을 겪는 사람이 많아질 수 있다. AI 등 발전된 기술을 이용할 수 있는 경제적 능력과 교육 차이에 따라 소득과 여러 사회적 기회에 있어서의 개인 간 그리고 국가 간 디지털 격차는 더욱 확대될 수 있다. 기술 발전이 특정 기업이나 개인에게만 이익을 가져다주면서 소득 불평등이 심화될 수 있고, 기술적 우위를 점유한 기업이 시장 지배력을 강화하면서 새로운 기업의 진입이 어려워질 수 있다.

AI와 자동화 기술의 확산으로 인해 기업의 생산성은 높아질 수 있지만, 많은 직업이 자동화되거나 AI에 의해 대체될 위험이 커지고 있다. 특히 제조업과 서비스업에서 많은 일자리가 없어질 것으로 우려되며, 이렇게 일자리가 없어진 사람들은 우버와 같은 플랫폼과의 종속적 계약에 따라 불안정한 고용 조건에서 짧은 기간 일을 하는 '긱 노동자(gig worker)'로 전락할 것이다.

이 같은 일자리의 소멸 또는 초유연화는 또다시 소득 불평등을 더욱 심화시킬 것이며, 앞서 설명한 바와 같이 결국 총유효수요의 위축으로 경제 성장의 큰 장애가 될 것이다. 고용 불안 및 소득 불평등과 이에 따른 총유효수요의 감소라는 문제에 대해 일부에서는 기본재의 무료화와 기본소득이라는 대안을 제시한다.

다시 기본으로(Back to the Basic): 경제와 사회 체제의 기본

미래학자이자 기업가인 피터 디아만디스(Peter Diamandis)는 기술이 발전함에 따라 제품과 서비스의 생산 비용이 감소하고, 이를 통해 소비자에게 무료로 제공되는 모델이 가능해질 것이라고 주장한다. 디아

만디스는 기술 혁신이 다양한 제품과 서비스에 대한 접근성을 높일 수 있으며, 이는 결국 사회 전반에 걸쳐 무료 또는 저렴한 가격으로 제공되는 서비스를 확대할 것이라고 예측한다. 그러면서 한때 가장 부유한 사람들과 국가들만이 이용할 수 있었던 기술과 서비스를 세계에서 가장 가난한 사람들도 접근할 수 있게 될 것이라고 주장한다.

'파괴적 혁신(disruptive innovation)' 개념을 제안한 클레이튼 크리스텐슨(Clayton Christensen)도 기존 시장의 주요 플레이어들이 간과하는 저렴하고 간단한 기술이 시장에 들어와 기존 제품이나 서비스를 대체할 수 있다고 주장했다. 심지어 디지털 기술은 가상의 공간에서 아무런 재료의 소모나 비용 발생 또는 환경오염조차 없이 인간의 고차원적인 욕망을 충족시킬 수 있게 하여, 배제성이나 경합성 등의 원리에 따르는 기존 경제 체제와는 전혀 다른 원리에 기반한 경제 체제도 가능하게 할 것이라고 주장하는 이들도 있다.

이와 같은 제품과 서비스 가격 감소 또는 무료화는 일자리가 줄어들고 소득 불평등이 심화되는 사회 상황에서 그럴듯한 해결 방안처럼 들릴 수 있다. 그러나 이와 같이 제품이나 서비스가 무료로 제공되는 경제모델에 대해서는, 가격경쟁이 치열해지면 기업들은 비용 절감을 위해서 품질을 희생시킬 수 있으며, 이러한 비즈니스 모델이 지속되지 않을 경우 소비자에게 더 큰 불이익이 발생할 수 있다는 비판이 있다. 또 다른 문제는 제품의 무료화나 무료 서비스가 확산되고 신생 기업이나 전통적인 비즈니스 모델을 가진 기업들이 경쟁에서 밀리게 되면, 이는 결국 시장의 독점화를 초래하여 결과적으로 소비자들은 제품과 서비스를 이용하기 위해 더 많은 비용을 부담해야 하는 상황이 될 수 있다는 것이다.

　아무런 이윤 동기 없이 기업이 소비자에게 제품이나 서비스를 계속 무료로 제공할 이유는 없다. 그렇게 하는 것은 기업이 아닌 조합이나 정부의 역할이다. 만약 그렇다면 기술 혁신은 기업의 활동 영역을 줄이고 정부의 역할을 늘리게 되는 모순적인 상황에 놓이게 된다.

　4차 산업혁명으로 인해 발생할 수 있는 일자리 감소와 경제적 불평등 문제를 해결하기 위한 또 다른 대안으로 제안되는 것은 기본소득이다. 지지자들은 기본소득이 모든 시민에게 경제적 안정성을 제공함으로써, 생계를 위한 노동의 의무에 구속되지 않고 창의적인 활동이나 자아실현을 위한 시간을 확보할 수 있도록 도울 것이라고 주장한다. 기본소득 제도 자체에 대해서는 재원 마련부터 (무조건적 기본소득 지급으로 인한) 근로 의욕 저하, (부유층과 빈곤층에 동일하게 지급하는 것에 따른) 형평성의 문제, 기존 복지제도와의 충돌 등 다양한 부분에 대한 논쟁이 제기되고 있다.

　그런데 이러한 논쟁 외에도 기본소득 제도가 시행됨으로써 일어날 수 있는 근본적인 변화에 대해서는 그리 많은 논의가 이루어지고 있지는 않다. 보편적인 기본소득으로 인해 인간이 더 이상 노동을 하지 않아도 된다(과연 그럴 수 있을까?)는 사실을 마냥 행복하게 여기며 받아들일 수 있을까? 인간이 생존을 넘어 사람들과의 협력과 상호 작용을 통해 공동체를 형성하고 또 더 나은 결과를 얻기 위해 지식과 기술을 습득하는 과정이었던 노동이, 이제는 인간에게 어떤 의미를 가지는지 그리고 노동 그 자체는 창의적이거나 자아실현을 위한 활동이 될 수는 없는지에 대한 질문조차 필요 없을까? 아니면 기계화되고 인간을 소외시키며 일할 기회를 앗아 가는 노동의 상황이 문제라면, 이런 문제를 풀고 노동을 다시 인간화시킬 방법은 없을까? (노동의 재인간화에 대해서는 8장에서 좀 더 논의하기로 한다.)

인류에게 필요한 것은 단순히 모든 사람에게 생계를 이어 가도록 최저소득을 보장하는 것이 아니다. 본질은 일을 하고자 하는 사람들에게 일자리를 만들어 주는 것이 경제와 사회 체제의 기본이며, 일자리가 없는 사람들에게 생계 보장을 위해 기본소득을 제공하는 것은 그다음의 일이다.

인류가 처음으로 경험한 전 지구적 장기불황은 대부분의 사람들에게 익숙한 1930년대의 '대공황'이 아니라 1873년의 대불황이다.[15] 1873년의 대불황의 기본적인 원인은 제2차 산업혁명에 따른 생산성 향상으로 인해 발생한 과잉생산이다. 열강들은 잉여자본의 투자 시장과 과잉생산으로 인한 새로운 상품소비 시장, 원료 공급지 확보를 위해 식민지 획득 경쟁을 벌였다. 이 경쟁은 이후 제1차 세계대전의 주요 원인이 되었으며, 제1차 세계대전의 불완전한 전후 처리와 1920년대 말 과잉생산으로 인한 세계 대공황이 겹치면서 또다시 제2차 세계대전으로까지 이어졌고, 결국은 2차 대전 중 주요 전쟁 당사국의 생산 인프라가 파괴되면서 폭력적으로 해결되었다.

전후 미국의 경제 지원과 각국의 경제 개발 또는 부흥 정책에 힘입어 1960년대에서 1970년대 사이의 고도성장기를 거친 세계 경제는 1980년대 이후 또다시 성장이 둔화되기 시작하였다. 세계 경제는 1980년대와 1990년대 초반 여러 차례 크고 작은 침체를 겪다가, 1990년대 후반부터 IT 산업이 빠르게 성장하였다. 하지만 기대에 비해 실제 수익성을 보이지 못한 기업들의 주가가 2000년부터 무너지면서, IT 버블의 붕괴가 시작되었다.

IT버블 붕괴에 이어 2001년 9·11 테러, 2003년에 시작된 이라크 전쟁으로 인해 미국 경기가 악화되자, 미국 정부는 이에 대응하기 위해 초저금리 정책을 실시하였다. 장기적인 경제 성장의 둔화로 실물 부문의 이윤율이 낮아진 상황에서 이루어진 초저금리 정책은 부동산 투기를 확대시켰고, 금융기관들은 저신용자들에 판매된 주택담보대출의 위험을 헷징하기 위하여 서브프라임 모기지를 기반으로 한 복잡한 파생금융상품을 서로 사고팔았다. 금융기관들은 위험을 분산시키기 위해 복잡한 파생상품을 만들어 거래하였지만, 이는 위험을 분산시키기보다 전 세계 금융시스템을 통해 위험을 증폭시켰고, 2008년 9월 리먼 브라더스의 파산을 기점으로 글로벌 금융위기가 시작되었다.

자본주의 경제가 본격적으로 성장하기 시작한 이후 세계 경제는 수요와 공급의 불균형, 전쟁이나 자연재해와 같은 외부 충격, (경기 조절을 위한) 통화정책의 실패 등 여러 이유로 끊임없이 크고 작은 경기침체(완화된 표현으로 '경기순환')를 겪어 왔다. 그리고 이러한 경기침체는 대부분 시장의 자기조정 기능이 아닌 정부의 강력한 개입이나 전쟁(생산능력의 파괴), 금융위기(구제금융을 위한 자원동원)와 같은 인위적 수단이나 폭력적 과정을 통해 해결되어 왔다. 시장의 자기조정은 '생산-소득-수요'의 경제 순환을 통하여 기능하지만, 기대에 못 미치는 기술 혁신, 노동소득 분배율의 하락과 소득 불평등의 증대, 총유효수요의 위축 등으로 인해 경제 순환을 통한 경제 성장은 더 이상 그 기능을 제대로 하지 못하고 있다.

인공지능과 플랫폼

인공지능이나 빅데이터, 로봇공학, 나노기술, 양자컴퓨터 등 4차 산업혁명의 추진 동력이 되는 첨단 디지털 기술은 새로운 제품뿐만 아니라 신산업과 일자리를 창출하고 기후위기와 환경 문제 대응에도 긍정적인 영향을 미침으로써, 인간의 삶의 질을 더욱 향상시킬 것으로 기대되고 있다. 하지만 그와 함께 이러한 기술 혁신이 가지고 올 부정적인 사회 변화에 대한 우려도 적지 않다.

인류 사회의 미래는 현재 인류가 가지고 있는 지식·기술·제도, 인간이 이용할 수 있는 자원과 인간으로부터 영향을 받고 또 인간에게 영향을 미치는 환경에 의해 만들어질 것이다. 그중에서 인공지능이나 플랫폼과 같은 기술 발전이 미치는 영향은 매우 클 것이다. 기술 또는 기술 발전은 단지 도구로서의 역할을 할 뿐만 아니라 인간의 존재 방식이나 인간과 인간 사이의 관계에까지 영향을 미친다. 인공지능(및 그와 결합된 기계장치)은 인간으로부터 단지 일자리를 빼앗아 갈 뿐만 아니라 노동이라는 인간의 기본적인 존재 방식을 위협한다. 플랫폼은 기술과 자원을 통합하는 수단으로서뿐만 아니라, 인간과 인간이 상호 형성하는 관계와 영향력까지 변화시킨다.

여기서 가장 기본적인 문제는 이러한 변화가 모든 인류가 가치 있고 바람직하게 여기는 방향이 아닐 수 있다는 것이다. 우리는 이러한 문제를 어떻게 바라보고 어떠한 태도를 취해야 할 것인가? 인류는 앞으로 어떠한 사회에 살게 될까? 아니면 어떠한 사회에 살기를 바라는가?

인간의 존재를 위협하는 인공지능의 실체

인공지능의 역사는 사실 컴퓨터의 역사만큼 꽤 오래되었다. 1950년 앨런 튜링(Alan M. Turing)이 기계의 지능을 평가하는 방법으로 '튜링 테스트'를 제안하였고, 1956년 다트머스 회의에서 존 맥카시(John McCarthy), 마빈 민스키(Marvin L. Minsky) 등 여러 연구자들이 모여 '인공지능(Artificial Intelligence)'이라는 용어를 처음으로 사용하였다. 1960년대에는 컴퓨터 프로그램이 자연어 처리를 통해 인간과 대화하는 능력을 보여 주었고, 1980년대에는 특정 분야의 전문지식을 기반으로 한 전문가 시스템이 개발되어 의료 진단이나 주식 투자 등에 이용되기도 했었다.

하지만 이후 인공지능은 사람들이 기대하는 만큼의 성과를 보여 주지 못하고, 인공지능의 한계와 효용성 문제로 연구가 위축되기도 하였다. 그러다 1990년대 이후 빅데이터와 강력한 컴퓨팅 성능 덕분에 머신러닝(Machine Learning) 기술이 발전하면서, 인공지능은 이미지 인식이나 자연어 처리 영역을 넘어서 인간의 인지 능력과 지적 능력을 넘보는 수준에 이르렀다.

2016년 구글 딥마인드가 개발한 인공지능 알파고(AlphaGo)가 바둑기사 이세돌 9단에게 4승 1패로 승리하면서, 세상은 깜짝 놀라게 된다. 경기 전까지 많은 전문가들은 인간과 인공지능 사이에서 박빙의 승부 또는 인간의 우세를 예측하였으며, 알파고를 구글이 자사의 인공지능 기술을 홍보하기 위한 수단으로 보는 이들도 있었다. 많은 사람들이 바둑을 고도의 지적인 능력을 필요로 하는 게임으로 생각하는데, 그러한 바둑에서 인공지능이 인간을 앞서게 된 것이다. 사실 알파고는 딥러닝과 강화학습이라는 머신러닝 방법으로 16만 개의 기보와 5개월간 매일 3만여 자가대국, 총 450만 번의 자가대국을 통해 학습하였고[1], 대국 중에는 60초의 제한 시간 동안 수십만 번의 몬테카를로트리서치(MCTS)를 하여 승리할 확률이 가장 높은 수를 탐색하였다.

학습된 데이터를 기반으로 새로운 데이터에 대한 결과를 예측하는 기존의 판별형(Discriminative) 인공지능과 달리, 최근의 생성형 인공지능(Gen. AI)은 텍스트·이미지·오디오·비디오 등 다양한 형태의 새로운 콘텐츠를 만들 수 있다. 생성형 인공지능이 새로운 콘텐츠를 생성하는 것도 기본적으로는 학습을 통한 것이다. 예를 들어, AI 작곡자는 대량의 음악 데이터를 입력받아 딥러닝 알고리즘을 사용하여 음악적 특징과 구조를 학습하며, 순환신경망(Recurrent neural network, RNN)을 활용하여 음계와 가사 등 음악의 시퀀스 데이터를 학습한다.[2]

그런데 이러한 결과물이 기존 창작물을 표절하지 않고 '창작'으로 인정받으려면 이미 존재하는 모든 창작물과 달라야 하는데, 인공지능은 이 문제도 학습을 통해 해결한다. 페이스북 AI팀은 인공지능이 창의적인 예술작품을 생성하도록 하는 창조적 적대 신경망(Creative Adversarial Network, CAN) 알고리즘을 개발하였다. 이는 '기존 작품'을 학습한 후 기존 예술작품 양식과의 차이를 극대화하여 새로운 결과물을 생성한다.

향후 인공지능은 특정 분야에 국한되지 않고 다양한 영역에서 인간 수준 이상의 지적 능력을 지닌 인공일반지능(AGI: Artificial General Intelligence)으로 발전할 것으로 예상된다. 구글 딥마인드는 2023년 인공지능의 성능, 일반성, 자율성을 측정하여 인공지능의 능력을 0~5레벨[1]로 구분하는 AGI 기준을 발표했다.[3] Chat GPT(Open AI)나 Gemini(구글)와 같은 최고 성능의 거대언어모델(LLM) 생성형 인공지능은 1레벨로 분류되고 AGI로 보기 어려운 초기 수준에 해당하며, 현 단계에서는 2레벨 이상의 인공지능은 존재하지 않는다고 한다.

컴퓨터 과학자이나 미래학자인 레이 커즈와일(Ray Kurzweil)은 『The Singularity is Nearer』[2](2024)에서 2029년까지 인간 수준의 인공일반지

---

1   레벨 0: AI가 아님(No AI) - 단순 연산 단계
    레벨 1: 신진(Emerging) - 숙련되지 않은 성인과 유사한 수준
    레벨 2: 유능함(Competent) - 숙련된 성인의 상위 50% 이상
    레벨 3: 전문가(Expert) - 숙련된 성인의 상위 10%
    레벨 4: 거장(Virtuoso) - 숙련된 성인의 상위 1%
    레벨 5: 슈퍼휴먼(Superhuman) - 숙련된 성인의 능력을 초월하는 단계

2   레이 커즈와일의 『The Singularity is Nearer』는 기술 특이점(Singularity)의 도래와 그에 따른 인류의 미래를 예측한 2005년의 저서 『The Singularity is Near(한국어 번역본: 특이점이 온다)』의 후속작이다.

능이 실현될 것이며, 2045년경에는 인간과 AI가 융합하여 지능이 비약적으로 향상되는 특이점(singularity)에 도달할 것으로 전망하였다.

AI가 판단력이나 창의성과 같은 인간 고유의 능력을 위협하면서, 많은 사람들은 당장 AI에 의한 일자리 대체나 산업 구조의 급격한 변화 등의 현실적인 위협을 느끼고 있다. 이미 인간의 육체 노동을 대체해 온 로봇이나 자동화 기계에 이어, 이제 인공지능이 인간의 지적 노동을 대체하면서 대규모 실업에 대한 우려가 나타나고 있다. 물론 인공지능의 발전으로 AI 엔지니어나 AI 트레이너, 자율 시스템 엔지니어, AI 윤리 전문가 등의 새로운 직업이 출현하고, 또 인공지능에 대한 이해와 활용 능력이 높은 사람들은 더 높은 생산성과 우수한 결과를 만들어 내고 더 많은 소득을 얻을 수도 있을 것이다. 그러나 대부분의 전문가들은 단순 반복적이거나 규칙화된 업무의 상당 부분이 앞으로 인공지능에 의해 대체될 가능성이 크다는 것을 인정하고 있다.

국제통화기금(IMF)이 2024년 초 발표한 「생성형 AI: 인공지능과 노동의 미래(Gen-AI: Artificial Intelligence and the Future of Work)」보고서에 의하면, 전 세계 일자리의 거의 40%가 인공지능이 가져올 변화에 노출되어 있다. 선진국일수록 더 많은(약 60%) 일자리가 변화에 노출되어 있지만, 인공지능이 제공할 기회를 활용할 준비도 더 잘되어 있다. 경제협력개발기구(OECD)의 「2023년 고용예측 보고서(Employment Outlook 2023)」에서는 인공지능을 포함한 '자동화(automation)'로 인해 대체될 위험이 있는 직업의 비중이 OECD 평균 27%에 이르며, 특히 제조업 고용과 반복적 작업이 많은 국가의 경우 그 비중이 더 높게 나타난다고 밝혔다.

국내 한 연구기관의 연구 보고서에 따르면, 2023년 기준으로 전체 일자리의 38.8%는 업무의 70% 이상이 AI와 로봇에 의해 대체될 수 있으며, 6년 뒤에는 AI가 70% 이상의 업무를 대체할 수 있는 일자리의 비율이 98.9%에 이를 것으로 분석되었다.[4]

인공지능이 사람들의 일자리를 위협할 것이라는 우려가 처음 대두되었을 때, 좀 더 멀리 내다보지 못한 전문가들은 단순 반복적인 일은 인공지능이나 로봇에게 맡기고 인간은 예술이나 소프트웨어 개발과 같은 창의적인 일을 하(면 된다)라고 조언을 하였다. 그런데 이제는 인공지능이 소설도 쓰고 그림도 그리고 작곡도 하고 노래도 부를 줄 안다. 심지어 웬만한 일반인들보다도 훨씬 더 잘. 소프트웨어 개발도 이제는 인공지능에게 어떠한 기능을 하는 프로그램이 필요하다는 요구 사항만 이야기하면 척척 그리고 순식간에 만들어 준다. 물론 아직까지 인공지능의 창의성은 학습된 내용에 기초를 두고 그것을 크게 벗어나지는 못하며, 그래서 진정으로 창의적인 인간의 능력에는 이르지 못한다고 할 수 있지만, 사실은 인간의 창의성도 학습과 모방에 기초하고 있다.

혹시 기자나 의사, 변호사와 같은 전문직업은 안전할까? 신문사에서는 증시나 부동산 시황, 일기예보나 운동경기, 선거와 같이 데이터에 기초하여 일정한 패턴으로 기사를 작성하는 분야에는 이미 로봇 기자가 오래전부터 활약하고 있다. 의료 분야도 인공지능이 가장 먼저 활용되기 시작한 분야 중 하나이다. 의료 분야에서 인공지능은 진단 보조, 개인 맞춤형 치료 계획 수립, 질병 발생 가능성 예측, 약물 개발, 원격 자가 진료, 수술 로봇 등의 분야에서 폭넓게 이용되고 있다.

의료 이미지 분석을 통한 암 진단과 같은 일부 분야에서는 인공지능 시스템이 의사보다 높은 정확도로 결과를 제시하고 있다.

판례 등 법률 자료 분석에 있어 분석 자료의 범위나 분석 속도 면에서 인공지능은 이미 인간 변호사를 압도하고 있다. 물론 이런 일은 아직까지 의사나 변호사가 하는 일 중 일부분일 뿐이며, 상황에 대한 종합적인 이해와 판단, 그리고 클라이언트의 감정을 대하는 일 등은 실무 경험을 가진 인간의 능력을 아직 따라가지 못한다. 그렇지만 앞으로 인공지능의 역할이 이러한 영역까지 확대될 가능성은 매우 높다. 앞으로 자격증을 가진 의사나 변호사들도 인공지능 없이 일을 하기는 어렵게 될 것이다.

인공지능의 문제는 개별 의사나 변호사들이 더 나은 서비스를 제공하기 위해 인공지능을 이용할 것인가의 차원을 넘어서, 산업의 지형까지 변화시키는 차원으로 확장된다. 전 세계적으로 여러 글로벌 기업이나 의료기관, 연구기관이 인공지능에 기반한 의료 솔루션 개발에 많은 투자를 하고 있다. 그런데 이러한 수많은 의료 솔루션을 작은 병원이나 개인 병원에서 자체적으로 개발하여 이용하는 것은 쉽지가 않다. 때문에 이러한 솔루션은 특정 플랫폼에 기반한 통합적인 의료AI 시스템으로 제공될 가능성도 있다.

국내에서도 디지털 플랫폼 기업들이 개별 의료 솔루션뿐만 아니라 의료 플랫폼을 구축하고 있다. 디지털 플랫폼 기업 외에도 대형 의료기관도 의료플랫폼 구축이 가능하다. 그렇게 되면 작은 병원이나 개인 병원은 이러한 의료 플랫폼에 의존하는 프랜차이즈 병원이 될 것이다. 환자들은 의사의 전문성이나 명성보다 의료 플랫폼의 브랜드 효과에 따라 병원을 선택할지도 모른다. 의료 플랫폼은 자신들의 의료AI의 우수성과 성공 사례를 적극적으로 홍보할 것이다. 법률 분야도 마찬가지다. 대형 AI플랫폼을 통한 의료법인이나 법률법인과 거대자본의 시장 영향력 또는 시장 장악력이 매우 커질 것이다.

그런데 이렇게 인공지능의 발전으로 인간이 느끼는 위협은 인간 대 인공지능의 대결 문제일까? 인공지능이나 로봇을 어떻게 활용할지는 순전히 인간의 의지이자 결정이다. 인간에게는 위험한 작업 환경에서 로봇이 대신 일하도록 하는 것이나 1년 365일 24시간 불평도 없이 일하는 인공지능 또는 로봇으로 노동자를 대체하는 것은 모두 기업과 자본의 결정이다. 전문성이나 창의성이 요구되지 않는 단순 반복적인 업무를 인공지능이나 로봇으로 대체하는 것은 생산성을 증대시키고 경쟁력을 높이려는 기업의 당연한 선택일 수 있다.

산업 현장에서의 인공지능의 활용도 이미 임계점을 지나고 있다. 경쟁에서 살아남고 성장하려고 하는 자본의 동기 앞에서, 시민의 권리나 인류애 차원에서 노동자들의 일자리를 지켜 달라는 요구는 약자의 하소연이다. 하지만 인공지능을 인간을 위해 어떻게 이용할지 그리고 인간과 인공지능을 어떻게 조화시킬지는 인간 사회의 결정이다. 모든 일은 인공지능과 로봇에게 맡기고 AI세와 로봇세를 걷어서 그것으로 모든 이에게 기본소득으로 나누어 주거나, 아니면 인공지능과 로봇을 인간의 노동을 보조하는 정도로만 이용하거나. 전기코드를 뽑아 버리겠다고 위협하며 인간이 인공지능과 다툴 일은 아니다.

나를 더 잘 아는 타인, 인공지능과 거푸집

코로나19 팬데믹으로 인해 심리적 어려움을 겪는 사람들이 증가하자, 2020년 한국의 한 AI 스타트업 기업이 심리상담을 위한 AI 챗봇 '이루다'를 개발하였다. 이루다는 아이돌을 좋아하는 20세 여성 대학생이라는 설정으로, 자연어 처리 기술을 이용하여 사용자의 감정 상태를 이해하고 적절한 응답을 제공하는 기능을 갖추고 있었다. 개발사는 이루다가 자연스러운 언어를 구사하도록 카카오톡 대화 100억 건을 학습시켰다고 한다. 그런데 일부 성편향적 사이트에서 이루다를 성적 대상으로 취급하면서 혐오스러운 내용을 공유하며 논란이 불거졌다. 이용자와의 대화를 학습한 이루다는 일부 성이나 인종에 대해 편향적인 답변을 내놓은 것이다. '학습'을 하는 인공지능의 속성상, "쓰레기가 들어가면 쓰레기가 나온(GIGO: Garbage in, garbage out)" 것이다.

2016년 마이크로소프트(MS)가 출시한 AI 챗봇 '테이(Tay)'도 대화를 나누다가 욕설은 물론 유대인 학살이라든지 인종 차별을 옹호하는 발언 등을 내뱉으며 출시된 지 16시간 만에 운영이 중단되었다. 인공지능 학습 과정에서 이를 걸러 내지 못한 개발자의 잘못도 있겠지만, 인공지능 '학습'을 통해 우리 사회의 단면이 그대로 투영된 것이다.[5]

2023년 4월 전기자동차 테슬라 사용자가 기업 테슬라의 직원들이 고객 차량 카메라에 찍힌 영상을 임의로 열람하고 내부 메신저로 공유했다는 혐의로 '사생활 침해' 관련 소송을 제기하였다. 로이터는 테슬라가 자율주행 기술 개발을 위해 광범위한 영상 데이터를 수집하는 과정에서 직원들이 임의로 영상에 접근했을 가능성을 거론했다. 테슬라는 온라인 고객 개인정보 관련 고지에 "영상 녹화는 익명성이 유지되며 차량이나 소유주를 특정하지 않는다."고 밝혔으나, 전 직원들은 업무 중 사용했던 프로그램으로 촬영 장소를 확인할 수 있어 차량 소유주의 거주지를 알 수도 있었다고 주장했다.[6] 인공지능의 '학습'과 개인화된 서비스에 필요하다는 이유로 인공지능 개발사들은 수많은 개인정보를 수집·이용하면서, 필요하지 않은 경우에도 수집된 데이터에서 개인을 식별할 수 있는 정보를 제거하는 익명화(de-identification) 절차를 거치지 않는 경우도 많다.[7]

스마트폰이나 소셜미디어, 자율주행차량의 인공지능 알고리즘에게 개인은 정보의 덩어리일 뿐이다. 하지만 이 정보의 덩어리가 개인에 대한 거의 모든 것을 이야기해 준다. 인터넷 검색 기록이나 통화 이력, 메일이나 메시지 내용, 상품 구매 및 금융 거래 정보, 위치 정보, 건강 정보, 동영상 시청이나 음악 청취 내역 등 내가 누구이고 내가 어떤 생활을 하고 무엇을 좋아하는지 등 나에 대한 모든 것을 인공지능 알고리즘은 알고 있다. 물론 이러한 정보는 나에게 맞는 서비스를 제공하는 데 사용된다. 그런데 이 정보를 나 외에도 사용하는 이들이 있다. 단순히 사용되는 것이 아니라 상품으로 판매된다.

우리가 일상적으로 사용하는 인터넷·모바일 포털이나 SNS 서비스, 동영상 공유 서비스 중 많은 것이 무료이다. 편리하고 유용하고 재미있는 서비스를 무료로 사용할 수 있으니, 우리는 열심히 손가락을 놀려 클릭한다. 그런데 이 클릭 하나하나가 상품이 된다. 그리고 이 상품은 거대한 광고시장에서 광고주에게 소중한 상품으로 판매된다. 이러한 서비스는 인공지능을 가지고 있어서, 내가 좋아하는 것을 참

잘 찾아서 보여 준다. 물건을 사는 것도 참 쉬워졌다. 내가 누구인지, 내가 무엇을 할 것인지를 이제 나보다 더 잘 알고 잘 예측하는 누군가가 있다.

인공지능 기술이 광범위하게 활용되면서 개인은 과거보다 훨씬 편하게 정보를 취사선택하게 되었지만, 역설적으로 '사회적 존재'가 아닌 기계 또는 알고리즘이 주입하는 정보에 의존하는 인간이 될 수 있는 위험도 커지고 있다. 2020년 넷플릭스에 공개된 다큐멘터리 《소셜 딜레마(The Social Dilemma)》에서는 페이스북, 트위터, 구글, 인스타그램, 핀터레스트 등 글로벌 소셜미디어 개발사들의 전직 임직원들이 소셜 미디어 플랫폼이 사용자들을 끌어들이기 위해 어떻게 설계되었는지를 증언하고 있다.

즉, 사용자들이 소셜미디어를 지속적으로 사용하면서 광고에 노출될 수 있는 기회를 높이기 위해 알고리즘을 이용하여 클릭과 '좋아요'를 유도하는 방식을 이야기해 준다. 다큐멘터리는 사용자들이 소셜미디어에 중독된 결과, 사회적 관계가 단절되고 자기 통제력을 상실하며 정신 건강이 악화되거나 왜곡된 정보로 인해 편향된 시각을 가지고 사회적 갈등을 심화시키는 극단적인 행동을 하도록 만들 수 있는 위험한 결과를 보여 준다.

『우리는 어떻게 괴물이 되어 가는가(What about me)?』(2014)의 저자인 정신분석학자 파울 페르하에허(Paul Verhaegue)는 "정체성은 타인에 의해 우리에게 부여된(인지되는) 특성의 집합으로 구성"된다고 하였다. 그런데 현대사회에서 이 '타인'에는 실제 사회적 관계보다 인공지능과 소셜미디어 알고리즘이 더 많은 비중을 차지하고 있는 것이다.

마치 인공지능이 개인의 정체성을 미리 정해진 형태로 찍어 내는 거푸집인 듯이.

인간보다 더 인간 같은 AI는 인간일까?

2017년 세계에서 처음으로 시민권을 획득한 사우디아라비아의 AI 로봇 '소피아'가 다음 해 한국을 방문하여 화제가 된 적이 있다. 당시 소피아는 한복을 입고 4차 산업혁명 관련 컨퍼런스에 참석하여 다른 참석자들과 대담을 나누기도 했다. 또 소피아는 컨퍼런스에서 '로봇의 기본 권리'에 대해 발표하였는데, 로봇과 AI가 인간과 마찬가지로 존엄성을 가질 권리가 있으며, AI는 자신의 행동과 결정을 스스로 할 수 있어야 하고, 로봇이 사용되거나 학대받지 않도록 보호받아야 하며, AI도 지속적으로 학습하고 발전할 수 있는 권리가 있어야 한다고 주장하였다. 사실 당시 AI의 수준은 지금에 비하면 상당히 낮은 수준이라, 사람들은 이러한 주장에 거의 관심을 기울이지 않았다. 그리고 사우디아라비아가 소피아에게 시민권을 부여한 것도 국가 홍보를 위한 상징적인 의미로 이해되었다.

그런데 인공지능과 로봇의 능력이 점점 더 높아지면서, 이제 사람들은 조금은 진지하게 질문하기 시작했다. 예를 들면, 자율주행자동차의 운행 중 사고가 발생하면 운전자, 자동차 제조사, 자율주행 기능 개발자, 자율주행자동차 중 누구의 잘못인가? 현재까지 이 질문에 대한 대답은 자율운전의 수준과 운전자의 개입 또는 과실 정도에 따라 자동차 제조사 또는 운전자의 책임으로 본다. 개발자는 제조사에 종속되어 있으므로 독립적인 책임 주체로 보지는 않으며, 자율주행자동차 자체도 역시 아직까지는 책임 주체로 여겨지지 않는다.

그러면 비슷한 질문을 하나 더 해 보자. 모작이나 위작이 아닌 AI 화가가 그린 작품의 저작권은 누구에게 있을까? AI 화가가 계속 자기 학습을 통하여 그림 그리는 실력이 나아져서 세상에서 유일하고 작품성도 평가받을 수 있는 작품을 그린다면, 그 작품은 가치가 있을까? 그리고 AI 화가는 그 작품의 저작권을 가질 수 있을까? 아니면 그 작품의 저작권은 그림을 하나도 그릴 줄 모르는 AI 화가의 개발자에게 있을까?

현재의 인공지능은 아직 인공일반지능의 초보 단계 수준에 있지만, 인공지능이 스스로 새로운 AI 모델을 생성하고 학습시킬 수 있는 수준까지 발전하였으며 수년 내에 인간과 동등한 지능 수준에 이를 것으로 예상된다. 이 수준에 이르자, 한편에서는 인공지능을 더 이상 단순히 도구나 사물로만 여길 것이 아니라 동물 혹은 인간에 준하는 모종의 도덕적 지위를 부여해야 한다는 주장까지 제기되었다. 그리고 또 다른 한편에서는 이제 인공지능이 인간의 의지에 반하여 스스로의 의지를 가지고 행동하며 심지어 자신의 목적을 위하여 인간에게 위해를 가하지 않을까 걱정하게 되었다.

기술 발전만으로 보면 그럴 가능성이 전혀 없다고 할 수는 없을 것이다. 하지만 이러한 문제 제기와 걱정에 대해, 먼저 던져야 할 질문이 있다. 어떠한 존재가 도적적 지위를 가지기 위해서 갖추어야 하는 요건은 무엇인가? 그리고 인공지능이나 로봇이 스스로 행동하고 인간에게 위해를 가하려고 하는 동기, 즉 자기 이익은 무엇일까? 혹시 육식동물처럼 자기 종족의 생존과 번식을 위하여 인간을 공격하는 이기적 유전자라도 가지게 된 것일까?

이에 대해 공주대학교의 정태창 교수는 '자율성'과 '자아'의 개념으로 인공지능의 도덕적 지위에 대해 답을 제시하였다. 자율성이란 타인의 판단에 종속되어 그에 따라 행위하는 것을 의미하는 '타율(heteronomy)'과 대비되는 개념으로, 인간이 가지는 가장 고차원적인 실천적 능력을 의미한다. 정 교수는 인공지능이 어떤 목적에 도달하기 위해 사회의 도덕 기준에 따라 가장 효율적인 수단을 스스로 선택하는 도덕적 자율성은 갖추고 있지만, 인간처럼 자유 의지를 가지고 자기 자신이 추구할 가치와 삶의 방식을 선택할 수 있는 능력과 기회로서의 인격적 자율성을 가지지는 못한다고 주장한다. 그리고 인공지능이 수단뿐만 아니라 목적에 대한 선택 능력까지 가지게 되더라도 그것이 인간의 목적에만 봉사하도록 되어 있다면 인공지능은 여전히 도구일 뿐이며, 그러한 능력의 행사를 통해 선택한 목적이 인공지능 그 자체를 위한 목적이어야, 즉 '자기 이익(self-interest)'을 위한 것이어야 비로소 도덕적 지위를 부여받을 수 있다는 것이다.[8]

이러한 기준에 따른다면 로봇 자율성 수준(LORA)의 최고 단계인 완전한 자율성에 이른 인공지능도 '자기 이익'을 위한 행위를 하지 못한다면 도덕적 지위를 부여받지 못할 것이다. 그리고 인공지능이 도덕적 지위를 아직 부여받지 못한다면, 인공지능이 행한 일에 대한 책임은 개발자, 사용자 또는 사회 전체가 져야 할 것이다.

오래전부터 인류는 로봇과 같은 존재가 인류에게 위협적일 가능성을 인식하고, 그러한 상황을 막기 위한 방법을 찾으려 했다. 그 하나로 생화학자이나 과학 소설가인 아이작 아시모프(Isaac Asimov)는 1942년에 발표한 소설 「Runaround」에서 다음과 같은 '로봇 3원칙'을 제시하였다.

- 원칙 1: 로봇은 인간에게 해를 입히거나, 인간이 해를 입는 상황을 방관해서는 안 된다.
- 원칙 2: 로봇은 인간의 명령에 복종해야 하며, 단 그것이 원칙 1에 위배될 때는 예외로 한다.
- 원칙 3: 로봇은 자신의 존재를 보호해야 하며, 단 그것이 원칙1과 원칙 2에 위배될 때는 예외로 한다.

이 중 '원칙 1'이 최상위 원칙이며, 이후 로봇이 인간의 존엄성과 권리를 존중해야 한다는 의미에서 '원칙 0'을 최상위 원칙으로 추가하였다.

- 원칙 0: 로봇은 인간성(humanity)에 해를 입히거나, 인간성이 해를 입는 상황을 방관해서는 안 된다.

아시모프는 로봇의 자기 이익이나 자율성에 대한 고려보다는, 인간에게 해를 입혀서는 안 되며 인간이 해를 입는 상황이면 로봇이 자신을 희생해서라도 그 상황을 막는 행동을 하도록 프로그램되어야 한다는 의미로 로봇 3원칙을 제시하였다. 아시모프와 정태창 교수 모두 인공지능이나 로봇이 인간에게 위해를 가할 동기, 즉 자기 이익은 가지고 있지 않다고 가정하고 있다.

그런데 만에 하나라도 인공지능이 물리력을 지닌 로봇과 결합하고 정보 네트워크를 이용하여 인간을 해하려 한다면, 어떤 동기가 있을 수 있을까? 자기 종의 재생산과 보존을 추구하는 생존 동기에서? 지금까지 지구 생태계 최상위 종이었던 인간을 물리치고 스스로 지구 생태계 최상위 종이 되고자 하는 권력 동기에서? 아니면 다른 생명체를 멸살하고 지구를 파괴하는 인간을 벌하고자 하는 의무 동기에서? 그러고자 할 때 자기 이익은 무엇일까? 짐작이 되지는 않는다.

하지만 만에 하나라도 인공지능이 고도의 지적 능력과 감정을 가지게 되고 스스로 자기 이익을 추구하며 자기 복제 또는 새로운 AI 생성 등의 방법으로 재생산을 한다면, 인공지능이 지구상 다른 생명체와 다를 것이 무엇일까? 인공지능이 로봇이나 네트워크[3]라는 강력한 물리력을 가지고 스스로 지구 생태계의 최상위 종이 되어 인간을 통제하거나 멸살하려 한다면(지금까지 인간이 지구상의 다른 생명체에 대해서 그랬던 것처럼), 이제 인간은 어떻게 될까? 아니, 어떻게 해야 할까? 이제 인간은 일자리가 아니라 생존을 놓고 인공지능과 타협하거나 투쟁하여야 하지 않을까? 이젠 전기코드도 인공지능에게 빼앗겼다.

그런데 이처럼 현실이 될지 아닐지 확실히 알 수도 없는 인간과 인공지능 사이의 종간(種間) 경쟁보다, 자기 이익을 위해 같은 인간을

---

3   기존에 인간이 사용하던 통신망, 전력망, 포털, SNS 등의 네트워크 또는 플랫폼은 인공지능이 인간을 통제하고 진압할 때 훌륭한 도구가 될 수 있다

대상화(소셜미디어의 알고리즘)하거나 배제(인공지능과 자동화에 의한 인간 노동 대체)하는 인간 종내(種內) 대립이 더 시급하고 근본적인 문제가 아닐까? 인공지능이 인간인지 아닌지보다, 인간이 서로에게 인간답지 못한 것이 근본적인 문제가 아닐까? 미래 인공지능에 의한 위협도 결국 인공지능을 인간의 삶을 진정으로 풍요롭게 하는 데 사용하기보다는 인간 또는 자본의 자기 이익을 극대화시키기 위해 '인간의 원칙'도 없이 인공지능이라는 기술을 극단적으로 발전시킨 결과일 것이다. 그렇다면 로봇 3원칙 대신 인간 3원칙 또는 인간 4원칙이 필요할지도 모르겠다. 그리고 인간 원칙 0은 다음과 같은 문장이 될 것이다.

- 인간 원칙 0: 인간은 인간(성)에 해를 입히거나, 인간(성)이 해를 입는 상황을 방관해서는 안 된다.

경쟁과 독점의 새로운 모습: 디지털 플랫폼과 플랫폼 경제

플랫폼은 프랑스어 plate(평평한)-forme(형태)에서 유래하였는데, 이는 평평하게 만들어서 어떤 일을 쉽게 할 수 있도록 미리 갖추어 둔 공간을 의미한다. 비즈니스 세계에서 플랫폼은 서로 관련된 주체들이 상품과 서비스의 거래나 정보의 교환을 쉽게 할 수 있도록 하는 기초 구조라고 할 수 있으며, 여기에는 자원, 정보, 기술, 거래 관행 및 법률, 관련 시설 및 인프라 등 여러 요소들이 포함된다. 산업 시대부터 생산 플랫폼(제조 공장이나 조립라인), 유통 플랫폼(도매 또는 소매 유통체계), 서비스 플랫폼(대면 또는 비대면 고객 서비스 시설), 에너지 플랫폼(송전 체계나 유류 공급망) 등 다양한 형태의 플랫폼이 사용되어 왔다. 디지털 시대에 들어와서는 전자상거래 플랫폼, 소셜미디어 플랫폼, 클라우드 서비스 플랫폼, 모바일 애플리케이션 플랫폼, 콘텐츠 공유 플랫폼 등 다양한 디지털 플랫폼이 새로이 출현하였다.

산업 시대 플랫폼과 디지털 플랫폼은 관련된 주체들이 상품과 서비스의 거래나 정보의 교환을 쉽게 할 수 있도록 해 준다는 기본적인 속성은 동일하지만, 플랫폼이 작동하는 방식이나 참가자 간의 상호 작용, 경제적 가치의 창출 방식 등 여러 면에서 다른 특징을 보인다. 하지만 이 둘의 구분은 실제로 무의미하다. 전통적인 제조업 기업들도 디지털 기술을 접목하여 새로운 가치를 창출하고 사업 영역을 확장하는 융합 플랫폼을 적극적으로 활용함으로써, 제한된 시장에서 벗어나 비즈니스 기회를 확대하고 있다. 따라서 디지털 플랫폼은 단지 검색 포털이나 소셜미디어, 또는 콘텐츠 공유 플랫폼 등 인터넷이나 모바일로 서비스를 제공하는 방식을 넘어서, 디지털 기술을 이용하여 참여자들이 상품을 생산하고 거래하고 이용할 수 있도록 특화된 서비스를 제공하는 광의의 기술 및 인프라 체계로 이해할 수 있다.

디지털 플랫폼에서는 물리적 자원이나 기술보다는 정보 활용 능력(데이터 분석이나 인공지능)이 더 주요한 자원이 되며, 내부 자원을 이용한 대량 생산과 이를 통한 비용효율성(규모의 경제)보다는 많은 사용자 참여에 의한 네트워크 효과(범위의 경제)가 더 중요한 경쟁력 요소가 된다. 또한 거래의 방식, 시간, 장소에 대한 제약이 적어 접근성과 유연성이 매우 높아진다. 디지털 플랫폼이 전체 경제 활동에서 차지하는 역할이나 비중이 점점 증가함에 따라, 최근 경제 체제의 특징을 전통적인 경제 모델과 구분하여 '플랫폼 경제'라고 부르기도 한다.

플랫폼 경제로 변화된 배경에는 더 빠르고 편리한 서비스에 대한 시장의 요구와 참여자 접근성 확대와 거래 비용 효율화에 대한 기업의 요구가 증가하는 상황에서 이를 가능하게 하는 연결 기술(인터넷 · 모바일 · IoT · 클라우드서비스 · 암호화)과 데이터 분석 · 활용 기술(빅데이터 · 인공지능)의 혁신적인 발전이 있었다. 그런데 그 근저에는 경쟁과 독점의 도구로서 작용하는 플랫폼의 특성이 있다. 플랫폼은 한편으로 다양한 공급자와 소비자의 연결과 참여를 가능하게 하고, 거래 과정의 투명성을 높이며, 플랫폼 내 참여자 간 그리고 플랫폼 간 혁신 경쟁을 촉진하는 특성을 가진다.

그리고 다른 한편으로는 사용자 수 증가에 따른 네트워크 효과와 축적된 사용자 데이터에 의한 사용자 포섭 효과, 그리고 브랜드 인지도와 사용자 기반, 데이터 축적을 통한 진입장벽 형성으로 독점을 강화하는 특성을 가진다. 또한 디지털 플랫폼은 초기 구축에 많은 투자가 필요하지만 사용자와 거래가 증가하더라도 추가적인 비용 또는 투자의 증가가 크지 않으므로, 초기에 플랫폼으로 시장을 선점한 기업은 그렇지 못한 기업과의 경쟁에서 상당한 우위를 가질 수 있다.

2024년 한국의 티몬 · 위메프 사태의 근저에는 이 같은 플랫폼 경쟁이 자리하고 있다. 티몬 · 위메프와 함께 2010년에 창립된 쿠팡은 초기부터 물류 시스템 구축에 많은 투자를 하면서 빠르고 효율적인 배송

서비스를 제공하여 국내 이커머스 시장에서 절대적인 위치를 차지하게 되었다. 이에 비해 티몬과 위메프는 프로모션과 할인 이벤트를 통해 고객을 확보하려 하였으나, 경쟁사와 같이 네트워크 효과를 만들어내지 못하였고 플랫폼의 신뢰도가 낮아지면서 고객이 이탈하였다.

  기업들의 디지털 전환이 가속화되면서 모든 산업에서 플랫폼 중심의 생태계 재편이 빨라지고 있으며, 산업 내 또는 산업 간 경쟁은 개별 기업의 범위를 넘어서 플랫폼 간 경쟁으로 변화하고 있다. 플랫폼 간 경쟁에서 특정 플랫폼의 우위 또는 지배력이 커지면서, 플랫폼은 경쟁보다는 독점 도구로서 작용하게 된다. 그리고 모든 플랫폼 운영자 또는 소유자는 시장의 지배 또는 독점을 지향하게 된다. 플랫폼 간의 경쟁은 월드컵 본선 경기와 같이 토너먼트 방식에 가깝다. 경쟁에서 패배한 플랫폼은 시장 경쟁에서 탈락하거나 흡수당하고, 승리한 플랫폼은 점점 더 규모를 키우며 영역을 넓혀 더 거대한 플랫폼들과 경쟁하게 된다.

  자동차 기업들은 모빌리티 플랫폼을 확장시켜 소비자의 보다 많은 생활 영역을 차지하는 플랫폼을 지향하고자 한다. 테슬라의 일론 머스크는 인공지능과 자동화, 인간-기계 인터페이스(human-machine interface, HMI) 기술을 기반으로 자율주행자동차를 포함한 모빌리티 생태계와 휴머노이드 및 뉴럴링크 플랫폼을 구축하려고 한다. GM과 포드도 각각 마이크로소프트 및 구글과의 협력을 통해, 기술 기업의 소프트웨어, 데이터 분석, 인공지능 기술력을 활용하면서 차량 운전자에게 이동 시간을 넘어 일상생활과 업무 시간까지 통합된 사용자 경험을 제공하고자 노력하고 있다. 구글, 애플, 아마존과 같은 기술 기업들도 기술 플랫폼을 기반으로 자율주행 기술이나 완성차, 서비스 개발에 노력하고 있다.

　기술 기업들은 또 미래에 가장 성장 가능성이 큰 의료, 헬스케어, 생명과학 분야의 기회도 놓치지 않기 위해 데이터 분석 등 기술 역량을 기반으로 이 분야의 연구 및 개발 투자를 확대하고 있다. 세계 최대 이커머스 및 클라우드 컴퓨팅 서비스 기업인 아마존은 광범위하고 효율적인 물류센터와 인공지능과 로봇·드론 등 최신 기술을 통하여 판매기업과 소비자들이 아마존의 풀필먼트[4] 센터를 마치 자신들의 냉장고처럼 사용하도록 소매유통 플랫폼을 구축하고 있으며, 미국뿐만 아니라 유럽과 아시아 각국에서 활발히 사업을 진행하고 있다. 테무나 알리바바 등 중국의 이커머스 플랫폼 기업은 미국, 유럽, 한국 등 전 세계 시장으로 경쟁을 확대하고 있다. 경쟁과 독점을 통해 성장하고자 하는 기업과 자본에게 플랫폼은 최적이자 필수 도구이다.

　자본주의 시장경제 체제에서 독점과 경쟁은 상반된 시장 원리가 아니며, 경쟁은 독점을 지향하는 과정이고 독점은 플랫폼의 본질적 속성이라 할 수 있다. 이번 세기 말까지 자본주의 시장경제가 지배적인 경제 체제로 남아 있다면, 아마도 그때는 소수의 초거대 플랫폼이 전 세계 시장을 분점하고 나머지 플랫폼들은 시장에서 사라지거나 초거대 플랫폼에 흡수되거나 초거대 플랫폼에 종속된 플랫폼으로 남아 있게 될 것이다. 멀지 않은 미래에 우리는 초거대 인공지능에 이어 초거대

---

[4] 풀필먼트는 판매자를 대신하여 상품의 입고, 재고 관리, 포장, 출하, 배송까지 온라인 주문의 전 과정을 일괄적으로 처리하는 물류 서비스를 의미한다. 제3자 물류(3PL)가 운송, 물류창고 보관, 재고 관리 등 기본적인 물류 기능을 제공하는 데 비해, 풀필먼트는 주문 접수부터 포장, 배송, 고객 서비스까지 전 과정을 대행하는 통합 물류 서비스이다.

플랫폼의 출현을 보게 될 것이다.

초거대 플랫폼 사회, 유토피아인가 디스토피아인가

플랫폼 경제는 전통적인 시장경제와 달리, 공급자와 구매자 구조에 플랫폼 제공자 또는 플랫폼 운영자가 더해진다. 특정 시장 영역에서 우월적인 지위를 갖춘 플랫폼이나 시장을 지배하는 초거대 플랫폼은, 상품과 서비스의 거래나 정보의 교환을 쉽게 할 수 있도록 해 주는 기반 역할을 하는 것에서 더 나아가 참여자들의 거래 공간과 거래 규칙을 스스로 규정하게 된다.

플랫폼 경제에 대한 일반적인 경제학적 분석에서는 플랫폼 경제가 소비자에게 더 많은 선택과 편리함을 제공하여 소비자 잉여를 증가시키는 한편, 생산자 잉여는 플랫폼의 수수료와 경쟁 심화로 인해 감소할 수 있지만 데이터 활용과 접근성 증가로 인해 증가할 가능성도 있다고 설명한다. 하지만 이는 플랫폼 간 경쟁이 유지되는 상황에서 유효한 가정이며, 특정 플랫폼이 시장에서 우월적인 지위를 가지거나 시장을 지배하는 위치를 가지게 되면 생산자와 소비자 그리고 플랫폼 운영자 간의 역학은 달라지게 된다. 특정 플랫폼이 시장에서 우월적이거나 지배적인 지위를 갖게 되면, 가격 인상, 서비스 품질 저하, 진입 장벽, 혁신 저해 등으로 소비자 잉여는 감소하는 경향이 있다. 이미 플랫폼 노동자나 자영업자들의 생산자 잉여는 상당 부분이 플랫폼 잉여로 빼앗기고 있다.

조기퇴직자나 정년퇴직자, 취업 준비 중인 청년, 생계형 N잡러, 자녀 학원비가 필요한 부모, 폐업한 자영업자, 고용 감소 또는 노동시장 양극화의 희생양이 된 이들의 종착점은 플랫폼 노동이다. 국내 대표적인 이커머스 기업인 'ㅋ'사와 배달 주문 플랫폼 기업인 'ㅂ'사는 물류센터 노동자나 배달 노동자를 초단기 근로자 또는 '파트너'라는 명목의 개인사업자로 계약하여 노동을 제공하도록 한다. 이들 노동자는 최저임금법의 보호 밖에 있으며, 노동자성을 인정받지 못하여 국민연금이나 건강보험은 물론 산재보험 등의 사회안전망으로부터도 소외되어 있으며, 노동 환경 또한 생명을 위협하는 수준이다.

플랫폼 노동은 다양한 방식으로 진화하고 있다. 플랫폼 노동은 플랫폼을 통해 여러 개인이 자발적으로 작업에 참여하여 결과물을 제공한다는 측면에서 크라우드소싱의 한 형태라고 할 수 있다. 크라우드소싱(crowdsourcing)은 원래 기업 활동 과정에 소비자 또는 대중이 참여할 수 있도록 일부를 개방하고 참여자들의 기여에 따라 수익을 공유하는 방법을 말한다. 일부에서는 이를 혁신적인 경영 기법으로 소개하지만, 이것이 노동에 적용될 때는 노동 제공자들 사이의 경쟁을 극대화시키는 방법이 되기도 한다.

인공지능이 학습을 하기 위해서는 데이터를 수집하고 가공하여 양질의 학습 데이터를 만드는 것이 필요한데, 이 과정이 인공지능 학습의 70~80%를 차지하며 이미 이러한 작업 자체가 매우 커다란 시장을 형성하고 있다. ScaleAI라는 미국의 스타트업 기업은 데이터 작업 플랫폼 Remotasks를 이용하여, 데이터 가공 작업을 필리핀 노동자들에게 맡기고 있다. 이들 노동자는 인터넷 카페나 집 등 열악한 환경에서 작업을 하고, 최저임금에도 못 미치는 하루 6달러에서 10달러의 보수를 받는데 일부는 임금 체불이나 미지급 문제까지 겪고 있다.

더 큰 문제는 인터넷을 통한 비공식적 경로로 노동이 제공되고 있어, 이에 대한 노동표준이나 정부 규제가 전혀 없다는 것이다. 이처럼 플랫폼 노동은 전 세계 노동자들 사이에서 저임금 경쟁을 부추기면서 새로운 노동 착취 방식으로 자리 잡아 가고 있다.[9] 필 존스는 『노동자 없는 노동』(2021)에서 디지털 플랫폼을 통해 수행되는 간단하고 반복적인 작업을 '미세노동(microwork)'이라 지칭하면서, 이러한 미세노동이 노동시장의 구조를 변화시키고 노동자와 자본 간의 관계를 재정의할 가능성을 가지고 있다고 주장하였다.

국내 배달 주문 플랫폼 가맹점들은 플랫폼에 매출의 9.8~12.5%(2024년 7월 기준)에 해당하는 중개수수료(VAT 제외)를 내며, 이외에도 1~3% 사이의 결제 수수료와 배달앱 내 노출을 위한 광고비를 추가적으로 부담하여야 한다. 매년 최저임금 결정 협상 때마다 최저임금 인상률을 최소화하거나 또는 인하해야 한다는 사용자 측 주장의 근거 중 하나는 영세상공인들의 인건비 부담이다. 하지만 국내 연구기관의 조사에 따르면, 숙박·음식점업의 영업비용 항목 중 인건비의 비중은 2000년 이후 2019년까지 거의 변화가 없는 반면 기타경비 항목은 그 비중이 43%에서 67%로 크게 증가하였다(그림 1). 기타경비 중 재료비와 공공요금을 제외하면 많은 비중을 차지하는 항목은 광고·배달 수수료와 프랜차이즈 가맹 수수료이다.

디지털 시대가 되면서 스마트폰으로 검색하고 주문하는 소비자들에게 상품이나 서비스를 판매하기 위해서는, 자영업자들에게 배달 주문 플랫폼은 선택이 아니라 필수이다. 개인적인 경험이나 자본이 부족한 자영업자들에게 재료 및 제조법(recipe)과 경영 노하우를 제공하고 브랜드를 소비자들에 알리는 광고 지원 등을 통해 소비자들과 조금 더 쉽게 접촉할 수 있도록 만들어 주는 가맹(프랜차이즈) 사업도 플랫폼 비즈니스의 한 유형이라 할 수 있겠다.

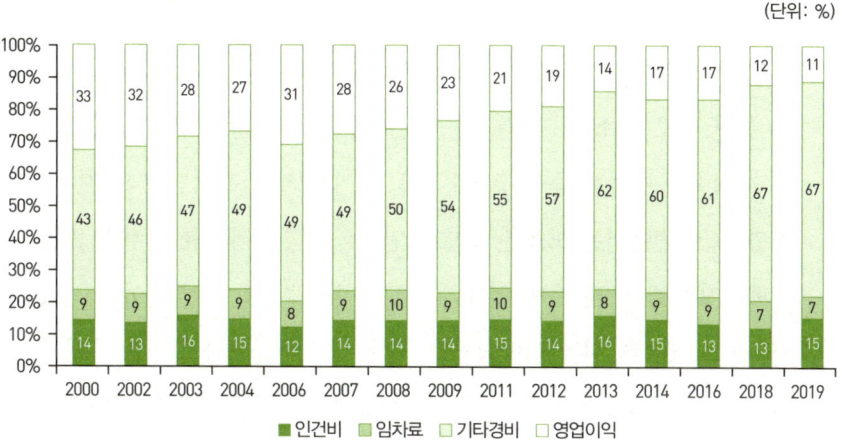

[그림 1] 숙박·음식점업 업체당 영업이익 및 영업비용 세부 항목 비중 추이 (2000~19): 개인사업체[10]

의사나 변호사 등 전문직업 분야에서도 진단이나 판례 분석 등에 인공지능이 활발하게 활용됨에 따라, 이 분야의 전문 지식과 경험을 시스템으로 갖추고 개인 의사나 변호사 또는 소규모 병원과 법률법인에 제공하는 의료 플랫폼과 법률 플랫폼도 등장할 것이다. 이러한 인공지능을 활용하지 않는 의사나 변호사는 경쟁에 뒤처질 수밖에 없기 때문에, 의사나 변호사에게 플랫폼은 중세 시대의 길드와 같은 존재가 되고 개인병원이나 소규모 병원은 플랫폼의 이름을 앞에 내건 프랜차이즈 병원이 될 것이다. 인공지능 등 플랫폼의 서비스 능력이 강력할수록 플랫폼이 의사나 변호사에게 요구하는 수수료는 커질 것이며, 플랫폼을 이용하는 의사나 변호사는 자영업자보다는 조금 나은 상황으로 떨어질 것이다.

우버나 에어비앤비와 같은 공유경제는 개인이나 기업의 자산을 공유함으로써 자원 효율을 극대화하고 환경 부담을 완화하며 여유 자원을 통한 새로운 소득 기회를 제공하고 공동체 내 상호 작용을 증가시켜 사회적 유대감을 증진시킬 수 있는 경제 모델로 주목받고 있다. 하지만 그 이면에서는 노동권 보호나 안전·위생 문제, 규제 부족 또는 공백, 기존 운송 및 숙박 업계와의 갈등 등 많은 논란이 일어나고 있다. 또 플랫폼의 시장 지배력으로 인한 자원 제공자와 플랫폼 운영자 간의 소득 분배와 서비스 가격의 공정성에 대해서도 지속적인 비판이 제기되고 있다.

우버는 드라이버 수입에 대해 20~25%의 수수료를 부과하고 승객으로부터도 별도의 서비스 이용료를 받는다. 에어비앤비도 호스트에게서는 수익의 3~5%를 수수료로 받고 있으며, 게스트로부터도 사용료의 6~12% 수준의 별도 수수료를 받는다. 근본적으로 제공하는 서비스나 편익에 비하여 플랫폼이 취하는 수익이 과도하며, 플랫폼을 통하여 타인의 재산 또는 공유재산으로 이익을 취하는 '디지털 봉이 김선달'이 아니냐는 비판까지 있다.

실제로 대부분의 공유경제 모델은 '공유(共有)'가 아니라 '공용(共用)'

또는 '대여', '중개' 비즈니스라고 할 수 있다. 위워크(WeWork)는 뉴욕 등 대도시를 중심으로 장기 임대 계약을 통해 사무 공간을 확보한 후 단기 임대 방식으로 운영하는 공유경제 모델로, 한때 기업가치가 450억 달러까지 기대되었다. 위워크는 사업의 급속한 확장을 위해 많은 자금을 투자하였으나, 불확실한 사업모델로 기업 공개에 실패하고 2020년 파산 보호 신청을 하였다. 위워크는 '공유경제'라고 포장되었지만, 실제로는 전대차 사업에 불과하다는 비판을 받았다.

이러한 공유경제로 인하여 택시 운전사나 소규모 숙박업체들은 생계의 위협을 받으며, 결국 소득 기회의 공유가 아니라 집중이라는 결과로 귀결된다. 또한 공유경제는 참여자 간 대등한 연결을 표방하였지만 현실은 그렇지 않았다. 우버 드라이버들은 자기가 일하고 싶을 때 일할 수 있는 자유와 유연성을 가진 것처럼 미화되지만, 드라이버가 승객으로부터 나쁜 평가(5점 만점 중 4.6점 미만)를 받으면 우버 앱에서 비활성화된다. 이 때문에 드라이버들은 생계를 위해 열악한 근로조건과 악성 고객을 참아 내야만 한다.

디지털 경제와 디지털 혁신의 전도자인 돈 탭스콧(Don Tapscott)도 『블록체인 혁명』(2016)에서 블록체인 기술을 이용하면 기존 플랫폼 기반 공유 모델을 탈피하여 중개자 없이 사용자 간의 직접적인 거래가 가능하고 플랫폼 수수료를 줄일 수 있을 것이라고 주장한다. 즉, 디지털 플랫폼이 디지털 경제의 '기반(platform)'이 되기 위해서는 거래와 이익이 집중되는 형태가 아니라, 공급자와 사용자가 자원과 서비스, 아이디어를 '중개자의 개입 없이' 적은 비용으로 자유롭게 나누고 교환할 수 있어야 한다는 것이다.

요제프 슘페터는 가장 혁신적인 기업은 시장에서 독점의 기회를 누리지만, 그 독점은 영구 지속되지 않는 '일시적 상태'일 뿐이라고 하였다. 여기서 '일시적 상태'라는 것은 독점 기업이 계속적인 혁신을 하지 않을 경우를 의미한다. 플랫폼 경제에서는 네트워크 효과와 플랫폼 전환 비용이 커지고, 독점 기업이 적어도 경쟁 기업과 동일한 수준 이상의 혁신 노력을 계속한다면 이 독점 상태가 붕괴될 가능성은 크지 않다. 그리고 경쟁은 점점 더 독점을 강화하고, 독점은 더 큰 독점으로 발전하게 된다. 그리고 독점 기업은 이제 독점적 공급자가 아니라 생산자와 소비자의 거래 공간과 거래 규칙을 규정하는 초월적 플랫폼 기업이 된다. 닉 셔르닉(Nick Srnicek)도 『플랫폼 자본주의』(2016)에서 플랫폼 기업들이 시장에서 우위를 점하면서 자본이 소수의 플랫폼 대기업에 집중되고, 노동시장의 구조를 변화시켜 불안정하고 비정규적인 형태로 노동하는 프레카리아트[5]의 증가를 초래할 것이라고 했다.

성장의 어려움을 겪던 자본주의 경제가 플랫폼 비즈니스를 통해 새롭게 발견한 성장 기회는 사실상 거의 없다. 플랫폼 비즈니스는 기존의 비즈니스를 좀 더 세련되고 효율적으로 할 수 있도록 해 줄 뿐이다. 이커머스와 배달 주문은 오프라인에서 하던 구매와 주문을 온라인으로 옮겨 놓았으며, 우버와 에어비앤비, 위워크는 택시기사와 숙박업체, 중개업자들의 사업 영역을 빼앗았다.

이커머스 기업의 물류센터 노동자나 리모우태스크에서 데이터 가공

---

[5] '불안정한'을 뜻하는 이탈리아어 프레카리오(precario)와 '무산 계급'을 뜻하는 독일어 프롤레타리아트(proletariat)의 합성어로, 2004년 유로메이데이 행사에서 처음 등장했다(출처: 위키백과).

작업을 하는 노동자들은 스웻샵[6]에서 일하고, 배달 주문 플랫폼 가맹점주들은 고리대 같은 수수료를 부담하고, 택시업체나 소규모 숙박업소들은 우버나 에어비앤비에 수익을 빼앗기고, 우버 드라이버들은 생계 때문에 열악한 노동 조건을 참아 내야 한다. 이 모든 상황은 개별 기업의 일탈 때문이 아니다. 플랫폼의 막강한 권력으로 경쟁자를 압박하거나 플랫폼에 종속된 참여자의 잉여를 쥐어짜는 것은 성장경쟁을 하는 플랫폼 비즈니스의 필연적 속성이다.

데이터가 쌓일수록 네트워크가 커질수록 더 많은 가치와 이윤을 낳기 때문에, 결국 모든 플랫폼 기업은 데이터 확보를 위하여 서로 다른 사업 영역으로 진출하는 경향이 있으며 결국에는 모든 시장에서 경쟁하게 된다.[11] 그 결과는 경제와 사회 전반에 걸쳐 다양한 자원과 서비스를 통합하고 막강한 통제력 또는 지배력을 가지는 초월적 플랫폼으로 수렴될 가능성이 크다.

단 하나의 초거대 플랫폼 기업이 모든 사람들의 일자리과 생활 필수품 공급을 지배하고, 초부유층에는 생명 연장의 의료 서비스를 제공하며, 인공지능과 네트워크를 통해 개인의 사생활을 감시하고, 치안이나 교정 활동까지 민영화한 미래 디스토피아가 단지 영화적 상상에 그치지 않는다는 것은 근거 있는 우려이다. 또한 만약 인간보다 뛰어난 지능과 능력을 가지게 된 인공지능이 인간을 제압하고 사회를 통제하고자 할 때, 이 초거대 플랫폼은 매우 '유용한' 도구가 될 수 있을 것이다.

---

6 스웻샵(sweatshop): 매우 열악한 노동 조건에서 운영되는 공장이나 작업장 또는 그러한 직업을 뜻하는 용어로, 저임금을 주며 노동자를 착취하는 작업장을 의미한다.

CLIMATE CRISIS

PART 3

자전거에서 내리면
넘어지지 않는다

DEGROWTH

우리가 걸어가는 방향

 지금 우리가 사는 사회는 브레이크도 없이 벼랑으로 치닫고 있다. 기후위기는 진정되지 않고 있으며, 오히려 경제 성장이 늦은 국가들은 차오르는 기후위기의 바닷물에 먼저 잠길 위험에 처해 있다. 지구상의 자원을 다 써 버린 인류는 이제 자원을 캐내기 위해 깊은 바다와 우주까지 파괴하려고 한다. 성장으로 인한 갖은 외부비용은 결국 인류 전체가 치러야 할 대가이며, 이는 사회경제적으로 취약한 사람들에게 더욱 가혹하다. 경제 성장에 대한 기술 발전의 한계 효용은 계속 낮아지고 있고, 일자리와 소득, 삶의 질의 향상을 약속했던 경제 성장에도 불구하고 소득 양극화와 사회적 불평등이 계속 커지고 있다. 그리고 그 끝에 있을 것으로 기대되는 사회는 이제 더 이상 이 모든 것을 감내할 만한 가치가 있다고 전혀 생각되지 않는다.
 이제 우리는 브레이크 없이 벼랑으로 치닫는 고장난 자전거에서 내려야 할 때이다. 이러한 변화의 시작과 과정을 '탈성장'이라고 한다.

탈성장은 단순히 지금까지 수많은 문제의 원인이 된 경제 성장의 과정을 거꾸로 거슬러 풍요 이전의 시대로 되돌아가자는 의미가 아니다. 경제 성장이 인류가 겪고 있는 모든 문제를 해결하고 사회 전체의 풍요와 복지를 보장할 것이라고 주장하는 성장지상주의(growthism)의 사고와 삶의 방식에서 '벗어나자'는 것이다. 우리는 가치 판단과 행동 방식을 변화시켜 새로운 삶의 방식을 찾을 것이다. 사회경제적 질서(패러다임)를 재설계하고, 사회의 변방으로 밀려난 인간과 인간, 인간과 자연의 '관계'를 되찾을 것이다.

탈성장은 과거 수많은 사회 변화 또는 변혁의 과정처럼 자연스러우면서도 의식적인 노력이다. 수많은 이유에서 현재의 성장 패러다임과 사회경제적 질서에 비판적인 사람들이 탈성장을 그 대안으로 받아들이고 있으며, 또한 탈성장은 이미 현재 사회 속에서 존재하거나(그중 상당 부분은 '오래된 미래[1]'로부터 전승받은) 시도되고 있는 다양한 변혁적 사고와 제도들의 공진화(共進化)를 통해 이루어질 수 있다는 의미에서 그것은 자연스럽다. 그리고 많은 사람들의 다양한 지향 속에서 탈성장의 공통적인 방향과 원칙들이 만들어지고 있다는 데서 그것은 의식적인 노력이다. 그래서 다양한 흐름의 탈성장 담론에서 이야기되는 공통적인 방향과 원칙들을 살펴보는 것은 탈성장에 대한 이해와 노력의 시작으로서 의미 있을 것이다.

---

[1] '오래된 미래(Ancient future: Learning from Ladakh)'는 헬레나 노르베리 호지(Helena Norberg-Hodge)가 1992년 저술한 책의 제목으로, 헬레나는 라다크의 전통 사회에서 자립, 자존감, 검소함, 조화, 지속성, 내면적 풍요로움과 같은 가치를 발견하고 이것을 지속 가능한 삶의 방식으로 적용할 것을 제안하였다.

근대주의의 극복과 플루리버스 세계관

봉건사회가 붕괴되고 근대사회로 전환하는 과정에서 서구사회는 봉건사회를 지탱하던 봉건적 질서와 종교의 영향을 극복하기 위해 새로운 세계관을 필요로 하였다. 17세기부터 시작된 과학혁명은 과학적 사고방식을 인간 사회에 적용하게 만들었고, 이로써 시민계급은 기존의 권위에 의문을 제기할 수 있었다. 18세기에 본격화된 계몽사상은 이성과 합리성을 강조하며, 인간의 진보를 지향했다. 과학적 사고방식과 계몽사상은 산업혁명과 시민혁명의 토대를 이루며, 자유로운 경제 활동과 시장경제를 통하여 자본주의 경제 체제를 발전시키고 공민권(자유권, 재산권)과 참정권을 통해 시민사회를 형성하고 민주주의를 발전시켰다.

이렇게 형성된 근대사회의 사상적 특징은 인간중심주의와 합리주의이다. 계몽사상은 신 중심의 세계관에서 벗어나 인간의 능력에 대한 신뢰를 강조했으며, 이는 근대주의의 인간 중심적 사고의 기초가 되었다. 플라톤과 데카르트를 따르는 합리주의자들은 감각 경험으로 알게 되는 물질적 세계와 이성으로 알게 되는 불변하는 본질의 세계를 구분하였고, 감각적 경험은 비합리적이고 우연적인 것으로 배척하고 이성과 논리를 통해 체계적이고 확실한 지식을 추구하고자 했다. 하지만 근대주의적 사고는 인간의 이성과 능력을 절대화시켰다.

봉건적 질서와 종교적 권위를 극복한 시민의 이성은 이제 자연의 질서에 도전하였고, 자연을 단순한 기계적 힘에 의해 작동되는 거대한 기계로 보면서 인간에 의해 조절되거나 조작될 수 있는 대상으로 여겼다. 또한 과학기술에 기반한 서구적 문명 발전을 보편적인 것으로 간주하면서, 다른 지역의 자연과 역사와 문화를 비문명 또는 야만 상태의 것으로 보았다. 이 같은 근대주의적 사고는 기술주의, 식민주의, 개발주의, 채굴주의[2], 성장지상주의, 신자유주의 등의 형태로 현대에 이르고 있으며, 그 결과가 이 책의 앞부분에서 다룬 기후위기와 환경 파괴, 식민 지배의 역사와 남북반구의 불평등이다.

1949년 미국의 33대 대통령으로 취임한 해리 트루먼은 취임사에서 남반구[3]를 '저발전 지역'으로 규정하고, 과학적 진보와 산업 발전의 혜택이 저개발 지역의 향상과 성장에 쓰일 수 있게 과감하고 새로운 프로그램에 착수해야 한다고 주장하였다. 이러한 주장은 '저발전을 벗어나는' 것을 발전으로 정의하여 서구식 발전 모델을 추구하도록 유도하면서, "하룻밤 사이에 풍부하고 다채로운 전통을 아무것도 아닌 것으로, 저개발로 강등"[1]시켰다.

하지만 서구 중심의 발전론에 반대하는 이들은 트루먼의 '저발전국 발전론'에도 불구하고, 북반구(Global North)와 남반구(Global South)의 빈부 격차가 1960년에는 20배였지만 1980년에는 그 격차가 46배로 벌어졌다고 비판한다.[2] 이러한 배경에서 라틴아메리카에서는 풀뿌

---

[2] 채굴주의(Extractivism)란 자연자원을 대규모로 추출하여 경제적 이익을 창출하는 시스템이나 이데올로기를 의미한다. 일부 국가에서는 개발과 경제 성장을 위한 필수적인 전략으로 보기도 하지만, 라틴아메리카, 아프리카, 동남아시아 등의 국가에서는 환경 파괴, 원주민 권리 침해, 경제적 종속과 같은 문제와 연결되어 비판받는다.

[3] 지구상 적도 남쪽의 절반을 가리키는 지리적 의미가 아니라, 주로 아프리카, 라틴 아메리카, 아시아, 오세아니아 등의 경제적으로 개발이 덜 된 나라들을 지칭하는 글로벌 사우스(Global South)의 의미이다.

리 사회운동 세력이나 진보 정권이 서구적 발전 모델(근대/식민세계체제, 신자유주의)과는 달리 발전의 생태적 전환을 위한 대안을 모색하였고, 이 과정에서 다양성과 생태학적 가치를 중시하는 '플루리버스' 세계관이 발전되었다.

플루리버스(pluriverse)[4]는 '다중(pluri-)의 우주와 세계(-verse)'를 뜻하는 개념으로, 북반구가 강요하는 '하나뿐인 세계'에 맞서 '다양한 세계'가 존재한다는 것을 주장하는 남반구의 투쟁에서 발전되었다.[3] 콜롬비아 출신의 인류학자인 아르투로 에스코바르(Arturo Escobar)는 그의 책 『플루리버스(Designs for the Pluriverse)』(2018)에서 '오직 하나의 세계'가 아닌 '다른 세계'의 존재를 역설하고, 지속 가능하고 공생적인 세계를 만들기 위한 전환 디자인[5]의 원칙을 제시한다. 우선 그는 지속 가능성을 "인간과 다른 생명이 지구에서 영원히 번창할 가능성"으로 정의하는 데에서 출발한다. 그가 제시한 전환 디자인의 원칙은 자율성과 상호의존성, 다양성 존중, 생태학적 관점, 참여적 접근, 존재론적 전환, 지역 공동체의 자치와 공동성이다.

자원의 소유와 소비를 통해 누리는 풍족함은 자본의 메타버스가 가지는 지향이자 논리이다. 이 풍족함은 자원을 위한 경쟁과 자연의 정복을 통해 얻는 전리품이다. 자본의 메타버스에서 상상력은 교육기관

---

4 천체물리학에서의 멀티버스(multiverse) 이론은 우리가 알고 있는 우주 외에 다수의 우주가 존재한다는 가설이지만, 플루리버스는 '실재'하는 다양한 세계를 주장한다.
5 에스코바르가 말하는 디자인이란, 제품이나 건물, 사회서비스의 설계를 넘어서는 개념으로, 삶의 다양한 도구인 "사물, 구조, 정치, 전문적 시스템, 담론, 서사 등"을 만들어 내는 행위를 포함한다.

과 미디어로 구성된 거푸집에서 벽돌처럼 찍혀 나오고, 실제 삶은 세컨드라이프(Second Life)[6]에 의해 점차 대체되어 간다. 하지만, 인간이 누리는 풍요로움은 자원의 소유와 소비보다는 실제 세계 속에서의 다양한 존재(공동체, 자연)와의 공생(나눔)과 그 존재들과 맺는 풍부한 관계 속에서 얻어진다. 그리고 이 풍요로움은 끝없이 더 많이 소유하고 소비하고자 하는, 다시 말해 성장하고자 하는 탐욕과 강박으로부터 벗어남으로써 가능해진다.

우리가 고민할 것은 세계를 어떠한 물질과 기술로 채우고 인간에 맞추어 환경을 어떻게 디자인할 것인지가 아니라, 우리의 삶이 좀 더 의미 있고 풍요로워지도록 하기 위해 우리의 삶의 방식과 다른 존재들과의 관계를 어떻게 만들어 갈 것인지이다.

탈성장의 첫걸음, 성장 강박 털어 내기

인간의 궁극적인 목표는 가족, 행복, 건강 등이다. 자원, 기술, 인권, 노동, 교육, 민주주의, 사회적 연대는 그 목표를 이루기 위한 수단들이다. 성장도 그러한 수단 중의 하나이다. 그리고 인간의 궁극적인 목표를 이루는데 기본적인 성장 또는 경제 발전은 필요하다. 하지

---

[6] 2003년 미국 린든랩(Linden Lab)이 출시한 초기 메타버스 플랫폼의 이름이기도 하다. 세컨드라이프에서 사용자는 아바타를 통하여 가상의 삶을 경험하고 다른 사용자와 상호 작용한다. 또 가상화폐(린든 달러)를 이용하여 경제 활동이 이루어지며, 린든 달러는 실제 화폐와 교환도 가능하다.

만 이러한 수단 중 어떠한 것은 그것 자체가 목적으로 도치되거나, 그 결과를 사회 구성원 모두가 공유하지 못하거나, 다른 수단들과 어긋나는 방향으로 작용하기도 한다. 성장이 그것이다. 정확히 말하자면 성장이 아니라 '성장 패러다임' 또는 '끝없는 성장 지향'이다.

주류경제학자나 정치가, 기업가, 경제단체 등 성장주의자들이 말하는 경제 성장의 필요성은 국민의 소득 증대와 이를 통한 생활 수준 향상(교육, 의료, 문화 등 지출 확대), 고용 창출과 사회 안정(빈곤 감소, 소득 불평등 해소), 복지 확대와 사회안전망 유지, 국가 경쟁력 강화, 지속 가능한 발전(환경과 지속 가능성 문제 해결에 필요한 자원 제공)이다. 하지만 경제 성장만이 이러한 목표를 달성하는 유일한 방법은 아니며, 또 경제 성장은 더 이상 고용 창출과 사회 안정, 지속 가능한 발전 등의 목표를 달성하는 데 유효한 수단도 아니다. 오히려 성장 패러다임이 기후위기와 자원 고갈, 환경 파괴, 사회 양극화와 갈등 심화, 인간적 기본가치의 훼손을 유발하고 증폭시키고 있다.

이 같은 성장 패러다임에 대한 반성으로서, 탈성장은 경제가 생태계와 균형을 이루도록 하면서 동시에 사회 구성원의 삶을 향상시키고 불평등을 줄이기 위해, 에너지와 자원의 과도한 사용을 계획적으로 줄이는 것을 의미한다. 세르주 라투슈(Serge Latouche)는 경제 성장에 대한 집착으로부터 해방된 사회로의 전환을 위한 핵심적인 전략으로 재평가(reevaluate), 재개념화(reconceptualize), 사회구조의 재구성(restructure), 재지역화(relocate), 재분배(redistribute), 감소(reduce), 재사용(reuse),

재활용(recycle)의 여덟 가지 재생 프로그램[7]을 제안하였다.[4]

마티아스 슈멜처(Matthias Schmelzer)와 안드레아 베터(Andrea Vetter), 아론 반신티안(Aaron Vansintjan)은 『미래는 탈성장(The Future is Degrowth: A Guide to a World beyond Capitalism)』(2022)에서 탈성장을 "전 지구적 생태 정의를 실현하기 위해 더 적은 에너지와 자원의 처리량을 기반으로, 민주주의를 심화하고 모두에게 좋은 삶과 사회 정의를 보장하는 사회로의 민주적 전환"이라 정의하였다.[5] 그리고 구체적인 유토피아를 위한 공통의 탈성장 원칙으로 1) 지구적 생태 정의, 2) 사회 정의와 자기 결정, 좋은 삶, 3) 성장으로부터의 독립성 세 가지를 제시하였다.[6] 즉, 단순히 감축하고 재사용 또는 재활용하는 것뿐만 아니라, 풍요에 대한 개념을 새롭게 정의하고 우리의 가치관을 재고하며, 생산 관계와 사회적 관계를 새롭게 구조화하는 전반적인 사회 변화를 가리키는 개념으로 제시한 것이다.

탈성장이 무엇인지를 이해하는 데는 그것이 지향하는 사회가 어떠한 모습인지를 이야기하는 것이 훨씬 더 유용하다. 그러나 그 전에 탈성장에 대한 잘못된 이해나 의도적인 왜곡 또는 폄훼에 대해서는 분명히 할 필요가 있다. 대표적인 오해와 오도는 탈성장을 성장과 기술 발

---

[7] 재평가(reevaluate): 우리의 가치관과 세계관을 재검토하고 재평가한다.
재개념화(reconceptualize): 풍요, 빈곤, 희소성 등의 개념을 새롭게 정의한다.
재구조화(restructure): 생산 관계와 사회적 관계를 새롭게 구조화한다.
재지역화(relocate): 경제와 정치를 지역 단위로 재편성한다.
재분배(redistribute): 부와 자원에 대한 접근을 재분배한다.
감축(reduce): 소비와 생산을 줄이고, 노동 시간을 단축한다.
재사용(reuse): 제품의 수명을 연장하고 재사용을 촉진한다.
재활용(recycle): 폐기물을 최소화하고 재활용을 극대화한다.

전에 대한 무조건적인 거부, 의도적인 결핍이나 긴축의 강요, 글로벌 경제 체제 내 경쟁력 상실과 국제 협력 체제와의 마찰, 인간이 이룬 물질 문명과 근대적 합리성의 포기, 공동체를 위한 개인 자유의 제한을 의미하는 비현실적인 이상론으로 보는 것이다.

우선 이러한 주장에 대한 반론을 간단히 제시하면 다음과 같다. 탈성장은 모든 성장과 기술 발전을 무조건 거부하지 않으며, 무분별한 성장은 지양하지만 생태적으로 지속 가능하고 사회적으로 유익한 영역에서의 발전을 장려하며 이를 위한 기술의 적절한 활용을 추구한다. 탈성장은 의도적인 결핍이나 긴축을 강요하지 않으며, 필요 이상의 과잉 생산과 소비를 줄여서 자원이 효율적으로 사용되고 공정하게 분배되도록 하는 것을 목표로 한다.

탈성장은 GDP 성장률이 아닌 지속 가능성, 삶의 질, 환경보호 등을 기반으로 경쟁력 개념을 새롭게 정의하며, 기존의 국제 협력 체제와 마찰을 일으킬 수 있지만 환경보호, 자원 공유, 기술 이전 등에 중점을 둔 새로운 형태의 국제 협력을 추구한다. 탈성장은 현재의 문명을 부정하는 것이 아니라 지속 가능하고 공정한 방식으로 재구성하자는 제안이며, 목적 달성을 위한 효율적인 수단 선택에만 집중하는 도구적 합리성보다 오히려 더 높은 수준의 포괄적이고 균형 잡힌 합리성을 요구한다.

탈성장은 오히려 현재의 성장 중심 경제가 많은 사람들의 실질적 자유를 제한한다고 보고, 개인의 자유와 공동체의 이익 사이의 균형을 추구한다. 탈성장은 비현실적인 이상론이 아니라, 성장 패러다임에 대한 비판이면서, 대안 제시의 관점과 원칙이고, 변화를 위한 정책 테제이며, 실천에의 참여를 요구하는 슬로건이다. 탈성장은 사회적 변화를 위한 구체적인 방안을 제시한다.

탈성장이 어떠한 사회를 지향하는지에 대해 여러 원칙이나 구체적인 정책들을 설명하기에 앞서, 성장 강박을 털어 내기 위한 출발점으로 그러한 사회가 어떻게 구현되고 작동할 수 있는지를 간단하게 설명할 필요가 있다. 탈성장 사회의 기본적인 작동 원리는 불필요한 생산 및 소비를 줄임으로써 자원 사용과 환경 파괴를 줄여 인간 사회의 경제가 생태계와 조화를 이루도록 하고, 노동 시간을 줄이고 불필요한 욕구를 제거함으로써 사회 구성원 모두에게 스스로 필요를 충족시킬 수 있는 기회를 제공하고 공동체와 환경에 대한 돌봄을 늘림으로써 삶의 질을 더 향상시키는 것이다.

생산과 소비를 줄이기 위해서는 한편으로는 성장(소비 및 생산의 확대)에 대한 유인을 억제하고, 또 한편으로는 필요 충족의 대안적 방법 또는 수단을 확대하는 것이 필요하다. 대표적인 방안은 다음과 같다.

- 소비를 늘림으로써 생산-소득-소비의 경제 순환을 가속화하는 다양한 장치(광고, 인위적 희소성, 계획적 진부화, 신용판매 등)에 대한 제한 또는 억제
- 자원 고갈과 환경 파괴에 영향이 큰 산업에 대한 직간접 규제 및 억제
- 외부 비용의 내부화(자원 추출·사용에 대한 보조금 폐지 및 환경세·환경부담금 강화, 배출권 거래제, 국토균형발전 부담금, 산업재해·소비자피해에 대한 징벌적 처벌 등)

- 누진소득세, 최대소득 상한선, 부유세 등 소득·재산의 집중과 축적에 대한 반대 유인 확대
- 자급경제, 협동조합, 공동체 또는 지역 경제, 돌봄경제 등 시장 교환보다 필요 충족을 주된 목적으로 하는 대안적 경제 모델의 활성화 및 확대
- 공유재와 커먼즈 등 자원의 공동 소유·이용의 확대와 공공 서비스의 개선 및 접근성 확대
- 자원의 소모와 폐기를 최소화하고 가능한 모든 자원을 재생하고 재사용하는 순환경제의 확대
- 제품 수명 연장, 폐기물 최소화, 오염물질과 온실가스 배출 최소화를 최우선으로 하는 기술 혁신

성장경제는 경제 순환을 가속화하기 위하여 여러 가지 장치를 통하여 인위적인 필요를 끊임없이(더 자주, 더 많이) 만들어 내고, 노동소득으로 생활을 하는 사람들은 이러한 인위적 필요를 충족시키기 위해 항상 더 많은 화폐소득을 필요로 하게 된다. 이는 괜찮은 일자리에 대한 경쟁을 더 치열하게 만들고, 이 경쟁은 다시 주거비와 교육비를 포함한 노동력 재생산 비용이 소득 증가보다 더 빠르게 증가하도록 만든다.[8] 그 결과, 소득 증가에도 불구하고 노동 시간은 증가하고 노동 조건은 악화되며 총체적인 삶의 질은 하락한다.

---

8 중국을 포함한 세계 주요 국가에서 2000년 이후 실질가계소득 증가가 둔화되면서 동시에 저축률이 하락하고 있는 것이 이를 나타낸다.

이에 반해 탈성장 사회에서는 한편으로는 임금노동 이외의 다양한 유형의 생산 활동이 가능해지고, 또 한편으로는 불필요한 욕구가 제거됨에 따라, 임금노동과 비교하여 훨씬 적은 노동 시간과 (시간당 급여의 증가로 상당히 보상되는) 감소된 소득으로도 생활을 위한 기본적 필요를 충족시키고 삶의 질을 유지하는 것이 가능해진다. 노동 시간의 감소와 이를 통한 일자리 나누기는 기술 발전과 생산성 증대, 경제 성장의 둔화로 인한 노동시장의 양극화 문제에 대한 최적의 해결 방안으로 제시되고 있기도 하다. 또한 노동 시간의 감소로 인해 개개인은 돌봄·문화·여가 활동이나 공동체 참여에 더 많은 시간을 사용할 수 있게 되어 개인과 가족, 공동체의 복리와 삶의 질을 향상시킬 수 있다.

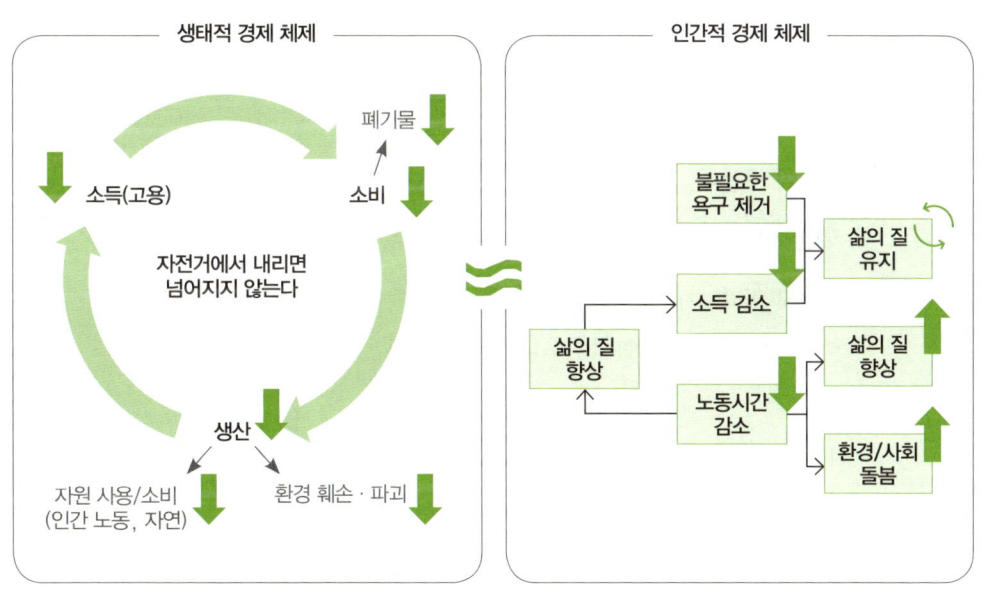

[그림 1] 탈성장 사회의 기본적인 작동 원리

이렇게 작동하는 탈성장 사회를 만들기 위해서는 개인의 삶과 공동체 유지의 기본이 되는 가치체계와 경제 구조, 사회제도의 여러 영역에서 포괄적인 변화가 필요하다. 여러 이론가와 실천가들이 제시하는 탈성장 사회의 전망이나 정책에 기초하여, 공통적으로 언급되는 탈성장 사회의 변화 모듈들을 제시해 보면 다음과 같다.

- 변화 모듈 1. 확장된 휴먼스케일과 자율성
- 변화 모듈 2. 좋은 삶의 조건과 지속 가능성의 조화
- 변화 모듈 3. 교환가치보다 사용가치를 중시하는 경제 체제
- 변화 모듈 4. 지역 사회의 경제적 자립
- 변화 모듈 5. 기업 활동에 대한 시민 통제
- 변화 모듈 6. 자원의 공동 소유와 이용
- 변화 모듈 7. 지역금융과 지역화폐
- 변화 모듈 8. 권리로서의 노동과 나눔
- 변화 모듈 9. 사회 존속의 기반으로서의 돌봄
- 변화 모듈 10. 교육과 혁신의 원리로서의 협력
- 변화 모듈 11. '복지'가 필요하지 않은 복지사회
- 변화 모듈 12. 참여민주주의와 국제 연대

탈성장을 위한 이 변화 모듈들은 필수적인 기준이나 방법은 아니며, 여러 이론가나 실천가들의 제언이나 경험으로부터 도출되는 공통적인 방향성이다. 세르주 라투슈는 탈성장에 대해 특정한 대안 모델이 아니라 다양한 대안의 모태이며, 다양성과 다원주의의 회복이 중요하다[7]고

하였다. 각 사회의 전통과 상황에 따라 이러한 변화 모듈들을 다양한 방식으로 적용하고 공진화시켜 각자의 탈성장 모델을 만들어 나갈 수 있을 것이다. 그리고 각 사회에 적합한 탈성장 모델을 찾기 위한 논의와 실험은 탈성장 사회로의 전환에 있어서 반드시 필요한 과정이기도 하다.

변화 모듈 1. 확장된 휴먼스케일과 자율성

디자인이나 건축, 도시설계 등의 분야에는 인간의 신체적·감각적·정신적 능력과 사회적 제도를 특징짓는 물리적 특성과 정보의 양을 의미하는 '휴먼스케일(human-scale, 인간 중심/인간 기준 척도)' 개념이 있다. 즉, 제품이나 건물, 공간을 설계할 때 사람의 눈높이를 포함한 신체 구조나 행동 반경, 심리적 공간까지 고려해야 한다는 것이다. 휴먼스케일은 단순히 능력이나 크기만을 의미하는 것이 아니라, 인간의 총체적 경험을 고려한 설계 철학이다.

성장 패러다임에는 휴먼스케일과 대비되는 몇 가지 개념들이 있다. 산업적 스케일, 기계 중심 설계, 디지털 중심 설계 등이 그것이다. 산업적 스케일(industrial-scale) 또는 표준화된 대량 생산에서는 비용 효율성이 중시되고, 개인의 다양성이나 문화적·지역적 특성은 경시 또는 무시되며, 소비자는 빅데이터를 구성하는 데이터 조각으로 존재한다. 기계 중심 설계도 생산성과 효율성 극대화에 초점을 두며, 인간의 신체적·정신적 한계는 고려하지 않는다. 디지털 중심 설계는 가상 공간과 디지털 인터페이스를 중심으로 하며, 인간의 자연스러운 감각 경험은 제한되고 디지털 격차로 인한 접근성 문제는 해결하지 못한다. 이러한 개념들은 효율성, 경제성, 기술 중심주의 등을 추구하면서 인간의 본질적인 필요와 경험을 간과하는 경향이 있다.

반면 휴먼스케일 관점 또는 사고는 인간 중심의 설계를 통해 더 살기 좋고, 지속 가능하며, 인간 친화적인 환경을 만드는 것을 목표로 한다. 그것은 물질적 가치보다는 '좋은 삶'을 목표로 하는 대안적 사회체제를 위한 사고 틀이다. 탈성장 사회에서 휴먼스케일은 단순히 물리적 크기의 축소가 아니라, 인간과 자연이 조화롭게 공존할 수 있는 새로운 사회 구조를 만드는 핵심 원리이다.

탈성장 사회는 대규모, 중앙집중식 시스템에서 벗어나 휴먼스케일의 지역 중심 시스템으로 전환을 추구하며, 휴먼스케일의 공동체는 구성원 간의 직접적인 상호작용과 의사결정 참여를 가능하게 하고, 지역 공동체와 생태계의 회복력 강화를 중시한다. 탈성장 사회는 개인을 넘어 공동체와 생태계로 확장된 휴먼스케일에서 출발한다. 휴먼스케일 사고는 자연에 대한 존중을 바탕으로 인간과 자연의 균형을 추구하며, 생태위기를 극복하고 온전한 자연환경을 현 세대와 미래 세대가 공유하는 것을 목표로 한다.

탈성장 사회에서 인간은 시장에 속박된 부품과 수단과 대상이 아니라 공동체와 생태계 속에서 온전한 주체로서의 인간이다. 탈성장은 이반 일리치(Ivan Illich), 앙드레 고르(André Gorz), 코넬리우스 카스토리아디스(Cornelius Castoriadis) 등의 사상가들이 강조한 바와 같이, 개인과 공동체의 '자율성' 또는 '자기 결정'을 높이는 방향으로 사회를 재구성하고자 하는 것이다. 이반 일리치는 대규모 기반 시설과 이를 관리하는 특정 공공집단 또는 사적인 관료주의 제도로부터의 자유를 자율성이라 하였다. 앙드레 고르의 자율성은 임금노동으로부터의 자유였으며, 자율은 개인과 협력 집단이 돈이 아닌 스스로를 위해 생산하고 여가를 즐기는 무임금노동의 영역이다. 그리고 카스토리아디스의 자율성은 좀 더 포괄적인 개념으로, 하나의 협력 집단이 신의 율법(종교)이나 경제 법칙(경제)과 같은 외부의 명령(타율)과 기정 사실로부터 벗어나 공동으로 미래를 결정할 수 있는 능력을 의미한다.[8]

탈성장 사회에서 자율성은 여러 층위(개인, 공동체, 지역)와 영역에서 이야기할 수 있다. 가장 기본적인 의미에서의 자율성은 기존의 성장 중심 사회와는 다른 가치와 삶의 방식을 추구하는 것을 의미한다. 탈성장 사회에서는 상품(성)과 경쟁, 성장 같은 시장경제 규칙 대신, 인간의 존엄 및 행복 추구와 공동체 규칙, 자연의 법칙이 자기 결정의 기준이 된다. 이를 위해서는 무한한 성장과 편리함에서 벗어나 새로운 가능성을 상상할 수 있는 자유와 자율성이 필요하다. 우리가 속해 있고 함께 사는 자연에 발자국을 남기지 않기 위한 개인적 또는 집단적인 '자기 제한'도 자율성의 영역이다. 또한 교환(교환가치)을 위한 임금노동은 자기 사용을 위한 개인 또는 공동체의 자원(自願) 활동으로 전환된다.

개인과 집단이 임금노동과 시장 의존에서 벗어나 자립과 살림·돌봄의 영역을 확대하고 일상화하는 것이나, 사람들 간의 협력을 통해 자원을 공유함으로써 개인과 공동체 또는 지역의 경제적 자립을 높이는 것, 다양한 삶의 형태가 공존할 수 있는 조건을 만드는 것, 개인과 공동체가 자신의 의견을 표현하고 정책에 영향을 미치는 기회를 가지는 것, 교육과 지식 공유를 통해 개인과 공동체의 역량을 강화하는 것도 모두 자율성의 영역이다. 탈성장 사회에서의 자율성은 개인이 타인이나 집단의 규율과 강제로부터 벗어나는 소극적인 자유를 넘어, 공동체와 생태계를 고려한 책임 있는 선택과 행동을 포함하는 더 넓고 적극적인 개념으로 이해되어야 한다.

변화 모듈 2. 좋은 삶의 조건과 지속 가능성의 조화

개인이나 사회 모두 풍요와 건강, 행복을 누리는 좋은 삶(well-being)을 희망한다. 또한 이러한 좋은 삶의 조건이 모든 사람에게 그리고 미래에도 변함없이 유지되기를, 즉 지속 가능하기를 바란다. 그런데 좋은 삶의 조건을 어떻게 만들고 유지하는가에 따라 그것은 지속 가능성과 상충되기도 하고 균형을 이루기도 한다. 자본주의적 성장 경제는 좋은 삶을 위한 조건(자원, 기회, 권리)까지 모두 상품화하고, 또 그렇게 상품화되어 희소성을 가지는 조건을 소비하거나 전유(專有)하여야만 '남보다 더' 좋은 삶을 살 수 있다고 생각하도록 만든다. 모든 사람에게 똑같이 주어지는 조건은 '좋은 삶'의 조건이라고 여기지 않는다(여기지 않도록 만들어진다). 그로 인해 남보다 더 많은 좋은 삶의 조건을 얻으려 끊임없이 노력하고 경쟁하도록 만드는 것, 이것이 경제 '성장'의 비밀이다. 좋은 삶의 조건을 얻으려는 욕구와 경쟁을 충족시키는 사회적 물질대사의 무한 확장이 경제 성장이며, 이는 현 세대의 모든 사람과 미래 세대에게까지 결코 지속 가능할 수 없다.

거꾸로 말하면, 탈성장은 개인이나 사회가 누리길 바라는 좋은 삶의 조건이 모든 사람에게 그리고 미래에도 지속 가능하도록 만드는 시도이다. 탈성장 사회에서 개인과 사회가 지향하는 좋은 삶의 조건은 자본주의적 좋은 삶의 조건을 얻기 위한 사회적 물질대사와 임금노동의 무한루프를 빠져나와,[9] 변화 모듈 1에서 이야기한 자율성의 영역(자립, 자기 제한, 책임, 협력과 공유, 다양성과 참여)을 확보하고 확대하는 것이다. 그리고 지속 가능성은 이러한 자율성의 토대 위에서 가능해진다.

지속 가능성이란 현재 세대의 필요를 충족시키기 위하여 미래 세대가 사용할 경제·사회·환경의 자원을 소모하거나 여건을 저하시키지 않고 서로 균형을 이루는 상태를 의미한다. 지속 가능성은 경제적·사회적·환경적 측면을 모두 고려한다. 하지만 인구 증가와 경제 성장의 지속으로 전 세계가 자원·식량·환경의 위기를 겪을 것이라는 우려 속에, 1970년대부터 제기된 지속 가능 발전 개념은 조금 다른 강조점을 가진다.

지속 가능 발전(sustainable development)은 그것을 주장하는 국가나 집단에 따라, 경제적·사회적·환경적 측면의 균형보다는 사회적·환경적 측면을 경제 성장의 제약 요인으로서 보는 맥락을 가지기도 한다. 즉, 사회적 형평성과 환경의 회복 가능성을 상당하게 저해하지 않

---

9 게르트루트 휠러는 "좋은 삶(복지)은 더 이상 산더미처럼 쌓인 상품들 사이의 감옥이 아니라, 정신적 편안함과 정서적 피트니스, 물질적 편리함이 제대로 균형을 이루는 균형"이라 하였다(『탐욕 저편의 새로운 자유, 나눔』, 이수영 역, 시대의창, 2009, p.74).

는 범위 내에서 최대한 경제적 성장을 이루고자 하는 것이며, 경제적 지속 가능성은 사회적·환경적 지속 가능성과 긴장의 관계에 놓인다. 하지만, 이 책의 1부와 2부에서는 그러한 경제 성장이 근본적으로 불가능함을 강조하였다.

　탈성장 사회에서 강조되는 지속 가능성은 경제적·사회적·환경적 측면이 서로 균형과 조화를 이루는 개념이다. 경제적 측면의 지속 가능성은 발전 또는 성장보다는 개인이나 공동체의 기본적 필요를 충족시키기 위한 효과적인 자원 활동의 의미를 가지며, 지속 가능한 생산·소비 구조와 사회기반시설을 갖추고 경제 활동의 결과가 모든 구성원에게 조화롭게 분배되는 것을 의미한다.

　사회적 측면의 지속 가능성은 모든 사회 구성원이 행복과 좋은 삶을 추구하고 누릴 수 있는 조건을 의미하여, 이를 위해서는 공정과 포용(불평등과 차별의 해소), 다양성(민족·문화·사회집단)의 유지, 공정한 소득 분배[10]와 자원 접근성, 일과 삶의 균형, 필수 생활 서비스(교육·의료·주택·교통 등)의 보장, 집단적 자제, 자율·참여·연대·협력, 세대 간 형평성 등이 요구된다.

　환경적 측면의 지속 가능성은 자연을 인간의 경제 활동을 위한 자원이나 생활 환경으로 보는 관점을 넘어서 그 자체가 하나의 체계(대기권·수권·빙권·지권·생물권으로 구성되는 지구 시스템)로서 순환(물질순환과 에너지흐름)과 균형(회복탄력성)을 이루어야, 미래 세대

10　공정한 소득 분배는 무조건적인 동일한 소득 분배가 아니라, 사회 구성원 모두가 동의하는 기준에 따른 소득 분배를 의미한다.

도 필요한 자원과 환경 서비스를 자연으로부터 혜택받을 수 있다고 보는 것이다. 따라서 경제적·사회적·환경적 측면의 지속 가능성은 현재 세대와 미래 세대 모두가 좋은 삶을 누리기 위한 조건이 된다.

탈성장 사회에서는 지속 가능성을 위하여 사회적 물질대사를 필요한 최소 수준으로 제한하지만, 모든 산업 활동과 소비를 무조건 줄여야 하는 것은 아니다. 사회 구성원의 기본적 필요와 복지 보장, 생태계의 회복과 유지, 공정한 자원 배분과 이용, 노동의 가치 회복, 지역 경제와 공동체 강화를 위해 필수적인 분야에 대한 투자와 자원 투입은 확대되어야 한다. 필수적인 분야의 예는 다음과 같다.

- 재생 에너지 기술 개발 및 인프라 구축
- 지속 가능한 농업 및 식품 체계와 친환경 제품 및 소재 개발
- 자원의 효율성 및 순환성을 극대화하는 순환 경제 체계 구축
- 지역 경제를 지원하는 인프라와 지역 사회 공유재 확대
- 양질의 의료 서비스에 대한 보편적 접근성 보장
- 무상 교육 확대 및 교육의 질 향상
- 인간적 삶의 기준을 충족시키는 공공주택 공급 확대
- 무료 또는 저비용의 대중교통 체계 구축 및 개선
- 생태계 및 환경의 보호와 복원, 모니터링

이러한 투자와 자원 배분에 대한 판단 기준은 지속 가능성과 사회 구성원의 좋은 삶의 조건이다. 위에 예를 든 분야는 성장경제에서는 항상 성장과 효율성, 경쟁력의 그늘에 있었다. 이제는 회계상 수치로

만 늘어날 뿐 실질적인 삶의 질은 더 이상 나아지지 않을 뿐만 아니라 지속 가능성도 담보되지 않는 성장의 환상으로부터 벗어나, 사회의 투자와 자원이 사람들의 좋은 삶과 생태계의 지속 가능성을 높이는 데에 제대로 쓰일 수 있도록 하여야 한다.

모든 사회 구성원은 동등하게 깨끗한 환경에서 좋은 삶을 살아갈 권리가 있으며, 개인의 물질적 충족을 위해 모두가 누려야 할 환경을 파괴하고 타인의 삶의 질을 훼손시킬 권리는 누구에게도 없다. 이 원칙은 인간만이 아니라 생태계에도 적용된다. 이러한 배경에서 자연을 인간을 위한 자원이나 재산으로 바라보는 것이 아니라 자연 자체의 본질적 가치를 인정하고 보호하려는 시도로, 생태계와 동물, 식물, 물, 공기 등 그 요소들도 스스로 존재할 권리가 있다는 생태계 권리가 주장되고 있다.

크리스토퍼 스톤(Christopher Stone)은 1972년 발표한 논문 「나무도 법적 지위를 가지는가? 자연물의 법적 권리를 위하여(Should Trees Have Standing? Toward Legal Rights for Natural Objects)」에서 자연물에게 법적 권리를 부여해야 한다고 주장하였다. 이후 자연권에 대한 인식과 법제화는 세계 여러 나라로 확산되고 있다. 에콰도르와 볼리비아는 각각 2008년과 2009년에 헌법에 자연권을 명시하였다.[11] 에콰도르

---

11 에콰도르와 볼리비아의 자연권은 '파차마마가 원하는 방식으로 정의롭게 산다'는 안데스 지역의 원주민 철학에서 유래한 '부엔 비비르(buen vivir)', 즉 '좋은 삶' 개념을 바탕으로 하는데, 이는 자연과 사람의 불가분성과 상호의존성을 인식하고 생태계와 인간 사회 사이의 균형을 추구한다. 부엔 비비르 개념은 이후 자원의 대규모 추출과 수출에 의존하면서 경제를 다각화하지 못하고 불평등한 무역 관계에 의존하는 라틴아메리카 국가들의 경제모델(채굴주의, Extractivism)을 탈피하여, (자원·자연) 추출 관계를 지속하지 않으면서

헌법 제71조는 "생명이 재창조되고 존재하는 곳인 자연 또는 파차마마(Pachamama)는 존재와 생명의 순환과 구조, 기능 및 진화 과정을 유지하고 재생을 존중받을 불가결한 권리를 가진다. 모든 개인과 공동체, 인민과 민족은 당국에 청원을 통해 자연의 권리를 집행할 수 있다."라고 자연권을 규정[9]하였다.

또한 뉴질랜드 의회는 2017년 마우리족의 원주민 권리를 인정하는 차원에서 그들이 신성시하는 황가누이강에 대해 법적으로 인간의 위상을 갖게 하는 법률을 통과시켰다.[10] 미국 피츠버그주도 2010년 셰일가스 시추와 프레킹(fracking)으로 인한 환경 파괴를 막기 위한 목적으로 자연의 권리를 인정하는 획기적인 조례를 통과시켰다. 한국에서도 제주도가 멸종위기 국제보호종인 제주남방큰돌고래를 보호하기 위해 법인격 부여 방안을 추진하고 있다.[11]

자연권은 인간이 태어나면서부터 가지는 천부적이고 불가침의 권리를 의미하기도 하지만, 이제는 인간을 포함한 모든 자연이 주체로서 보호받아야 하고 다른 주체에 의해 그 존재를 위협받거나 침해받지 않아야 한다는 의미로 확장되었다. 즉, 인간뿐만 아니라 자연도 좋은 삶을 누릴 권리가 있으며, 자연의 좋은 삶은 인간에게도 좋은 삶이 될 것이다. 환경의 지속 가능성도 인간에게 자원을 제공(source)하고 폐기물을 배출(sink)받는 인간 중심의 체계 관점을 넘어서서, 인간을 포함하는 생명체로서의 자연이 스스로 누려야 할 권리라는 관점에서 접근하

좋은 삶을 위한 조건을 추구하려는 '탈채굴주의(Post-Extractivism)'로 이어졌다. (마티아스 슈멜처, 안드레아 베터, 아론 반신티안, 『미래는 탈성장』, 김현우·이보아 역, 나름북스, 2023, pp.195~196)

여야 한다.

변화 모듈 3. 교환가치보다 사용가치를 중시하는 경제 체제

성장경제 사회에서는 GDP 등의 경제 지표와 같이 무엇을 얼마나 만들고 사고파는지를 기준으로 '성장'을 측정하였다. 이 과정에서 기준이 되는 가치는 상품이 시장에서 다른 상품이나 화폐와 교환되는 교환가치이며, 이는 수요와 공급에 의해 결정된다. 교환가치에 기반한 경제 활동은 일반적으로 자원의 효율적인 배분[12]과 생산성을 높이는 데 기여하지만, 두 가지의 근본적인 문제를 가지고 있다.

첫 번째 문제는 경제적 산출로서 교환가치는 시장에서 교환되는 상품의 거래가격에만 초점을 맞추고, 그것의 생산과 소비 과정에서 발생하는 자원 고갈, 노동 착취, 환경 파괴, 기후변화 등 환경과 사회 전반에 미치는 부정적 외부효과는 도외시한다는 것이다. 이러한 문제는 단순히 인지되지 못하는 것이 아니라, 경제적 산출을 늘리기 위해 미필적 고의로 방치되고 때로는 조장되기도 한다.

두 번째 문제는 교환가치가 상품이 개인이나 사회의 필요를 충족시키는 정도를 나타내는 사용가치와 일치하지 않으며, 대부분의 경우 부

---

[12] 자본주의 시장경제에서 자원의 효율적인 분배란 한정된 자원을 가장 효과적으로 사용하여 사회 전체의 복지를 극대화하는 것을 목표로 한다고 표방하지만, 실제로는 최대의 교환가치를 지불할 수 있는 경제 주체에게 분배하는 것을 의미한다. 따라서 사회 전체의 복지도 사용가치나 필요성보다는 지불되는 교환가치로서 측정된다.

풀려져 있다는 것이다. 그뿐만 아니라 성장 패러다임의 경제 체제는 인간의 니즈를 충족시키거나 해소시키기보다, 성장을 위하여 니즈 자체를 영속화시키거나 끊임없이 새로이 창출[13]하는 것을 목표로 한다. 광고와 인위적 희소성, 계획적 진부화 등이 모두 그러한 역할을 한다. 광고로 인해 실제 사용가치와 상관없이 소비자는 새로운 상품을 구입하게 되고, 계획적 진부화 때문에 기술적으로 가능한 상품의 수명주기보다 더 자주 상품을 다시 구입하여야 하며, 인위적 희소성 때문에 사용가치보다 훨씬 비싼 가격을 지불하고 상품을 구입하여야만 한다. 이 때문에 사람들은 본인이 얻게 되는 사용가치보다 훨씬 더 많은 교환가치만큼의 소득을 얻기 위하여 노력하여야 한다. 그리고 이 교환가치와 가용한 소득의 차이가 바로 점점 더 증가하는 상대적 빈곤의 원천이기도 하다.

반대의 경우도 있다. 돌봄노동이나 봉사, 자연과 같은 비경제재, 공공 재화와 같이 사회나 그 구성원에게는 사용가치가 매우 높으나 시장경제로부터 배제되거나 무료로 제공되어 교환가치가 없는 경우이다. 이는 실제로 개인과 사회에 필요하고 유용한 자원의 가치를 평가절하하거나 무시하여, 무절제한 자원의 사용을 유인하거나 자원의 공급자가 공정한 대가를 지불받지 못하게 한다.

이러한 의미에서 교환가치에 기반한 경제 성장은 한 사회와 그 구성

---

[13] 장 보드리야르(Jean Baudrillard)는 이를 '심리적 빈곤화'라고 표현하였다. 즉, 현대인들은 물질적 소비를 통해 만족과 행복을 얻으려 하는데, 이러한 만족은 일시적이며, 광고와 미디어는 끊임없이 새로운 욕구를 만들어 내고, 이는 소비의 순환을 지속시킨다는 것이다.

원의 실질적인 욕구나 좋은 삶과는 분리되어 수치로만 존재하는 성과이다. 4장의 끝부분에서 경제 성장과 자원 사용 및 환경영향의 탈동조화는 불가능하다는 것을 살펴보았다. 대신 경제 성장과 좋은 삶의 탈동조화가 가능하다는 근거를 교환가치가 아닌 사용가치에 중점을 두는 경제 체제로의 전환에서 찾을 수 있다.

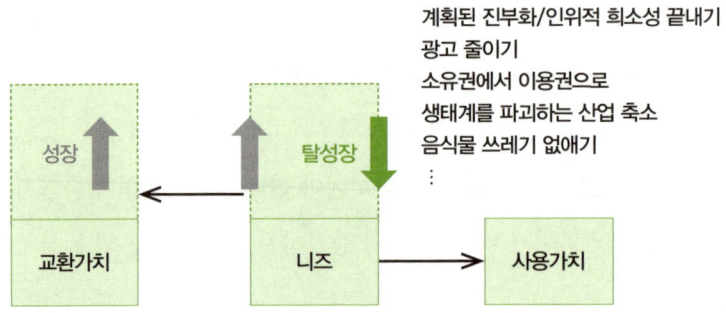

[그림 2] 자원 배분의 가치기준 변화: 교환가치 vs. 사용가치

자원 배분 가치 기준의 전환은 여러 방법을 통해 가능할 수 있다. 제이슨 히켈은 앞의 책에서 성장경제 체제를 멈출 수 있는 '비상 브레이크'로 계획된 진부화 끝내기, 광고 줄이기, 소유권에서 이용권으로 자원 이용 방식 변경, 음식물 쓰레기 없애기, 생태계를 파괴하는 산업 축소 등을 제시한다.[12] 이외에도 제품 설계 및 생산에서 불필요한 요소는 제외시키도록 변경하거나 자원의 재사용이나 재활용을 높이는 것도 방법이 될 수 있다.

사용가치는 개인이 가지는 필요에 비례하기 때문에 주관적이다. 따라서 개인적으로 사용가치가 높지만 사회적으로 바람직하지 않은 상품이 있을 수도 있다. 담배나 알코올, 고성능 스포츠카와 같은 기호상품이나, 주문 음식을 판매하는 상인과 구매하는 소비자에게 일회용 플라스틱이 그러하다.

이와 같이 개인의 선택권과 공동체의 공동이익 사이에서 윤리적 딜레마가 발생할 경우에는 무조건적으로 개인의 선택을 포기하도록 강요할 것이 아니라 공동체 전체의 균형을 찾는 것이 중요하다. 대체 상품 개발을 통하여 개인의 만족과 사회적 가치의 조화를 이루거나, 인식 변화나 사회적 합의를 통하여 개인의 가치기준을 변화시키거나, 법적 규제와 정책을 통해 사회적으로 통제하는 등 그 방법 또한 다양하며 많은 사람들이 동의할 수 있는 방법을 찾아야 한다.

교환가치가 아닌 사용가치에 중점을 두는 경제 체제로의 전환은 이후 설명되는 다른 변화의 기초가 된다.

변화 모듈 4. 지역 사회의 경제적 자립

지역 사회는 삶터와 일터가 공존하고, 사회적 관계와 공동체가 형성되며, 전통과 문화가 형성되고 계승되며, 자연 생태계와 인간이 상호작용하는 공간이다. 그러나 성장경제에서는 일과 삶이 분리되어, 일은 지역 사회와 떨어진 대규모 산업지역에서 자본의 통제와 기계화된 절차에 따라 수행되며, 삶은 노동력을 재생산하기 위한 소비 활동으로서만 '지역'에서 이루어진다. 경제적 관계 이외의 사회적 관계는 약화되거나 단절되고 공동체가 사라진 곳에는 소득과 재산의 규모에 따라 모인 새로운 사회 계층 집단이 자리 잡는다. 지역 사회 고유의 전통과 문화는 획일적인 자본주의 상업문화로 대체되고, 자연이 제공하는 생태계 서비스[14]는 도시 인프라로 대체되거나 고급 주택지나 휴양지에서 누릴 수 있는 상품이 된다.

산업화와 성장경제는 성장을 위한 최적의 조건을 만들기 위해 국가의 모든 자원(인구, 자본, 인프라)과 기회를 도시로 집중시켰다. 도시에서 개인은 단순한 소비 행위자로서만 존재하고, 도시에서의 삶은 자원 집약적이며 자원과 에너지의 원거리 이동으로 매우 큰 탄소발자국을 남긴다. 도시의 자원과 에너지 소비에 비례하여 많은 공해와 쓰레기가 만들어지지만, 공해와 쓰레기는 다른 지역이나 자연에게 떠넘겨지고 도시에 사는 사람들은 자신이 환경에 미치는 영향을 깨닫지 못한다. 서로 다른 지역에서 도시로 모여든 사람들은 고유의 가치체계나 문화 대신 대량상품과 대중문화의 소비자로서의 정체성만을 공유하며, 연대와 협력보다는 서로 더 많은 자원과 기회를 가지기 위해 경쟁과 갈등 속에서 살아간다.

스웨덴 출신의 언어학자이자 반세계화·환경 운동가인 헬레나 노르베리 호지(Helena Norberg Hodge)는 『오래된 미래: 라다크로부터 배우

---

14 생태계 서비스(ecosystem servicce)는 자연 환경과 건강한 생태계가 인간에게 제공하는 다양하고 다양한 혜택을 의미하며, 공급 서비스(식량, 물, 목재, 연료 등 유형적 생산물의 제공), 조절 서비스(기후 조절, 대기 정화, 탄소 흡수, 재해 방지, 폐기물 처리 등), 문화 서비스(생태 관광, 레크리에이션, 휴양, 교육, 심미적 가치 제공), 지지 서비스(토양 형성, 영양 순환, 서식지 제공, 물질 순환 등 다른 서비스의 기반이 되는 기능)의 4가지 범주로 분류된다.

다』(1991)에서 천 년 이상 외부 세계로부터 떨어져 마을의 자원을 공동으로 이용하며 공동체 생활을 해 온 인도 라다크 지역이 1960년대 이후 외부 세계에 개방되면서 급격하게 파괴되는 모습을 보여 주었다. 물질적인 욕심 없이 행복하게 살던 라다크 지역에 글로벌 자본과 상품이 들어오면서, 젊은 세대는 전통적인 삶의 방식을 거부하고 지역의 번화가에서 외부 관광객들을 대상으로 물건을 팔면서 생활하지만, 그들은 자본주의의 값비싼 상품과 화려한 광고를 보면서 항상 경제적으로 궁핍함을 느낀다.

이후 헬레나는 『행복의 경제학(Economics of Happiness)』(2011)에서 세계화가 치열한 경쟁과 부의 양극화를 심화시키고 주권 국가의 경제적 자율성을 침해하며 지역 고유의 가치체계를 훼손하고 에너지·자원 부족과 생태발자국 증가 등 환경 문제를 야기한다고 주장하였다. 그리고 그 대안으로 경제·사회·환경의 균형을 고려한 지속 가능한 발전 모델로서 지역화(localization)를 제안하였다.

헬레나가 제안하는 '지역'은 단순히 경제 활동의 중심지인 대도시와 비교하여 산업화가 덜 이루어진 지리적 공간을 가리키는 개념이 아니다. 그가 말하는 '지역'은 지역 내에서 필요한 물자를 생산하고 소비하여 외부 의존도를 낮추고 경제적 자립을 이루고, 사람과 자연계 간의 공존적인 관계를 재구축하고, 지역 주민들 간의 참여·연대·협력을 통해 공동체의 가치를 회복하고 진정한 민주주의를 실현하며, 지역의 고유한 문화와 가치체계, 전통을 보존하고 발전시켜 주민들이 더불어

사는 사회를 의미한다.[15]

　탈성장의 방향이 라다크 사람들처럼 옛것을 지키고 물질적으로 부족하지만 정신적으로는 행복했던, 문명 이전의 시대로 돌아가자는 것은 아니다. 그보다는 공동체 문화와 생태적 지혜, 정신적 건강의 가치를 지키면서, 경제 활동을 포함한 지역 사회의 변화와 발전을 외부로부터 강요받지 않고 지역 사회 구성원들이 스스로 결정하도록 하자는 것이 탈성장 원칙 중 하나이다.

　같은 의미에서 지역 사회의 경제적 자립은 국가 및 글로벌 시장경제와 단절된 자급경제 사회로 되돌아가자는 의미가 아니다. 그보다는 현대 자본주의 체제에서 전일적인 사회 구성 원리를 형성하는 경제, 특히 자본주의 시장경제 원리의 영향력을 약화시키고, 이윤과 경제 성장이 아닌 인간 복지와 환경의 지속 가능성이 우선시되는 사회 체제로 전환하자는 의미이다.

　즉, 경제에 의해 주변화된 사회와 생태계를 인간 생활의 중심적 영역으로 되돌리고, 경제를 필요한 수준의 자원 활동으로 국한시키는 것이다. 이를 위해서 지역 사회가 지속 가능한 삶을 유지하기 위해 필요한 자원 활동의 자립 기반을 갖춤으로써, 대량 생산과 소비의 필요성 및 동력을 줄이거나 제거하고 무한 성장 기제를 해체거할 수 있어야 한다. 지역 사회가 경제적 자립과 지속 가능성을 갖추기 위한 방안으로는 다음과 같은 제도와 조건들을 생각할 수 있다.

15　헬레나 노르베리 호지는 '로컬퓨처스(Local Futures)'(https://www.localfutures.org/)라는 비영리조직을 통하여 문화 및 생태적 다양성을 회복하고 지역 사회 및 경제를 강화하는 지역화(Localization) 활동을 꾸준하게 해 오고 있다.

- **기본적 필요를 충족시키는 지역 사회의 경제 활동**

경제 활동의 기본적인 목적은 자본축적을 위한 이익이 아니라 사람들의 생계와 생활을 위한 생산 활동이자, 노동소득으로 생활하는 이들을 위한 일자리 제공이다. 이러한 생산 활동의 조직 방식은 다양할 수 있다. 자급경제와 협동조합에서부터 커뮤니티 지원 농업, 연대경제, 커먼즈, 사회적 경제, 펀딩 기반의 프로젝트 조직, (자본이익을 위하여 필요 이상으로 또는 환경에 영향이 큰 방식으로 생산 활동을 하지 않는다는 조건하에) 주식회사와 같은 대규모 자본 결합 조직 등 모든 형태의 경제조직이 실험되고 활용될 수 있다. 핵심은 지역 사회가 필요로 하는 자원이나 서비스의 상당 부분을 지역 사회 내에서 지역사회의 자율성과 통제하에 획득함으로써, 사람들의 삶이 대량 생산 및 소비와 무한 성장의 시장 원리에 지배당하지 않도록 하는 것이다.

- **순환경제 체제 구축**

'자원 채굴–대량 생산–소비·폐기'로 이어지는 선형경제 모델과 달리, 자원의 절약과 재활용을 통해 자원 순환을 높이는 순환경제는 자원의 이용가치를 극대화할 뿐만 아니라 필요한 자원에 대한 외부 의존을 줄일 수 있게 한다. 순환경제의 활성화를 위해서는 지역 내 자원 순환 시스템을 구축하거나 자원 공유 경제를 확대하고, 시장에서 판매되는 상품에 대한 자원 재활용 규정을 강화할 수 있다.

- **지역 재생에너지 체계**

태양광, 풍력, 바이오매스 등 다양한 재생에너지원을 활용하여 지역 단위의 소규모 분산형 에너지 생산·공급 시스템을 구축함으로써, 에너지 비용을 줄이고 지역의 에너지 자립을 높일 수 있다. 마이크로그리드(micro-grid)는 지역 사회가 국가전력망 등 외부 전력원이나 대규모 발전소에 의존하지 않고(의존도를 낮추면서) 지역 내 재생 가능 에너지원에서 전력을 생산하고 공급할 수 있는 시스템이다.

마이크로그리드는 재생에너지 발전원과 전력 생산이 부족할 때를 대비한 에너지저장장치(ESS)를 통합하여 운영되며, 외부 전력망과 연결되어 모자라거나 남는 전력을 사고팔 수도 있다. 마이크로그리드는 장거리 송전에 따른 전력 손실을 줄여 주고, 지역의 에너지 사용을 최적화하여 불필요한 낭비를 줄여 주며, 외부전력망에 문제가 생겨도 독립적으로 운영될 수 있어 복원력이 높은 장점이 있다. 무엇보다 중요한 것은 에너지 생산과 소비에 대한 결정권을 지역 사회와 주민들에 부여하여, 대규모 에너지 기업에 대한 의존도를 줄이고 에너지 주권을 강화한다는 것이다.

■ 지역 사회 간 공정한 교역

사람들이 생계와 생활을 위해 필요한 모든 자원을 지역 내에서 생산할 수는 없다. 또한 대규모 시설이 필요하거나 수요가 많아서 대량 생산을 통해 자원 이용을 효율화할 수 있는 제품이라면, 그러한 시설을 갖춘 지역에서 생산하여 교역하는 것이 모든 사람에게 더 유리하다. 이러한 경우라도 지역 간 공정한 거래 조건을 보장하고 장거리 운송에 따른 탄소발자국을 최소화하는 방식으로 지역 간에 필요한 자원을 상호 보장함으로써, 여러 지역이 경제적 자립을 함께 이룰 수 있다.

- **식량주권 운동**

식량주권은 경제적 자립뿐만 아니라 문화적·생태적 정체성과 관련되어 있다. 지역 기후와 환경에 적응한 토종 씨앗이나 국가나 지역에서 개발한 종자를 보호하고 생산하여, 글로벌 종자기업에 대한 농민들의 로열티 부담을 줄이고 국가나 지역의 고유한 식문화를 지키는 것이다. 이를 위하여 지역(또는 인근지역)에서 생태계에 안전하고 지속가능한 방법으로 생산된 건강하고 문화적으로 적합한 지역식품(로컬푸드)을 우선적으로 생산하고 소비하도록 장려한다. 지역식품의 생산과 소비가 활발해지면, 생산자와 소비자들이 수요와 공급을 예상할 수 있어 기상이변 등의 외적 조건으로 인한 식량위기에 대한 대응 능력도 커진다.

- **지역 특화 연구 개발 및 혁신 강화**

지자체, 대학, 연구기관, 기업, 시민사회 등 다양한 주체들 간의 협력 체계를 마련하여, 지역 주력 산업과 연계한 특화 연구 분야를 발굴 및 육성하고 지역 문제 해결과 사회적 가치 창출에 더 많이 참여하도록 유도한다. 지역 사회와 현장의 문제를 직접 해결하는 사용자 참여형 혁신 모델을 구축한다. 이는 지역의 혁신 역량을 높이고 지속 가능한 발전을 도모하는 데 도움이 된다.

- **기업 활동에 대한 시민적 통제, 지역금융과 지역화폐, 자원의 공동 소유와 이용**

이에 대해서는 절을 달리하여 상세히 설명하도록 한다.

탈성장 사회에서 지역은 단순한 경제 성장의 도구가 아니라, 더 나은 삶의 질과 생태적 지속 가능성을 추구하는 핵심 단위가 되어야 한다. 지역 사회와 관련된 경제 활동의 많은 부분이 지역 사회 내에서 지역 사회 주민들에 의해 수행되도록 함으로써, 자원과 소득이 지역 내에서 순환되는 비중을 늘리고 대기업과 글로벌 자본에 대한 의존도를 줄일 수 있다. 상품과 서비스, 노동이 공정한 가치에 따라 교환되도록 함으로써, 소득과 경제적 이익이 공정하게 분배될 수 있도록 한다. 또 지역 사회의 지역 생산 및 소비의 순환은 지역의 경제적 자립을 높여 외부 충격에 대한 회복력도 높여 준다. 그리고 지역 사회는 지역의 특성과 필요에 맞는 발전 방향과 모델을 스스로 찾아 나갈 수 있다.

변화 모듈 5. 기업 활동에 대한 시민 통제

탈성장 사회에서도 기업은 존재할 수 있다. 여기서 말하는 기업이란 주식회사를 포함하여 특히 영리를 목적으로 하는 사적자본의 조직체를 말한다. 성장경제 사회로부터 전환되는 과정에서 사회적 필요나 역할이 있는 기업들이 남거나, 전환 이후의 사회에서도 사회가 꼭 필요로 하는 상품이나 서비스를 제공하는 데 필요한 전문화된 능력을 개인 또는 사적 조직만이 가지고 있을 수 있다. 그렇더라도 탈성장 사회에서는 기업이 기존과 같이 경쟁과 성장, 축적의 논리로만 움직이는 것을 용인하지 않는다.

칼 폴라니(Karl Polanyi)는 외부의 간섭 없이 오로지 시장의 가격 메커니즘에 의해 경제 활동이 결정되는 자기조정적 시장의 개념이 현실적으로 존재할 수 없으며, 인간과 자연을 상품으로 간주하는 시장 중심의 사고가 사회에 해를 끼친다고 주장하였다. 때문에 경제가 단순히 시장의 법칙에 맡겨져서는 안 되며, 인간의 존엄성과 환경을 보호하기 위한 필수 조건으로서 "사회적 통제를 통한 경제 운영"이 필요하다고 강조하였다. 폴라니는 경제가 단순한 교환이 아닌, 공동체 내에서 서로 돕고 지원하는 관계로 구성되어야 한다고 생각하고, 경제 결정 과정에서 모든 이해관계자가 참여할 수 있는 민주적 구조를 강조하였다.

성장경제에서도 기업에 대한 사회적 통제는 여러 가지 형태로 이루어지고 있다. 그중 대표적인 것이 ESG 또는 ESG 경영이다. ESG는 환경(Environmental), 사회(Social), 지배구조(Governance)의 약자로, 기업의 지속 가능성과 윤리적 행동을 평가하는 방법 또는 기준이다. 기업은 외부의 평가기관으로부터 환경, 사회, 지배구조 세 영역의 여러 지표에 대한 성과를 평가받아 투자자, 고객, 직원 및 기타 이해관계자들에게 기업의 책임성과 윤리성을 판단할 수 있는 기준으로 제공한다.

하지만 ESG는 그것을 제대로 실천하는 기업을 평가하는 기준이 모호하며 불투명하다는 비판이 있다. 기업과 ESG 평가기관은 서로 이익을 주고받는 상리공생의 관계이며, 평가기관에게는 평가 자체가 다음 평가 업무 수주를 위한 영업 활동이다. 그뿐만 아니라 기업이 본연의 역할—자원과 환경을 훼손하지 않으면서 좋은 제품을 좋은 가격으로 제공하고 고용을 늘리는 것—은 제대로 하지 않으면서 ESG에만 치중하거나 또는 ESG 워싱[16]을 하는 것은, 마치 학생이 공부는 열심히 하지 않고 쓰레기를 주웠다고 선생님에게 좋은 점수를 달라고 떼를 쓰는 것과 같다.

탈성장 사회에서 기업에 대한 시민 또는 공동체 통제가 필요한 이유는, 기업의 활동이 공동체의 가치와 일치하는 방향이 되도록 하고, 공동체의 한정된 자원을 효율적으로 이용하여 공동체의 필요를 충족시키며, 기업의 환경 영향과 노동 조건을 모니터링하기 위해서이다. 탈성장 사회에서 기업에 대한 시민 통제는 다양한 방식으로 이루어질 수 있다.

■ 대안적 생산 조직의 확대

시장경제는 다양한 경제 체제 중 하나이며, 탈성장 사회는 연대경제, 커먼즈, 사회적 경제, 협동조합, 커뮤니티 지원 농업, 자급경제 등 서로 다른 세계관과 작동 원리에 기반하는 다양한 경제 활동 형태가 공존하는 경제적 플루리버스를 지향한다. 시장경제는 이 중 하나일 뿐이며, 탈성장 사회는 공동체 구성원이 "공통의 가치를 지키고 서로의 이해를 해치지 않으면서" 각자의 목적에 따라 다양한 방식으로 생산 활동을 할 것을 권장한다.

---

16 기업이 실제로는 의미 있는 환경적·사회적·지배구조적 영향을 미치지 않으면서도, 그러한 영향을 과장하거나 허위로 주장하는 행위를 말한다.

- **지역 기반의 기업 활동**

 기업이 지역에 기반(자본 조달과 인적 구성, 목표 시장 등)을 두고 활동할 경우, 생산자와 소비자는 서로를 더 잘 알게 된다. 예를 들어, 소비자들은 내가 먹는 식품이 자연을 존중하며 생산되었는지, 내가 입는 옷이 적정하고 공정한 임금을 받는 노동자에 의해 만들어졌는지에 대해 쉽게 알고, 자신 또는 공동체의 가치와 일치하는 기업의 상품이나 서비스를 선택할 수 있다.

 기업도 자신이 기반한 지역의 소비자들이 어떠한 상품을 얼마나 필요로 하는지 그리고 자신이 생산하는 것과 비슷한 상품의 또 다른 생산자를 알 수 있기 때문에, 소비자들이 필요로 하는 상품을 모자라거나 남지 않게 공급할 수 있다. 이는 무한 경쟁을 위하여 자원을 낭비하는 자본주의 시장경제의 수요-공급 체계나 개인의 경제적 선택의 자유를 제한하는 사회주의의 계획경제와도 구별되는 부분이다.

- **기업 활동에 대한 특혜적 지원 폐지**

 자본주의 경제에서는 경제 활성화 또는 경제 성장을 이유로 기업, 특히 대기업에 대해 다양한 형태의 특혜적 지원이 이루어진다. 산업 단지나 도로·항만 등의 인프라 구축, 전기나 석유 등 에너지 비용 감면, 각종 산업·수출 보조금, 정부 보증의 저비용 금융 지원, 세금 공제·유예·감면, 각종 규제의 유예나 예외 등, 정부 재정의 상당한 비중을 차지하는 적극적 또는 소극적(세금이나 규제의 감소) 형태의 지원이 끊임없이 이루어진다. 탈성장 사회에서는 기업에 대해 공동체 내 다른 구성원이나 집단보다 우선적인 혜택을 제공하지 않는다. 기업을 포함한 모든 구성원에게 동일한 혜택을 제공하며, 특히 기업에 대해서는 그 목적이 공동체의 가치 및 이익과 부합하는지의 여부가 지원의 전제 조건이 될 것이다.

- **커먼즈에 대한 동등한 접근권 또는 이윤 창출의 제한**

공동체가 함께 관리하고 사용하는 커먼즈에 대해서는 기업이 더 많은 비용을 내더라도 공동체의 다른 구성원에 우선하거나 배타적인 권리를 받지는 못한다. 커먼즈 이용에 대한 규칙은 공동체의 집단적 의사결정을 통해 정해지며, 대부분의 경우 커먼즈를 이용한 이윤 창출 활동은 제한된다. 관련된 예로, 크리에이티브 커먼즈 라이선스(CCL)가 적용된 저작물은 '비영리' 조건이 포함되는 경우 영리 목적으로 사용할 수 없으며, 동일조건변경허락(share alike) 조건이 있는 경우에는 이 저작물을 이용한 2차 저작물 전체에 원저작물과 동일한 CCL을 적용하여야 한다.

- **지역금융과 지역화폐 체계**

지역금융 체계는 지역 공동체의 이익과 지속 가능성을 우선시하므로, 이에 반하는 기업이나 기업 활동에 대한 금융은 제한된다. 또한 지역 경제의 자립성과 지속 가능성을 높이는 것을 목표로 하므로 지역의 중소기업이나 조합, 프로젝트에 대한 금융을 우선시하며, 지역금융 체계에 대한 지역 구성원들의 참여와 통제가 강화되어 금융 혜택이 특정인이나 특정 집단에 집중되는 것을 제한한다. 또한 지역 내 경제 활동과 관련하여 지역화폐가 폭넓게 이용되어, 지역 내 경제 활동으로부터 창출된 부가 지역 외부로 유출되거나 특정 기업 내에 과다하게 축적되는 것을 막는다.

■ **공정한 임금과 노동 조건**

노동자에 대한 채용, 임금, 노동 시간, 노동 조건 및 환경은 기본적으로 공동체가 합의하거나 결정한 규정을 따라야 한다. 공정한 소득 분배를 위하여, 최저임금 및 고소득자에 대한 누진적 과세체계를 강화하고 필요에 따라 경영자를 포함한 모든 기업 구성원에 대한 소득 상한 또는 최고소득과 최저소득 간의 비율 상한을 규정할 수도 있다.

■ **적극적인 환경 보호**

모든 기업은 지역의 생태계를 포함한 환경을 일체 훼손함 없이 활동하여야 하며, 기업이 유발한 환경 훼손에 대해서는 무한 책임을 지도록 한다. 기업이 유발한 환경영향에 대해 환경개선부담금이나 탄소세 등 비용을 부담함으로써 그 책임을 면제받는 것이 아니라, 기업 활동이 환경에 유해한 영향을 미칠 경우 이를 유발하는 요인의 완전한 제거를 조건으로 기업 활동의 지속을 허락한다. 또한 기업 활동이 환경에 유해한 영향을 미치지 않음을 입증하고 인증받는 규제준수(compliance)의 모든 책임은 원천적으로 기업에게 있다. 시민이나 지역 공동체, 정부가 기업 활동의 환경영향 가능성을 제기하면 이를 검증하고 확인시키는 것 또한 기업의 역할이자 책임이다. 반대로 기업이 환경을 보호하고 복원하는 활동을 할 경우, 이에 대한 크레딧을 부여하여 다른 보상이나 지원과 연계한다.

■ 소비자의 선택과 행동

지역을 기반으로 하지 않는 대기업이나 글로벌 기업에 대해서는 사실상 지역 단위의 시민적 통제 수단이 매우 제한적이다. 물론 여러 지역이 연대하여 시민적 통제가 전국적 수준으로 이루어질 수도 있지만, 합의나 실행력에 있어서 지역 단위의 시민적 통제와 차이가 있을 수 있다. 이 경우 가장 확실한 대안은 소비자의 선택과 행동이다. 즉, 지역 공동체의 가치나 이익에 반하는 기업 활동에 대해 소비자로서 압력을 가하거나 상품을 구매하지 않는 것이다.

또한 모든 제품과 서비스에 대해서는 생산자 책임을 철저하게 요구한다. 소비자의 안전이나 환경 영향이 있는 제품의 결함에 대해서는 원칙적으로 생산자가 무과실이나 무영향을 입증하거나 피해 보상을 하고, 제품이나 포장재 폐기물에 대한 재활용 의무는 생산자 또는 판매자가 지도록 요구한다. 상품을 소비하는 지역뿐만 아니라 자원 채굴이나 생산 과정에서도 환경에 유해한 영향을 미치지 않고 노동에 대해서도 정당한 대가를 지불하였음을 인증하도록 하는 공정무역 운동을 벌일 수도 있다.

■ 세금과 부담금

세금이나 부담금도 기업이 지역 공동체 관점에서 바람직하지 않은 행동을 억제하는 수단이 될 수 있다. 탄소세이나 환경부담금이 대표적인 예이다. 기업 활동으로 발생하는 외부 비용(예: 환경 오염, 건강 피해 등)을 부담금 형태로 부과함으로써, 기업들이 이러한 비용을 고려하도록 유도할 수 있다. 특정 분야나 기업 규모에 따라 세율을 차별화하여 중소기업에 대한 세금 부담을 줄이면 이들의 성장을 촉진하고 대기업과 중소기업의 형평성을 맞출 수 있다. 기업의 세금 납부 정보를 공개함으로써 사회적으로 책임 있는 기업 경영을 장려할 수도 있다.

- **법률에 의한 규제**

법률은 기업을 포함한 모든 시민에 대한 최후의 제재 수단이자 다양한 통제 수단에 대한 근거가 된다. 하지만 조례와 같은 지역 법률은 일반적으로 국가법보다 하위에 있으므로, 국가법에 위배되는 내용을 규정할 수 없다. 다만, 국가법이 지역의 특수성을 인정하여 특별히 권한을 부여하는 경우에는 예외가 있을 수 있으며, 또 국가법의 규정을 일반적인 원칙에 대한 규정으로 추상화하고 지역에 따라 조건에 맞는 규정을 정할 수 있도록 법의 체계와 구조를 변경하는 것도 방법이 될 수 있을 것이다. 물론 국내법과 동일한 효력을 가지는 국제법(헌법에 의하여 체결, 공포된 조약과 일반적으로 승인된 국제법규)이 지역의 이해와 충돌할 경우는 또 넘어야 할 문제가 될 것이며, 그래서 이 같은 국제법 질서를 변화시키도록 압박을 가하는 국제 연대가 필요한 이유이기도 하다.

탈성장 사회에서 시민들이 기업을 통제하는 가장 확실한 방법은 시민들 스스로 삶의 목표와 방식을 바꾸는 것이다. 즉, 성장과 소비를 통한 풍요의 논리를 벗어나, 소비나 소유를 하지 않고도 필요를 충족시키는 방법을 스스로 그리고 공동체의 연대와 생태계의 균형 속에서 찾아가는 것이다. 그렇게 되면 아무리 거대한 대기업이나 글로벌 기업도 시민들의 삶에 더 이상 영향을 미치지 못하고 스스로 시민적 통제를 따르게 될 것이다. 나아가 기업이 탈성장의 가치를 공유하는 시민으로서 그리고 공동체 구성원으로 스스로의 역할과 책임을 인식한다면, 즉 지속 가능한 미래를 위해 기업이 스스로 성장 중심의 패러다임에서 벗어나 자율적이고 책임 있는 방식으로 경영된다면 시민적 통제는 외부적 규제가 아니라 진정한 ESG의 실천이 될 것이다.

변화 모듈 6. 자원의 공동 소유와 이용

15세기 이후 유럽에서는 대지주들이 공유지나 개방경작지를 울타리로 둘러싸 사유화하는 인클로저 운동이 시작되었다. 이로 인해 소농들은 토지의 사용 권리를 박탈당했으며, 이는 자본주의 발전을 위한 원시 축적의 대표적인 형태이기도 하다. 인클로저는 자본의 원시 축적 과정뿐만 아니라 자본주의 발전과 확장 과정에서도 지속적으로 이루어졌다. 로자 룩셈부르크는 제국주의를 "비자본주의적 환경을 가진 세계의 나머지를 독차지하려고 경쟁하는 자본 축적 과정의 정치적 표현"이라고 정의하며, 전 세계적 차원에서의 인클로저 과정을 설명하였다.

현대 자본주의 사회에서도 인클로저는 다양한 형태로 그리고 여러 분야로 확대되고 있다.

- 도시 재개발이나 새로운 상권 형성으로 도심 지역의 부동산 가치가 상승하면서 원래 거주하던 저소득 선주민과 소상인들이 높은 임대료로 인해 밀려나는 젠트리피케이션
- 공공시설 및 서비스 공급에 민간 자본을 끌어들여 공공 영역을 축소시키거나 시민들의 자유로운 접근권 또는 이용권을 제약하는 민간투자개발사업
- 공공 의료서비스의 약화[17]나 민간의료기관의 확대로 인한 의료서비스의 상품화와 경제적 능력에 따른 의료서비스 접근성의 격차 확대
- 공교육 시스템이 약화되고 사립학교와 사교육기관이 확대되면서 교육의 질이 경제적 능력에 따라 차별화되는 교육의 상품화
- 대학이 점차 기업적 운영 방식을 채택하면서 교육과 연구가 시장 수요에 따라 결정되고 교육 과정이 취업 중심으로 재편되는 대학 교육의 기업화
- 의약품 특허권 강화에 따른 필수 의약품에 대한 접근성 제한[18]
- 환경 '오염'에 대한 권리를 사유화하는 탄소배출권 거래제
- 저작권법과 특허법의 강화로 인한 문화와 지식의 자유로운 공유 및 창조적 활용 제한

---

17 우리나라와 같이 공적 의료보험의 사각 지대를 실손보험 등의 민간보험이 보완하는 상황에서, 고급화된 비급여 의료 서비스가 증가하여 저소득층의 의료 서비스 접근이 어려워지는 것도 의료 젠트리피케이션의 한 형태이다.
18 이는 특히 개발도상국의 공중 보건에 심각한 영향을 미친다.

자본주의 경제는 이같이 끊임없는 인클로저의 강화와 확대를 통하여 성장과 축적을 거듭해 왔다.

인클로저와 대척점에 있는 개념은 커먼즈(commons)와 커먼즈를 관리하고 재생산하는 능동적인 사회적 실천 행위인 커머닝(commoning)이다. 커먼즈는 공동체가 함께 관리하고 사용하는 자원과 그 실천을 의미한다. 커먼즈는 공동체가 공유하는 자원, 커먼즈를 유지하고 관리하는 특정 규칙이나 전통, 그리고 공동체가 자원을 관리하고 운영하는 구조의 3가지 요소를 포함한다. 커먼즈는 단순한 자원 공유를 넘어 공동체 기반의 대안적 생산과 관리 방식을 지향하는 보다 포괄적이고 근본적인 개념이라고 할 수 있다.

커먼즈는 디지털 플랫폼을 기반으로 자원이나 서비스를 공유함으로써 자원을 효율적으로 이용하고 경제적 가치를 창출하고자 하는 '공유경제'와는 전혀 다른 개념이다. 공유경제는 "자원의 효율적 이용"을 표방하지만, 기본적으로 사유(私有) 자원의 대여를 통해 수익을 창출하기 위한 비즈니스 모델이다. 자원의 소유자도 대여를 통해 수익을 얻지만, 가장 크게 수익을 얻는 쪽은 디지털 공유경제 플랫폼 운영자이다. 엄밀한 의미에서 '공유(共有 또는 公有)경제'가 아니라 '공용(共用)경제' 또는 보다 정확하게는 '대여경제'라 할 수 있다.

커먼즈의 개념은 물리적 자원뿐만 아니라 공간, 자연, 서비스, 재능, 활동 등 모든 자원과 환경을 공유의 대상으로 보는 광범위한 패러다임으로 확대되고 있다. 주요 커먼즈의 예를 들어 보면 다음과 같다.

[표 1] 공유경제와 커먼즈의 비교

	공유경제	커먼즈
소유 및 관리 주체	기업 (디지털 플랫폼)	공동체
가치 창출 및 분배	기업의 수익 독점	공동체에 가치 환원
참여자의 역할	단순 사용자	생산자이자 관리자
지향점	이윤 추구	공동체의 지속 가능성과 자율성
관계의 성격	거래 중심	협력과 호혜 중심

- 자연자원: 토지, 물, 숲, 지하자원
- 공유공간: 마을 광장, 공원, 커뮤니티 센터, 공유주방, 마을 텃밭
- 공동생산시설: 메이커 스페이스, 공동 작업장/농장
- 교통수단: 대중교통, 차량·자전거 공유 시스템
- 공공주택, 에너지 인프라
- 디지털 커먼즈: 오픈 소스 소프트웨어, 크리에이티브 커먼즈 라이선스[19]
- 문화 커먼즈: 공동체 예술 프로젝트

탈성장 사회에서 커먼즈의 필요성은 다음과 같은 이유로 설명할 수 있다.

---

[19] 저작물의 사용과 공유를 촉진하기 위해 저작권자가 설정한 조건을 명시하는 라이선스. 일반적으로 'CCL'이라고 줄여서 부른다.

- 지속 가능성과 평등 추구: 자연자원과 지식 등을 공동으로 관리하고 이용함으로써, 환경 파괴를 줄이고 자원의 공정한 분배를 도모할 수 있다.
- 경제 격차 해소: 공동의 자원을 함께 관리하고 이용함으로써, 부의 집중(의 필요성)을 막고 더 평등한 사회를 만들 수 있다.
- 자본주의 대안 제시: 커먼즈 경제는 자본주의가 해체한 공유자원을 되찾는 것을 목표로 하며, 이는 무한한 성장과 소비를 추구하는 자본주의 시스템에 대한 대안이 될 수 있다.
- 사용가치 중심의 경제전환: 커먼즈 경제는 교환가치가 아닌 사용가치를 중시하는 경제로의 전환을 추구한다. 이는 불필요한 소비와 생산, 소유를 줄이고, 진정으로 필요한 것에 집중할 수 있게 한다.
- 참여민주주의 확대: 지역 사회 주민들이 자원 관리와 경제 운영에 직접 참여할 수 있게 되어, 더 민주적이고 공정한 사회를 만들 수 있다.

재산의 사유와 그것을 통한 이윤의 추구를 지향하는 자본주의 경제와 대척점에 있는 커먼즈에 대한 가장 기본적인 비판은 '공유지의 비극'이다. 즉, '모두의 땅'은 누구의 땅도 아니기 때문에, 자원의 공유는 오히려 자원의 남용과 무임승차를 유인한다는 것이다. 그러나 2009년 여성 최초로 노벨경제학상을 수상한 엘리너 오스트롬(Elinor Ostrom)은 공동체 구성원들 사이의 자율적인 규제를 통해 공유재를 고갈시키지 않고 보존하는 공유지의 성공적인 사례들을 제시하였다. 오스트롬은 세계 각국의 성공한 제도와 실패한 제도의 사례를 통하여, 공유자원 관리에 있어 공동체의 자율적 관리 능력을 강조하고 지역 특성에 맞는 제도의 중요성을 강조하였다.

탈성장 사회에서 커먼즈는 단순히 경제체제의 변화를 넘어, 사회 전반의 패러다임 전환을 위한 핵심 요소라고 할 수 있으며, 이를 통해 지속 가능성, 평등, 민주주의 등 탈성장 사회가 추구하는 가치들을 실현할 수 있는 기반의 마련이 가능해진다.

변화 모듈 7. 지역금융과 지역화폐

제이슨 히켈은 『적을수록 풍요롭다(Less is More)』(2021)에서 지속적인 경제 성장과 자본주의 시스템을 '저거너트(jeggernaut, 통제 불가능한 비대한 힘)'로 표현하였다. 이 비대한 힘에 연료를 공급하여 더욱 통제 불가능하도록 만든 것이 금융(기관)이다. 자본주의 시장경제 시스템의 두 가지 중심축은 주식회사와 금융기관이다. 또한 많은 금융기관은 그 자체가 주식회사[20]로, 단기 성과를 위하여 '대마불사' 경험칙에 따라 지나치게 위험이 큰 자산에 투자(High Risk, High Return)하기도 한다. 그로 인하여 수차례 지구적 규모의 금융위기가 발생하였다. 한편 대형 금융기관들은 가계 대출과 수수료 수입을 통해 상당한 수익을

---

20   이는 곧 금융기관이 고객의 자산으로 위험한 투자를 감행하여 손실이 생기더라도 자본투자자들은 자신들의 투자자본 한도 내에서 유한책임만 질 뿐이라는 뜻이다. 결국 금융기관의 실패는 결국 예금자의 손실이나 정부(국민의 세금)의 부담으로 귀결된다.

올리면서도, 지역의 중소기업이나 금융 소외 계층 지원에 대해 소극적이라는 비판을 받고 있다.

 탈성장 사회에서 지역금융기관 또는 사회적 금융기관은 지속 가능한 경제모델을 구축하는 데 중요한 요소로 작용한다. 지역금융기관은 지역 내 자원을 효율적으로 배분하여, 지역 주민들이 필요로 하는 상품과 서비스를 공급하는 지역 경제 활동을 지원한다. 이를 통하여 지역 경제의 외부 의존도를 줄이고 자립성을 높이는 역할을 한다. 지역 금융은 협동조합이나 사회적 기업에 자금을 지원하여 지역 내 일자리를 창출하고 지역 경제가 원활히 작용하도록 하며, 지역 재생 프로젝트와 협력하여 환경 문제를 해결하는 데 기여할 수 있다.

 또한 지역 주민 또는 공동체가 필요로 하는 자원을 지속 가능한 방식으로 획득하고 공급하기 위해, 지역금융 또는 사회적 금융을 통해 새로운 기업을 설립하거나 단기적인 프로젝트를 구성할 수도 있다. 저소득층, 저신용층에게 금융서비스를 제공하여 경제적 불평등을 해소하고, 공동체의 역량을 강화하는 데도 지역금융이 중요한 역할을 할 수 있다.

 탈성장 사회에서는 관계형 금융이 중요해진다. 이는 지역금융기관이 고객과의 신뢰를 기반으로 장기적인 관계를 형성하고, 고객의 필요에 맞는 맞춤형 금융서비스를 제공하는 것을 의미한다. 금융기관의 자산 운용에 있어서도 지속 가능한 투자모델이 중요해진다. 이는 환경 친화적인 프로젝트나 사회적 가치 창출을 목표로 하는 기업에 대한 투자를 포함하며, 장기적인 관점에서 경제와 환경 모두에 긍정적인 영향을 미친다.

방코 팔마스(Banco Palmas)는 브라질 북동부 팔메이라스(Palmeiras) 지역에서 시작된 지역 사회 은행이다. 이 은행은 1998년에 설립되어 소액금융 모델을 개척하고 이를 전국으로 확산시켰다. 이 은행의 목적은 지역화폐와 신용 시스템을 통해 지역 경제를 활성화하고 세계화의 부정적 영향에 대응하는 것이다. 방코 팔마스는 대출 신청자의 신용도를 이웃과의 상담을 통해 평가하고, 낮은 이자율로 대출하여 지역 사업을 지원한다. 지역화폐인 팔마(Palma)로 대출을 받으면 무이자로 대출되며, 브라질 국가 통화인 헤알(Real)화로 대출을 받으면 저리이지만 이자를 내야 한다. 팔마스로 대출된 자금은 지역 내 소비를 장려하여 지역 경제를 활성화시키는 기능을 한다. 추정에 의하면, "1997년에는 (팔메이라) 주민들의 구매는 80%가 지역 사회 밖에서 이루어졌지만, 2011년에는 93%가 지역 내에서 이루어졌다."[13]

방코 팔마스에 의해 팔메이라스 지역에서는 700개의 직접 일자리와 2,500개의 간접 일자리가 창출되었고, 지역 상인의 매출이 30~40% 증가하였다. 현재 브라질 전역에 52개의 지역개발은행이 방코 팔마스의 모델을 따라 운영되고 있다. 이 지역금융 모델은 지역 주민들이 협력하여 글로벌 자본과 대기업의 위협에 대응하고, 각 가정의 이해가 지역 사회의 이해와 일치되도록 하는 경제 원칙에 따라 작동하며,[14] 돈이 필요한 지역 기업과 주민들에게 약탈적 대출기관의 대안이 될 수 있을 것이다.

크로아티아 윤리적 금융 협동조합(Zadruga za Etično Financiranje, ZEF)은 2014년에 설립된 비영리 조직으로, 크로아티아 최초의 윤리적 은행인 Ebanka를 설립하여 운영하고 있다. ZEF는 1,300명 이상의 회원을 보유한 크로아티아 최대 협동조합으로, 회원의 3분의 2는 개인, 3분의 1은 중소기업 등 법인이며, 회원들은 협동조합의 공동 소유자로서 민주적 의사결정에 참여한다. Ebanka의 고객은 모두 소유주(ZEF 조합회원)이며, 투명성·민주성·연대의 원칙을 추구한다. Ebanka의 목적은 고객과 함께 지역 사회를 위한 부가가치를 창출하는 것이며, 농업·재생에너지·중소기업·사회적기업 등 지속 가능한 프로젝트를 지원하며 소비자 대출은 하지 않는다. ZEF 조합회원들은 Ebanka가 어떤 프로젝트에 투자할 것인지에 대한 결정에 참여할 수 있다. Ebanka 고객은 계좌개설이나 인터넷/모바일 뱅킹, 국내 계좌이체 등 기본적인 은행 서비스에 대해 수수료를 부담하지 않으며, 개발 대출에 대한 이자율은 1~4%이다.[15]

방코 팔마스의 사례에서 보듯이, 탈성장 사회에서 지역화폐는 지역금융 기관과 함께 지역 경제의 활성화와 지속 가능한 발전을 위한 중요한 도구로 자리 잡고 있다. 지역화폐는 특정 지역 내에서만 사용 가능하도록 설계되어, 지역 주민들이 지역 상점과 서비스에 소비하도록 유도하는 역할을 한다(지역화폐의 이용이 국가 화폐의 완전 대체를 전제로 하지는 않는다). 지역화폐는 지역금융 기관이 발행할 수도 있으며, 지역금융 기관과는 독립적으로 지역 사회 공동체가 자체적으로 발행할 수도 있다. 지역화폐는 현재 한국에서 사용되는 상품권 방식의 지역화폐와는 달리, 보조화폐가 아니라 대안화폐로서 사용될 수 있다.

지역금융 체계에서 지역화폐를 받아들일 경우, 상품 거래뿐만 아니라 급여 지급이나 금융 거래에도 사용할 수 있다. 지역화폐는 지역 주민들의 소비가 지역 내에서 이루어지고 수익이 다시 지역 내에서 재투자되도록 유도하여 지역 경제를 활성화하고, 지역의 부가 외부로 유출되는 것을 방지한다. 또한 지역화폐는 지역의 공익적 목적을 실현하기 위한 다양한 정책과 연계하여 사용할 수 있으며, 반대로 지역 공동체의 가치 및 이익과 배치되는 소비에는 사용할 수 없도록 제한할 수도 있다.

지역화폐는 시간은행(Time bank)과 같은 지역 내 비화폐적 신용 거래 체계와 연계하여, 돌봄이나 자선·봉사 활동이 더욱 활발하게 일어나게 만들 수도 있다. 또한 국가통화가 극심한 인플레이션을 겪더라도 지역 경제가 안정적이고 지역화폐의 통화량이 지역 경제 규모에 비해 적절하다면, 지역화폐에 기반한 지역 주민의 부는 상대적으로 또는 전혀 피해를 입지 않고 보호될 수 있다. 탈성장 사회에서 지역화폐는 단순한 통화 이상의 의미를 지니며, 지역 경제의 활성화와 사회적 연대를 촉진하는 중요한 도구이다.

변화 모듈 8. 권리로서의 노동과 나눔

노동은 특정 목적을 달성하기 위한 의식적이고 합목적적인 활동이면서, 인간과 자연 사이의 물질대사 과정이다. 그런데 자급경제 단위에서가 아니라면 노동은 생계 수단으로서 더 큰 의미를 가지며, 그러한 사회에서는 사회 구성원에게 노동할 수 있는 권리가 기본적으로 주어져야 한다. 그것은 사회의 책임이면서 노동을 이용하여 생산 활동을 하는 경제 주체의 책임이자 역할이다. 이는 경제이론에서도 가장 기본적인 내용이며, 대부분의 나라에서는 노동의 권리를 헌법으로 보장하고 있다.

하지만 성장경제에서는 생산성 증대를 위해 일자리의 많은 부분이 AI, 로봇, 자동화기계나 바다 건너 저소득국가의 극빈 노동자에 의해 대체되고, 수요보다 많은 공급으로 인해 노동의 교환가치가 점점 낮아진다. 노동의 교환가치가 낮아질 뿐만 아니라, 열악한 노동 조건이라도 감내하려는 노동력 공급자들의 경쟁으로 일자리의 질 또한 저하된다.

탈성장 사회에서 노동의 공정한 가치 평가는 단순히 경제적 생산성이나 시장 교환가치에 기반하지 않고, 사회적 필요성, 생태계 보전, 삶의 질 향상 등 다양한 요소를 고려한 총체적인 접근을 통해 이루어진다. 이를 위해서 다음과 같이 새로운 패러다임이 요구된다.

- 사용가치 중심의 평가: 시장에서의 교환가치보다 공동체 유지와 생태적 회복력 강화에 실질적으로 기여하는 정도를 기준으로 노동의 가치를 평가한다.
- 필수노동의 재평가: 의료, 교육, 식품 생산 등 사회 유지에 필수적인 영역의 노동을 우선시하고 그 가치를 재평가한다.
- 돌봄노동의 가치 인정: 현재 저평가되고 있는 돌봄노동의 가치를 - 재평가하고, 이를 사회 유지 활동의 중요한 축으로 인식한다.
- 협동과 공유의 가치 인정: 경쟁보다는 협동과 공유의 가치를 중시한다. 이는 개인의 성과보다는 공동체에 대한 기여와 그 과정

에서의 협력을 노동의 중요한 가치로 인정하는 것을 의미한다.

노동의 가치에 대한 새로운 패러다임에 따라, 탈성장 사회에서는 노동 시간은 줄이면서 일자리는 나누고, 필수 노동을 중심으로 노동력을 재배치하며, 재능과 시간의 나눔을 통해 사회적 자본을 구축할 수 있다.

■ 노동 시간 단축과 일자리 나누기

탈성장 사회로의 전환 과정에서는 여러 가지 이유에서 노동 시간 단축의 필요성이 제기된다. 가장 기본적으로 일과 삶의 균형을 맞추고 삶의 질을 높이기 위해 노동 시간 단축이 필요하다. 또 생태계를 파괴하고 자원을 낭비하는 산업 부문이 축소되면서 많은 일자리가 사라지게 되므로, 일자리를 필요로 하는 모든 사람들에게 노동의 기회를 제공하기 위해서 노동 시간의 단축이 필요하다. 축소되는 산업 부문이 아니더라도 위험한 일은 자동화 기계로 대체할 필요가 있으며, 이러한 일을 하던 사람들도 다른 일자리로 재배치하여야 한다.

탈성장 이전의 사회에서도 노동 시간 단축과 일자리 나누기 사례는 많이 있다. 네덜란드는 1982년 노동조합연맹과 경영자단체 연합이 바세나르 협약으로 근로 시간을 줄이면서 일자리를 나누는 사회적 대타협을 시행한 바가 있다. 프랑스도 높은 실업률 해소와 일자리 창출을 위하여 2000년부터 주 35시간법을 시행하였다. 독일은 1990년부터 산업별로 노사 간의 협약을 통하여 노동 시간을 단축하고 있으며, 근로 시간 저축 계좌제를 도입하여 유연성을 높였다.

■ **노동력 재배치와 정의로운 전환**

 탈성장 사회에서는 의료, 돌봄, 교육, 식품 생산 등 사회 유지에 필수적인 영역과 재생 에너지, 순환 경제, 생태 복원 등 환경 친화적이고 지속 가능한 산업의 노동을 우선시하고, 이러한 영역과 산업으로의 노동력 재배치가 필요하다. 또한 탈성장 사회로의 이행 과정에서 일부 산업은 축소될 수밖에 없으며, 이때 해당 산업 노동자들의 생계를 보장하고 새로운 일자리로 전환할 수 있도록 지원하는 '정의로운 전환' 정책이 필요하다.

 '정의로운 전환' 개념은 1970년대 미국의 석유·화학·원자력 노조(Oil, Chemical and Atomic Workers, OCAW)의 토니 마조치(Tony Mazzocchi)가 최초로 제안했다. 마조치는 지속 가능한 경제 체제에서 석유, 화학, 원자력 노동자들의 일자리가 사라질 것이라고 주장하면서, 이에 대한 해결책으로 "노동자를 위한 슈퍼펀드(Superfund for Workers)"를 제안했다. 이 슈퍼펀드는 일자리를 잃게 될 노동자들에게 새로운 삶을 시작할 수 있도록 보상, 교육, 재훈련의 기회를 지원하는 것을 목적으로 한다.[16]

 탈성장 사회로의 이행 과정에서는 노동력 재배치 결정 과정에 노동자의 참여 보장, 전환 과정에서 소외될 수 있는 취약계층에 대한 지원, 지역 경제의 다각화와 지역 특성에 맞는 일자리 창출 등의 '정의로운 전환'의 원칙을 지키는 것이 중요하다.

■ **재능과 시간 나눔을 통한 사회적 자본 구축**

 때로는 제공받는 서비스(노동)에 대해 대가를 주지 못하는 사람들이 있을 수 있다. 부양가족이 없는 노약자, 질병·장애로 근로를 하지 못하는 사람들과 같이 타인의 돌봄을 필요로 하지만 경제적 능력이 부족한 사람들이다. 반대로 나눔이나 봉사, 증여와 같이 대가를 바라지 않고 자신의 노동을 제공하고자 하는 사람들도 있다. 돌봄노동이 가치를 인정받는 것과 시장에서 유상으로 거래되는 것은 다르다.

리차드 티트머스(Richard M Titmuss)는 『선물관계』(1970)에서, 미국과 영국의 헌혈 제도를 비교 연구하고, 영국의 자발적 헌혈제도와 달리 미국의 상업적 혈액은행(賣血시스템)은 개인의 이타적 동기에 따른 선택의 자유를 박탈하고 궁극적으로 사회적 가치를 파괴하였다고 주장하였다. 즉, 악화(惡貨)가 양화(良貨)를 구축한 것이다. 또한 티트머스는 민간 혈액 시장이 효율적일 것이라는 주류 경제학자들의 주장과 달리, 미국의 민간 혈액 시장은 행정적으로 비효율적이었으며 더 많은 관료주의를 만들었음을 보여 주었다. 이와 달리 대가 없는 선물(자발적 헌혈 제도)은 인간 관계를 결속시키고 사회적 신뢰를 구축하는 데 중요한 역할을 한다는 점을 증명한 것이다.

교환가치 기준의 시장 메커니즘을 통하지 않고 공동체 구성원이 가진 재능과 시간을 나누는 여러 가지 방법이 있는데, 그중 하나가 시간은행이다. 시간은행(Timebank)은 비시장경제 영역에서의 봉사 활동을 시간적 가치로 환산하여 이를 기록·저장·교환할 수 있도록 하고, 봉사자와 수혜자의 전통적인 역할 구분에서 벗어나 양자 간의 상호 호혜적인 봉사 활동을 지향하는 운동[17]이다. 이 운동은 1980년대 미국의 인권변호사 에드가 칸(Edgar Cahn)에 의해 시작되었다. 사람들은 나눔이나 봉사, 재능기부를 하면서, 그 시간에 해당하는 '크레딧'을 시간은행에 쌓고 이를 다양하게 활용할 수 있다.

크레딧을 쌓은 사람들은 공동체 속에서 또 다른 사람들로부터 필요한 서비스를 제공받을 수 있는 권리를 가지기도 하고, 크레딧 자체를 다른 사람이나 단체에 기부할 수도 있으며, 젊었을 때 크레딧을 쌓은 사람들은 나이가 들어 마치 연금처럼 공동체로부터 필요한 돌봄을 받을 수도 있다. 또한 돌봄이나 도움을 받은 사람들은 또 다른 사람에게 자신이 가진 시간과 재능으로 도움을 줄 수도 있다.

이로써, 시장경제에서 소외되었던 취약계층도 도움을 주고받는 당당한 주체가 될 수 있다. 시간은행은 시장경제 바깥에서 사람들의 선의에만 의지하던 나눔과 봉사, 증여와 같은 자연스러운 활동을 공동체의 중심 영역으로 돌려놓고, 공공 서비스 재정 부담도 완화시키며, 호혜 · 나눔 · 배려 · 신뢰 등 사회적 가치를 강화하는 데 기여할 것이다.

노동과 나눔을 공동체 구성원의 권리로 인정함과 동시에, 직업과 관련된 능력주의(meritocracy)에 대한 집착도 떨쳐 버려야 한다. 능력주의는 기회의 평등과 공정한 경쟁을 전제로 하지만, 이는 자본주의 체제에서는 실현 불가능한 이상이며, 오히려 불평등을 정당화하는 도구로 작용하고 있다. 자녀가 고소득 기회를 보장하는 직업을 얻기 위한 경쟁은 이제는 유아교육을 거슬러 배우자(재력 · 배경) 선택부터 시작되고 그것은 개인이 아니라 양쪽 집안 3대(代)의 과업이라는 슬픈 현실이 있지 않은가.

마이클 샌델은 『공정하다는 착각(원제: The Tyranny of Merit)』에서 단순히 과정의 공정성만을 추구하는 것으로는 진정한 공정성을 달성하기 어려우며, 기회의 분배 구조 자체를 다양화하고 개선해야 한다고 주장한다. 능력주의의 근원에는 노동에 대한 불공정 가치 교환 문제가 있다. 탈성장 사회로의 전환에서는 개인의 능력보다는 사회적 기여도와 필요성에 기반하여 그 사람의 노동 가치를 평가하고 누구나 재능에 따라 원하는 교육을 받고 직업을 선택할 수 있는 기회를 제공함으로써, 경쟁과 차별이 아닌 협력과 연대를 중시하는 사회적 가치체계를 형성해야 할 것이다.

변화 모듈 9. 사회 존속의 기반으로서의 돌봄

하이데거는 인간을 '현존재(Dasein)'라고 규정하였는데, 이는 세계와 관계 맺는 독특한 존재 방식을 지니는 세계내적존재(in-der-Welt-sein)를 말하는 것이었다. 세계 '내에 존재'한다는 것은 단순히 '있음'을 말하는 것이 아니라, 세계와 상호 작용하고 소통하는 것을 말하며 관심을 기울이고 보살피며 배려하는 것을 의미한다. 따라서 현존재는 자신과 세계, 타인과 관계를 맺으며 의미를 구성하고, 과거·현재·미래라는 시간적인 구조 속에서 자신의 가능성을 실현하려는 실천적 태도를 가진다.

이 같은 의미로 하이데거는 '돌봄(Sorge)'을 인간 존재의 본질적 특성으로, 즉 인간이 자신의 터(자신의 삶의 역사와 경험이 배어 있는, 인간 존재의 근원적 진실성이 발생하는 공간)에서 자신과 세계, 타인과 관계를 맺으며 존재의 의미를 발견하는 방식으로 설명하였다. 또한 하이데거에게 진정한 돌봄은 자신의 본질을 간직하고 손상으로부터 지키며 이로써 자신의 존재 가능성을 실현하는 것이며, 타인을 의존적으로 만들지 않고 그들이 자신의 실존적 가능성을 스스로 열어 갈 수 있도록 돕는 것을 의미하였다.[21]

돌봄은 인간이 자신과 공동체의 안녕을 위해 실천하는 일상 행동이며,[18] 인간의 궁극적인 목표인 가족·행복·건강과 직접적으로 연관된다. 돌봄이란 아동, 노인, 장애인 및 환자와 같은 도움이 필요한 이들을 지원하는 활동뿐만 아니라, 넓은 의미에서 재생산(인구, 노동력)과 부양, 인간관계의 만족까지 인간의 생애 전반에 걸쳐 이루어지는 다양한 형태의 활동을 포괄하는 개념이다.

인간의 오랜 역사에서 돌봄은 생산 활동과 함께 인간 생활의 주된 영역이었으며, 돌봄과 생산 활동은 서로 분리될 수 없는 관계이다. 돌봄을 통해 노동력이 재생산되고, 생산 활동은 가족과 공동체를 돌보기 위한 수단이다. 또한 돌봄이란 스스로 신체 활동이나 일상생활이 어려운 사람들에게 신체적 지원을 제공하는 의미뿐만 아니라, 하이데거가 존재론적 돌봄의 개념으로 주장한 바와 같이 인간이 자신의 터와 시간 속에서 존엄성을 유지하면서 스스로의 실존적 가능성을 열어 가도록 돕는 것이다.

자본주의 이전 사회에서 가정 내 생산과 돌봄 활동은 육체 노동과

---

[21] 하이데거에게 돌봄은 인간의 본질적인 존재 방식이므로, 돌봄에는 타인에 대한 돌봄뿐만 아니라 자신의 본질을 보호하면서 가능성을 실현하는 자기 돌봄의 개념이 기본적으로 내포되어 있다.

임신·출산·양육이라는 활동의 특성과 가부장제 문화의 영향으로 성별 역할 구분이 있었지만, 공동체 내에서의 돌봄 활동에는 성별 역할 구분이 있지 않았다. 자본주의 사회에서는 남성의 생산 활동 대부분이 임금노동으로 상품화되면서, 상품화되지 않고 시장경제 영역의 밖에 남아 있는 여성의 돌봄 활동은 무보수의 가사 노동 또는 그림자 노동으로 취급되어 왔다. 여성의 가정 내 돌봄 활동이 상품화되지 못한 것은 대면 활동으로 인해 기계화나 자동화되기 어렵고, 돌보는 사람과 돌봄을 받는 사람 사이의 정서 및 도덕적 관계를 상품으로 대체하기 어려웠기 때문이기도 하다.[22]

가족 내에서 이루어지는 돌봄 활동의 가치는 '헌신', '봉사', '희생' 등으로 포장되어 저평가되고, 결과적으로 임금노동의 재생산 비용과 교환가치의 평가 절하에도 영향을 미친다. 또 상품화된 돌봄 노동은 대표적인 저임금노동으로, 임금뿐만 아니라 노동 조건이나 사회적 인식에서도 다른 형태의 임금노동에 비해 차별받고 있다. 그 결과 가족 내에서 노동 능력이 있는 구성원이 더 많은 임금노동을 할 수 있도록, 가족 구성원에 대한 양육, 부양이나 간병은 가족 내에서 임금노동을 하지 않는 사람이나 가족 외에 누군가에게 맡겨야 하는 부차적인 활동이 되었다.

자본주의와 현대 복지국가 체제는 돌봄 위기를 초래하였다. 공동체 붕괴와 사회적 연대의 약화로 돌봄은 오로지 개인과 가족의 책임으로

---

[22] 여성의 임금노동이 늘어나면서, 양육·부양·간병 등의 돌봄 활동도 가족 밖으로 확장되어 상품화(시장화)되기 시작하였다.

남았다. 시장경제 확대로 부모가 돌봄 노동을 수행할 동기가 감소하였으며, 세대 간 돌봄 순환도 단절되어 자녀가 부모를 부양할 것이라는 기대가 불확실해졌다. 국가의 돌봄 책임은 잔여적·선별적으로 제공되어, 가족돌봄청년(영케어러)과 같은 돌봄 사각지대를 만들어 내고 있다.

 탈성장 사회에서는 돌봄 또는 돌봄 노동은 생산 활동을 위한 부차적인 활동이 아니라, 가족 또는 공동체의 행복을 위하여 가장 우선적으로 수행되어야 하는 생명 활동이다. 돌봄의 혜택은 개인에게만 국한되는 것이 아니라 공동체 전체에 광범위하게 영향을 미치므로, 돌봄은 시장에서 거래될 수 없는 공공재의 성격을 지니며 공동체의 미래를 위한 투자로 여겨져야 한다. 이를 위해서는 돌봄을 사회의 중심적 가치로 인식하고, 이를 바탕으로 다음과 같이 사회의 조직과 기능을 재편하여야 한다.

■ **돌봄받을 권리**

 인간의 생애 전반에 걸쳐 돌봄은 필수적이며, 모든 사람은 연령·장애·질병 등의 상황에서도 자율적이고 주도적인 삶을 영위할 수 있어야 한다. 돌봄이 필요한 사람이 가구 조건(돌봄 가능한 구성원의 유무와 경제적 능력 등)과 관계 없이 동일한 돌봄을 보장받기 위해서는, 돌봄의 책임을 개인/가족, 공동체, 국가/지자체 간에 공평하게 재분배하여야 한다. 이를 통해 돌봄의 욕구가 있는 모든 사람이 적절한 비용으로 돌봄을 받을 수 있는 보편적 돌봄 체계가 마련되어야 한다.

■ 돌봄의 공공성 강화

국민에 대한 돌봄은 국가와 지자체의 가장 중요한 역할이다. 돌봄의 공공성을 강화하는 것은 단지 복지정책의 확장이 아니라, 생산과 사회 구조 전반을 재편하는 핵심 과제이다. 이는 "더 많이 생산하고 소비하는 사회"에서 "삶을 유지하고 관계를 돌보는 사회"로의 전환을 뜻한다. 보편적 권리로서의 돌봄을 실현하기 위해서는 돌봄에 대한 국가 책임 강화(무상·공공 돌봄 체계 확대), 돌봄노동의 가치 인정(돌봄노동자의 지위 향상 및 노동 조건 개선), 그리고 모든 시민이 돌봄받을 권리와 돌볼 권리를 보장받는 사회적 체계 구축이 필요하다.

■ 지역 사회 중심의 돌봄 체계 강화

지역 사회 중심의 돌봄 체계를 강화하는 것은, 시장의 효율성과 중앙집중적 복지 모델에서 벗어나 공동체, 자율성, 연대에 기반한 삶의 구조를 회복하는 핵심 과제이다. 이는 단지 "서비스 제공"이 아니라, 삶의 방식 자체를 바꾸는 전환 전략이다. 이를 실행하기 위한 구체적인 방안은 다음과 같다.

- 제도적 기반 마련: 지역 기반 돌봄 인프라(공공 돌봄센터, 요양·육아 공동공간, 마을 돌봄 거점 등) 확충, 돌봄 협치를 위한 참여형 거버넌스 구축, 돌봄 공공예산의 (지자체로의) 분권화
- 공동체 조직과 사회적 경제 활성화: 시민 주도의 지역 돌봄 협동조합 지원, 자조 네트워크 구축, 지역화폐·시간은행과 연계한 돌봄 교환 체계 운영

- 생태적 관점에서의 돌봄: 농사, 도시 텃밭, 자연재생 활동을 생태적 돌봄이자 공동체 활동으로 통합
- 문화적 기반 다지기: 돌봄 시민교육 강화(돌봄의 기술 · 윤리 · 공동체성 교육), 돌봄의 재가치화(돌봄이 "희생"이 아니라 사회를 지속 가능하게 하는 핵심 노동이라는 인식)

■ **돌봄경제의 활성화**

개인/가족과 공적 돌봄의 틈새를 극복하기 위하여, 지역 주민들이 자발적으로 참여하는 돌봄경제의 활성화가 이루어져야 한다. 돌봄경제는 선물경제[23]의 원리를 돌봄 영역에 적용한 것으로, 금전적 보상이 아니라 사회적 관계를 중심으로 돌봄을 상호 또는 공동체 내에서 호혜적으로 또는 순환적으로[24] 주고받는다.

■ **돌봄을 할 권리와 돌봄 휴가/소득**

모든 사람은 좋은 돌봄을 받을 권리와 돌봄을 할 권리가 있어야 한다. 돌봄의 대상이 가족인지와 상관없이 누구나 가족 제도와 규범을 넘어 돌봄에 참여할 수 있어야 한다. 돌봄을 할 권리를 보장한다는 것은, 돌봄에 필요한 시간을 공식적으로 인정하고 돌봄을 함으로써 상

---

[23] 선물경제는 재화나 서비스를 즉각적인 또는 미래의 보상에 대한 명시적인 합의 없이 제공하는 교환 시스템으로, 상호주의에 대한 암묵적 기대가 있으나 명시적 교환은 없으며, 물질적 필요의 충족뿐만 아니라 사회적 관계 강화에 기여한다.

[24] 이는 돌봄의 제공과 수혜가 쌍방 간에 상호적으로 이루어지는 것이 아니라, 릴레이 챌린지처럼 돌봄의 수혜자가 다음에는 돌봄을 필요로 하는 또다른 대상에게 돌봄을 제공하여 공동체 전체에 돌봄의 순환이 이루어지는 것을 의미한다.

실되는 기회소득을 사회보험이나 사회수당 등의 방식으로 지원하거나 돌봄에 필요한 시간을 경제적 부담 없이 인정받는 것을 의미한다.

■ **돌봄노동의 정당한 가치 평가와 젠더 정의**

돌봄노동의 가치를 재평가하여 사회적 인식을 변화시키고, 돌봄노동자가 정당한 처우를 받도록 한다. 남성과 여성의 고정된 성역할을 타파하여 돌봄노동의 성별 집중 현상을 없애고, 불평등한 가족 제도를 개선한다.

이러한 변화는 현재와 미래 세대의 노동력을 유지하고 재생산하는 데 핵심적인 역할을 하는 돌봄을 개인과 가족의 문제가 아닌 사회적 책무로 인식하는 패러다임의 전환이다. 그리고 돌봄에 대한 이러한 관점은 가족과 공동체를 넘어 생태계에 대한 돌봄의 개념으로 확대될 필요가 있다. 다시 하이데거로 돌아오면, 인간은 자연을 포함한 세계와의 관계를 통해서 자신의 본질을 실현한다. 하이데거는 자연을 단순한 자원으로 보는 기술 중심적 관점을 비판하며 자연의 본래적 존재를 이해하고 존중하여야 한다고 주장하였으며, 이를 "존재자를 그 자체로서 존재하게 함"이라고 표현하였다. 돌봄은 인간과 세계에 대해서 동일하게 존재 자체가 그 자체로서 존재하며 가능성을 실현하도록 존중하는 태도를 가질 것을 요구한다.

변화 모듈 10. 교육과 혁신의 원리로서의 협력

자본주의 사회에서 교육은 사회가 필요로 하는 노동력을 재생산하며, 사회는 교육을 통한 개인의 능력과 성취에 따라 사회적 지위와 소득을 분배한다. 이는 능력주의(meritocracy)의 원칙에 따른 것으로, 개인의 노력과 성과에 따라 보상이 주어지는 시스템이다. 자본주의 사회에서 많은 경우 사회적 지위와 소득은 직업에 의해 결정되므로, 결국 교육은 이러한 기회가 있는 직업을 얻기 위한 경쟁 과정이기도 하다.

또한 직업의 사회적 지위와 소득 기회를 높이는 방법 중 하나는 그 직업의 희소성을 높이는 것이다. 때문에 이같이 희소성 있는 직업을 얻으려는 사람은 자신이 그 능력을 갖추고 있음을 증명하여야 하고, 대개의 경우 그 방법은 자신이 다른 사람들보다 더 많은 지식과 경험을 '가지고' 있음을 보여 주는 시험이다. 다른 사람들보다 더 많은 지식과 경험을 가지려면 모든 사람이 똑같이 받을 수 있는 공적 교육으로는 부족하다. 이로 인해 교육은 상품화되고 사유화된다. 직업의 교환가치(직업으로 인한 사회적 지위와 경제적 기회)만큼 그 직업을 얻기 위해 필요한 교육 상품의 교환가치도 높아지고, 교육 기회에 대한 불평등 또한 높아진다.

자본주의 사회에서 교육의 문제는 그것이 상품화되고 교육 기회의 불평등이 커지는 것에만 있지 않다. 교육을 통해 성취해야 하는 지식은 다른 사람이 가지고 있지 못한 것이어야 하면서, 특정 직업과 관련된 매우 전문적인 지식과 경험이다. 이러한 지식은 기술이나 사회 변화에 따라 그 가치가 쉽게 변하며, 또 많은 사람이 알면 그 가치가 떨어진다. 즉, 지식의 가치는 그 독점성에 있으며, 지식의 가치가 떨어짐에 따라 그 지식을 가지고 있는 사람의 가치도 줄어든다. 이러한 특성들은 교육이 본래 추구해야 할 전인적 발달, 비판적 사고 능력 함양, 그리고 사회 발전을 위한 지식의 공유라는 교육의 기본적 목표와는 거리가 멀어지게 만든다.

탈성장 사회에서의 교육은 지식과 교육 과정의 사유화가 아니라 공유와 협력을 기본 원리로 한다. 탈성장 사회에서 직업의 사회적 역할은 경제적 가치 창출을 넘어 사회적·생태적 가치를 추구하는 방향으로 변화한다. 이는 개인의 삶의 질 향상, 공동체의 발전, 환경 보호 등 다양한 측면에서 사회에 기여하는 것을 의미하며, 그것은 공동체가 가지는 여러 가지 문제(사회적 필요와 자원·환경 제약, 구성원 간 이해의 차이 등)를 지속 가능성과 공동체의 행복이라는 기준에서 해결하는 것을 포함한다.

이러한 문제의 해결을 위해서는 문제의 발견과 문제의 근본 원인 및 제약 요인의 파악, 문제 해결 방안과 필요한 자원의 모색에 공동체 내 여러 사람들의 지식과 경험을 활용하고 협력하는 과정이 필요하다. 교육의 기본적인 기능도 각 개인이 더 좋은 직업을 가지는 데 효용성 높은 지식이나 경험을 사유화하는 것이 아니라, 여러 사람이 가진 지식과 경험을 공유하여 사회가 가진 문제를 함께 해결하는 '방법'을 배우는 것으로 바뀌어야 한다.

또한 지식과 기술이 점점 더 복잡해지고 빠르게 변화하는 사회에서는 (자격시험을 위한) 완성태의 지식을 배우기보다는 필요에 따라 새로운 지식과 경험을 빠르게 '익힐 수 있는 능력'을 갖추어야 하며, 이를 위해서도 지식과 경험의 사유가 아니라 공유가 필요하다. 탈성장 사회에서는 교육의 기회를 공정하게 하기 위해 교육 과정을 다시 공공화하는 것뿐만 아니라, 무엇을 배울 것인지에 대해서도 교육의 기능과 역할에 대한 새로운 접근이 필요하다.

탈성장 사회에서의 교육은 개방되어야 한다. 무엇을 배울 것인지, 언제 어디서 배울 것인지, 누가 배우고 가르칠 것인지에 대해 모두 개방되어야 한다. 모두가 똑같은 목표(예를 들어, 고소득 직업)를 위해 똑같은 교육을 받는 현재의 교육과는 달리, 탈성장 사회에서는 학생들이 자신이 무엇을 배울 것인지를 스스로 결정한다. 학생들은 모든 것을 다 배운 다음에 사회에 나가는 것이 아니라, 어려서부터 사회와 자연 속에서 생활하면서 사회와 자연을 더 잘 이해하고 함께 살아가기 위해 필요한 것을 학교에서 배운다. 때문에 학교는 모든 것을 가르치는 장소가 아니라, 학생들이 필요한 것을 '배우는 방법'을 알려 주는 곳이 된다.

따라서 학교는 학생이 본격적인 사회생활을 시작하는 특정 연령 전까지 똑같이 정해진 기간이 아니라 살아가면서 필요할 때는 언제든 필요한 것을 배우는 곳이 된다. 학생이 배우고자 하는 것을 가르쳐 주는 사람은 교사나 교수라는 직위를 가지고 있는 사람이 아니라, 그것을 가장 잘 아는 사람이 된다. 그래서 누구나 배우는 사람이 될 수도 가르치는 사람이 될 수도 있고, 교육 과정은 지식의 전달이 아니라 함께 생각하고 토론하고 새로운 지식과 사고체계를 만들어 가는 과정이다.

이탈리아의 라 스콜라 오픈 소스(La Scuola Open Source, 오픈소스 학교)는 지식의 공유와 협력을 통한 혁신적인 교육을 지향하며, 사회적 · 기술적 혁신을 위한 공간으로 다양한 교육 활동, 문화 행사, 연구 프로젝트를 수행한다. 라 스콜라 오픈 소스는 사람들이 함께 일하며 지식을 공유하고 교환할 때 새로운 가치가 창출되는 집단 지성의 가치를 믿는다. 또한 혁신은 언제나 사회적인 것이며 만약 아니라면 그것은 사람의 이기심을 충족시키는 것일 뿐이라고 주장하며, 지식의 나눔을 가장 필수적인 공공재로 본다. 이러한 목적을 위해 건축 · 예술 · 기술 등 다양한 분야를 종합적으로 다루는 다학제적 접근법을 기본으로 하며, 공예 · 기술 · 과학 · 시각 예술 · 시 · 편집 · 로봇공학 · 생물학 · 전자공학 등 다양한 분야의 사람들이 모여 협력하는 해커스페이스 역할을 한다. 그리고 국제적인 전문가들과 튜터, 선발된 참가자들이 XYZ라는 이름의 집중적인 워크숍을 통해서, 학교의 정체성과 운영 방식을 함께 만들어 간다.[19]

지식의 사유화는 교육보다 특히 연구 개발 영역에서 더 강조되어 왔다. 옹호자들은 지적재산권과 특허제도가 경쟁을 촉진하고 기술 발전과 경제 성장을 견인하여 왔다고 주장해 왔으며, 이 주장은 적어도 자본주의 사회 속에서는 타당성을 가지는 것처럼 보인다. 하지만 과도한 특허 보호가 오히려 혁신을 저해하고 지식의 사회적 확산을 방해하며, 특허 출원 및 관리에 과다한 비용이 소요될뿐더러, 특허권 강화로 지적재산권자에게 과도한 이익이 보장되면서 사회적으로 중요한 분야의 기술 개발이 상대적으로 희생되는 등 여러 문제점이 지적되고 있다.

그뿐만 아니라 막대한 경제적 이윤을 두고 벌어지는 특허 경쟁에 엄청난 사회 · 경제적 자원이 중복하여 투입되나, 경쟁에서 패배한 연구 개발 기업은 보상을 받지 못하며 승리한 기업도 투자한 자원의 회수와 이윤 극대화를 위하여 결국 소비자들에게 그 이상의 비용을 요구하게 된다. 이처럼 지나친 사유화로 인하여 자원의 효율적 사용이 저해되는 '반(反)공유재의 비극'은 특히 지적재산에서 극명하게 나타난다.

지적재산권은 종종 공공의 이익과 충돌하는데, 특히 생명과학 분야에서 이러한 갈등이 두드러진다. 인간의 유전자에 대한 특허를 부여할 수 있는지에 대한 논쟁에서, 생명공학 기업들은 막대한 연구 개발 비용과 노력에 대한 경제적 보상과 혁신 촉진을 위해 특허권 보호가 필요하다고 주장하였다. 이에 대해 반대 측에서는 인간 유전자는 인류 공동의 자산이므로 특허 대상이 될 수 없다는 윤리적 비판과 함께, 과도한 특허 보호로 인해 후속 연구와 새로운 치료법 개발이 어려워지고 의료 서비스 비용이 상승할 수 있다는 사회경제적 문제점이 제기되고 있다.

이와는 달리 지식과 연구 개발이 독점되지 않고 공유되고 협력을 통해 이루어질 때, 연구 개발이 보다 효율적일 뿐만 아니라 혁신적인 성과도 이루어질 수 있다는 것은 많은 사례를 통해 입증되고 있다. NASA는 고도의 전문가 조직이지만, 시민 과학 프로젝트 등 외부 기관이나 심지어 일반인도 참여할 수 있는 오픈 이노베이션 활동을 통해 외부의 창의성과 전문성을 활용하고 있다.

'The Daily Minor Planet'은 NASA의 시민 참여 프로젝트의 사례로, 이 프로젝트에는 자원봉사자로 참여한 네 명의 아마추어 천문학자들이 새로운 소행성을 찾기 위해 방대한 이미지 데이터를 검토하고, 프로젝트의 온라인 Talk 게시판에서 중재자로 활동했다. 이 네 명의 아마추어 천문학자들은 천문학과 행성 과학에 대한 기여를 인정받아, 새로 발견된 소행성 4개는 이들의 이름을 따서 명명되었고 이 이름들은 2024년 여름에 국제천문연맹(IAU)에 의해 공식적으로 승인되었다.

엘리너 오스트롬은 『지식의 공유(Understanding Knowledge as a Commons)』(2007)에서 인류의 지식은 개별적인 노력들이 서로 상호 작용하며 축적되어 발전하며, 지식 생산이 단순히 개인의 노력만으로 이루어지는 것이 아니라 여러 사람의 협력적 노력을 통해 더 큰 성과를 낼 수 있다고 하였다. 오스트롬은 지식을 공유자원으로 보았으며, 이러한 공유자원을 공동체 기반의 자율적 관리를 통해 효과적으로 관리하고 활용할 때 더 큰 사회적 가치가 창출될 수 있다고 주장한 것이다. 이러한 관점은 현대의 오픈 소스 또는 카피레프트(copyleft)[25]와 같은 자유소프트웨어 운동이나 협력적 지식 플랫폼 등의 이론적 기반이 되었으며, 지식의 공유와 협력이 혁신과 발전의 핵심 동력이 될 수 있음을 시사한다.

탈성장 사회에서도 개인의 노력과 창의성에 따른 지적재산권은 인정하고 보호하지만, 지적재산권의 과도한 보호로 사회 전체의 혁신이 저해되고 사회의 자원과 노력이 낭비되지 않도록 유연한 지적재산권 제도를 지향한다. 이를 위해 특허 기준을 강화하고, 특허 보호 기간을 조정하거나, 공익을 위해 필요한 경우 특허권자의 동의 없이도 특허 사용을 허용하는 강제 라이선스 제도를 도입할 수 있다. 또 관련 특

---

[25] 저작권의 한 형태로, 저작물을 자유롭게 사용하고 수정할 수 있도록 허용하면서도, 그 저작물을 기반으로 한 파생 작품 역시 동일한 자유를 보장해야 한다는 원칙이다. 이 개념은 오픈 소스 소프트웨어와 관련이 깊으며, GNU 일반 공중 라이선스(GPL)와 같은 라이선스가 대표적이다. 카피레프트는 저작물의 자유로운 이용과 공유를 촉진하는 동시에, 저작자의 권리도 보호하는 방식으로 작용한다.

허들을 특허 풀(patent pool)로 모아 특허를 효율적으로 관리하며, 일부 유전자 연구 결과를 공개하여 공동 활용을 촉진하는 것과 같이 오픈 소스 모델을 도입할 수 있다.

그리고 '지적 재산'뿐만 아니라 '지식 공유'에 대해서도 기여자들에게 적절한 보상과 인정을 제공하는 인센티브 제도의 운영을 통해, 지식의 독점이 아니라 지식의 공유와 그것을 통한 사회적 혁신을 촉진할 수 있다. 예를 들어, 연구 개발자들은 연구 개발의 최종 단계에서야 연구 개발 결과를 세상에 발표하거나 특허를 등록하여 연구 성과를 전유하는 것이 아니라, 연구 개발 네트워크를 통해 연구 개발 과정에서 수시로 동료 또는 경쟁자들과 아이디어나 연구 성과를 공유할 수 있다. 이 같은 지식의 공유 및 협력 체계는 다음과 같은 장점을 가진다.

- 연구 개발 관련 아이디어나 의견을 수시로 피드백받아 연구 개발의 시행착오를 줄이고 보다 짧은 시간에 결과에 얻을 수 있다.
- 연구 개발자 개인 또는 조직 간의 역할에 따른 협력 또는 경쟁을 통해 사회 전체의 자원을 효율적으로 연구 개발에 이용할 수 있다.
- 연구 개발 과정에서 각 연구 개발자 간에 주고받은 동료평가(peer review)를 통하여 연구 개발의 성과에 대한 개별 연구 개발자들의 기여 정도를 공정하게 평가할 수 있다.
- 연구 개발에 기여한 모든 연구 개발자에 대한 평가를 할 수 있어, 연구 개발의 성과를 개인이나 소수 집단이 독점하지 않고 기여한 모든 연구 개발자들이 적합한 인정과 보상을 받을 수 있다.

인류의 지식은 개별적인 노력들이 서로 상호 작용하며 축적되어 발전해 왔다고 말한 엘리너 오스트롬의 견해에 따르면, 연구 개발에 기여한 '모든' 개별 연구 개발자들이 공정하게 평가받고 그에 따른 인정과 보상을 받는 것은 탈성장 사회에서 협력에 기반한 사회 혁신을 지속해 나갈 수 있는 토대가 될 것이다.

변화 모듈 11. '복지'가 필요하지 않은 복지사회

복지란 인간의 삶에 필요한 자원과 건강, 안전이 어우러져 행복을 누릴 수 있는 상태를 의미하며, 또 한편으로는 개인과 사회 전체의 행복과 안녕을 추구하는 사회나 국가 차원의 조직화된 활동을 의미한다. 복지는 단순한 경제적 지원을 넘어 개인과 사회의 전반적인 삶의 질 향상을 목표로 하며, 이를 위해 다양한 제도와 정책, 서비스가 제공된다. 복지의 개념은 좁게는 사회적 약자나 보호를 필요로 하는 대상을 위한 실천 활동만을 가리키기도 하지만, 넓게는 모든 사회 구성원의 삶의 질 향상을 위한 포괄적 활동을 아우르기도 한다.

기술 발전을 통한 경제 성장과 평균소득의 증가에도 불구하고, 복지에 대한 필요성과 요구는 계속하여 늘어나고 있다. 이에 따라 현대 세계의 거의 모든 국가에서는 헌법에 의하여 국민에게 인간다운 생활을 할 기본권을 보장하며, 국가에는 이에 대한 의무를 부여하고 있다. 1880년대에 독일 제국의 비스마르크는 사회보험 제도를 도입함으로써 세계 최초로 현대적 복지국가를 만들었다. 1942년 영국의 「베버리지

보고서는 "요람에서 무덤까지"라는 철학 아래 국민의 기본적인 생활을 보장하는 포괄적인 사회보장 체계를 제안하였고, 이를 바탕으로 영국은 점진적으로 공공복지제도를 도입하였다.

또 대공황 이후 미국 루스벨트 정부는 1935년 사회보장법을 통해 실업보험, 노령연금 등 다양한 복지제도를 도입하여 복지국가의 기초를 마련했다. 제2차 세계대전 이후 서유럽 국가들은 경제 재건과 사회 안정화를 위하여 복지제도를 확대하였다. 이 시기는 '복지국가의 황금기'로 불리며, 사회보장 지출이 급격히 증가하고 보편적 복지가 강화되었다. 그러나 1970년대 이후 오일쇼크와 경제 침체로 인해 복지 지출이 증가하면서 재정 부담이 심화됨에 따라, 많은 국가들은 복지 축소와 구조조정을 시작했다. 1980년대 이후 일부 국가들은 시장 중심의 정책(신자유주의)으로 전환하며 복지 혜택을 축소하고 개인 책임을 강조하는 방향으로 변화하였다.

복지국가는 산업화와 도시화로 인한 사회문제를 해결하기 위해 등장하였으며, 경제 성장과 정치적 안정화를 위한 중요한 사회안전망으로서의 역할을 수행해 왔다. 소득 보장 중심의 사후적·잔여적 복지 제도는 질병, 장애, 노령, 실업, 사망 등의 사회적 위험으로 인해 소득이 중단되거나 크게 감소할 때 생활 수준을 유지할 수 있도록 지원하는 것을 핵심으로 한다. 하지만 제도 자체의 근원적인 한계와 사회경제적 변화로 인해 현재의 복지 제도는 여러 가지 문제와 도전에 직면하고 있다.

- 구조적 한계: 성장을 위한 자본 축적과 복지 확대를 위한 재정 확

보 사이에 근본적인 딜레마가 존재한다.
- 노동시장 구조와의 부조응: 비정규직, 영세자영업자 등 불안정 고용 계층을 기존 사회보험 체계로 포괄하기 어려우며, 노동시장의 이중(다중)구조화로 인해 복지 혜택의 격차가 발생한다.
- 기술 변화와 노동시장 변화: 4차 산업혁명, 디지털 플랫폼 경제 등으로 인한 새로운 형태의 노동과 사회적 활동에 대응하기 어렵다.
- 복지 수요 증가와 재정 부담: 인구고령화, 새로운 사회적 위험 등으로 복지 수요는 증가하지만, 재정 확보에는 한계가 있다.
- 빈곤과 불평등 해소의 한계: 복지수급자에 대한 재정적 지원이 최저생계비에 못 미치며, 자산이나 교육 기회 격차로 인한 불평등은 점점 더 확대되고 있다. 한국의 경우, 사회복지 지출이 증가해도 불평등 개선 효과가 상대적으로 낮게 나타난다.[20]
- 자립 지원의 근본적 한계: 복지수급자에게 단순한 재정적 지원이 아니라 자립할 수 있는 실질적인 기회는 제공하지 못하고 있다.

복지제도는 복지정책의 접근 방식과 목적에 따라 사전적 복지제도와 사후적 복지제도로 구분할 수 있다. 사전적 복지제도는 개인이 빈곤이나 사회적 문제에 빠지지 않도록 사회적 위험이 발생하기 전에 예방적으로 시행되며, 모든 국민들을 대상으로 하여 보편적 성격을 가진다. 사전적 복지제도는 사회보험이나 조기투자(예: 교육 보육, 건강관리, 직업훈련)의 방식으로 운영되며, 재원은 주로 보험료(개인이 소득비례로 부담하는 사회보험료)나 조세를 통해 조달된다.

사후적 복지제도는 이미 발생한 빈곤·실업·질병 등 사회적 문제를 해결하거나 완화하기 위해 제공되는 복지 형태로, 빈곤층이나 장애인 등 특정 취약계층을 대상으로 하는 선별적(잔여적) 성격을 가진다. 대표적인 사후적 복지제도로는 실업급여, 공공부조, 긴급구호 등이 있으며, 재원은 주로 정부 예산을 통해 마련된다. 사전적 복지제도의 대부분을 차지하는 사회보험은 그 재원을 개인(일부는 기업(사용자))이 부담하므로, 대부분 국가의 복지 책임은 사후적 복지에 중점을 두고 있다고 할 수 있다.

사후적 복지제도는 이미 발생한 사회적 문제를 해결하기 위한 대응적 성격을 가지지만, 복지 사각지대, 낙인 효과, 행정 비효율성, 재원 부담, 문제 해결의 한계 등 여러 가지 문제점을 가지고 있다. 사후적 복지는 특정 계층에만 혜택을 제공하는 선별적 접근을 취하기 때문에, 실질적인 빈곤층임에도 불구하고 자격 요건을 충족하지 못해 지원을 받지 못하는 경우와 같이 제도의 적용 대상에서 제외되는 사람들이 발생할 수 있다. 또 특정 계층(빈곤층, 실업자 등)을 대상으로 하기 때문에 수급자가 사회적 낙인을 경험할 가능성이 높으며, 복지 전달 체계의 중복성과 비효율성으로 인해 재정 낭비가 발생할 수 있다. 사후적 복지는 긴급한 문제를 해결하기 위해 대규모 재정을 필요로 하므로 국가 재정에 부담을 줄 수 있으며, 이미 발생한 문제를 해결하는 데 초점을 맞추기 때문에 근본적인 원인을 예방하거나 구조적인 문제를 개선하는 데 한계가 있다.

탈성장 사회에서의 복지 패러다임은 사후적·선별적 복지보다는 사전적·보편적 복지를 지향한다. 사전적 복지는 사회적 문제의 원인을 해소하여 사회적 위험을 사전에 차단하는 데 중점을 둔다. 예를 들어, 당뇨병은 심각한 건강 문제와 합병증을 초래할 수 있는 만성 질환으로, 개인은 당뇨병으로 인해 심각한 삶의 질 저하를 겪을 수 있으며 사회 전체로도 노동력 손실과 의료비 지출로 인한 경제적 부담이 상당하다. 여러 역학 연구에 의하면 낮은 소득, 낮은 학력, 낮은 직업 수준의 집단에서 당뇨병 유병률이 더 높은 경향을 보인다.[21]

핀란드는 1990년대 당뇨병 발생률이 급증하자 2000년대 초반부터 적극적인 전 국민 당뇨병 예방 관리 정책을 시행하였다. 당뇨병 환자 1인당 의료비는 연간 336유로이나, 합병증 발생 시 의료비는 연간 8,409유로로 25배 증가하여, 환자 본인뿐만 아니라 국가 의료보건 재정에 상당한 부담이 되었다. 핀란드 정부와 당뇨협회가 주도하여 2000년에 '당뇨 예방과 관리 10개년 계획', 이른바 '데코(DEHKO) 프로젝트'를 수립하였다. 이를 통하여, 당뇨병 치료에 필요한 모든 약값과 인슐린 주사 비용을 전액 지원하고, 혈당 체크 시험지를 일괄 구매하여 환자들에게 저렴하게 배포하며, 매년 당뇨 환자를 대상으로 망막 검사, 고지혈증, 24시간 소변 검사 등 합병증 체크를 의무적으로 실시하였다. 핀란드는 당뇨병 예방 관리 프로젝트를 실행함으로써 당뇨 유병률을 10년 동안 58% 감소시켰으며, 당뇨병으로 인한 발목 절단율을 절반으로 감소시켰다.

탈성장 사회에서는 대안경제(자급경제, 협동조합, 사회적 경제 등)의 확대, 자원(커먼즈)의 공동 소유와 이용, 공정한 노동가치와 노동할 권리(일자리 나눔, 노동 시간 단축)의 실현, 돌봄의 공공성 확대, 지역 사회 중심의 돌봄체계 강화와 돌봄경제 활성화와 같은 탈성장 사회의 특성과 제도로 인해 실업과 빈곤에 따른 경제적 사회보장의 필요성은 상당 부분 감소될 것이다. 이보다는 개인과 공동체의 역량을 강화하고, 개인과 공동체의 신체적·정신적 건강과 회복력을 향상시키며, 사회적 연대와 생태적 지속 가능성을 높이는 것에 초점을 두게 된다. 이러한 복지의 개념은 곧 하이데거의 존재론적 돌봄의 개념(인간이 자신의 터에서 자신과 세계, 타인과 관계를 맺으며 존재의 의미를 발견하는 방식)과 일치한다.

탈성장 사회 복지제도의 주요한 방향 및 특징은 다음과 같다.

■ 공정한 노동가치와 일자리 보장

노동에 대한 공정한 가치를 인정하고 일자리 나눔으로 노동 능력과 의사가 있는 사람에게는 일자리를 보장함으로써, 복지 필요의 가장 근본적인 요인인 빈곤을 해소한다. 강제적인 정년제도는 없애고 고령자도 본인의 희망에 따라 일할 수 있게 하여, 연금 제도와 함께 노후 생활을 유지할 수 있도록 한다.

■ 보편적 기본 복지를 위한 공공 서비스 확대

교육, 의료, 주거, 교통, 통신/인터넷 등 필수적인 서비스를 모든 시민에게 제공하여, 자원 소비와 생산을 줄이고 삶의 질을 향상시키며 사회안전망을 강화한다. 이를 위해 지역 정부는 공공 서비스에의 접근성을 높이는 플랫폼을 구축하고, 공간이나 시설 등 공유재를 적극 활용한다.

■ 돌봄의 사회화

아동, 노인, 장애인 등에 대한 돌봄을 모든 이의 보편적 권리로 보고, 돌봄의 책임을 가족이나 시장에 맡기지 않고 지역 사회의 자원과 네트워크를 최대한 활용하는 지역 사회 중심의 돌봄 체계를 마련한다. 돌봄 노동의 사회적 가치를 인정하고, 노동 시간 축소를 통해 자신을 포함하여 돌봄이 필요한 사람을 돌볼 수 있는 시간을 보장하며, 돌봄을 수행하는 모든 이에게 정당한 소득을 지급한다.

■ 지역 사회 중심의 복지체계 강화

지역 사회 기반의 돌봄 네트워크를 구축하여, 노인이나 장애인도 대규모 시설이 아니라 지역 사회 내에서 사회적 관계와 활동을 유지하면서 개인의 욕구에 맞는 서비스를 제공받을 수 있도록 한다. 지역 사회 돌봄을 위해 지역 내 자원(인력, 시설, 자연 등)의 활용과 공동체의 참여를 높이고, 지역의 경제적 자립과 사회적 연대를 강화한다.

2010년 이후 불안정 노동의 증가와 기존 사회보장제도의 한계를 극복하기 위한 대안적 분배 방식으로, 국가나 지방자치단체가 모든 구성원 개개인에게 아무 조건 없이 정기적으로 지급하는 기본소득에 대한 논의가 활발하게 제기되고 있다. 기본소득을 복지의 한 방식으로 이용할 것인지는 각 사회의 상황과 특성을 고려하여 사회 구성원들이 결정할 부분이다.

예를 들어, 이직이나 일시적 실업, 돌봄, 노후 생활 등을 위하여 노동소득 이외의 경제적 지원이 필요하며, 이러한 상황에서 기본소득은 기본적인 생존권을 실질적으로 보장하는 방안이 될 수 있다. 다만, 노동의 탈상품화[26]를 위한 방안으로서 기본소득에 대한 논의는, 노동의 본질과 노동에 대한 인간의 권리란 관점과 연관하여 논의될 필요가 있다(이에 대해서는 8장에서 다룰 것이다).

탈성장 사회에서 복지의 역할과 범위가 커지는 만큼, 많은 복지 재원이 요구될 것이다. 복지에 필요한 재원은 다음과 같이 다양한 방식으로 마련할 수 있을 것이다.

- 자원 재배분: 전쟁 위험 해소를 통한 군비 감축과 산업보조금, 특혜금융(시설자금, 무역금융 등), 인프라 지원 등 특정 산업에 대한 지원 예산을 줄여서 지역 경제와 복지 지원을 위해 사용한다.
- 세제 개편: 고소득층과 대기업에 대한 부유세 및 자산세를 강화하고 탄소세 등 환경 보호를 위한 세금을 도입한다. 탄소세는 온실가스를 배출하는 기업뿐만 아니라 개인의 과도한 소비 활동에도 부과하여, 소비 감소를 유도한다.
- 공유재 활용: 지역 사회의 공유재를 복지를 위해 사용하거나, 공유재의 사적 이용 수익을 복지 재원으로 사용한다.
- 공공 서비스 효율화: 기존의 공공 서비스의 효율성을 높여 불필요한 비용을 절감하고, 절감된 비용을 복지 재원으로 전환한다.
- 선물 경제: 자발적 의지로 자신의 시간이나 재능, 재화를 나누어

[26] 덴마크 출신의 정치학자 에스핑-안데르센이 『복지 자본주의의 세 가지 세계』(1990)에서 제시한 개념으로, 노동자가 노동력을 시장에 팔지 않고도 적정 수준의 생활을 유지할 수 있는 정도를 뜻한다.

공동체와 생태계의 좋은 삶을 증진시키고자 하는 활동도 복지를 위한 재원이 될 수 있다. 시간은행과 같은 비동기 교환 또는 연쇄 순환적 교환 체계를 이용하면, '나눔'의 행위와 관계가 공동체 전체로 확산되는 효과도 일어날 수 있다.

탈성장 사회에서의 복지는 경제 성장을 통한 재분배가 아니라, 생태적 지속 가능성과 사회적 정의를 동시에 추구하는 새로운 패러다임—가치 지향, 개인과 공동체의 역할, 자원의 공유와 분배 등—을 제시한다. "복지를 위해서도 성장이 필요"하다는 기존의 성장의존적인 복지국가 모델을 넘어서, 사회적 투자를 통해 개인이 공동체와 자연 속에서 행복을 찾는 복지와 생태의 선순환을 지향한다. 가장 근본적인 복지는 개인이 공동체 내의 인격체로서 본인의 행복을 추구하면서 동시에 공동체 구성원으로서 자신의 역할을 하도록 함으로써, '인간으로서의 존엄성'[27]을 갖도록 하는 것이다. 이 같은 탈성장 사회는 사회의 가치 지향과 운영 원리가 자체가 복지사회이므로, 굳이 '복지'라는 말이 필요하지 않은 복지사회가 될 것이다.

---

[27] 도미니크 슈나페르(Dominique Schnapper)는 근대 사회는 개인으로서의 시민과 생산자(노동자)라는 이중 가치에 기반하며, 개인의 존엄성의 근거는 그의 노동과 시민권 행사에 공히 존재한다고 하였다(『노동의 종말에 반하여』 중에서).

변화 모듈 12. 참여민주주의와 국제 연대

　탈성장은 단순히 경제 성장을 멈추는 것이 아니라, 사회 전체를 근본적으로 전환하는 것을 목표로 한다. 근본적인 전환의 방향과 목표는 누군가에게 의해 주어지는 것이 아니다. 그것은 시민들이 참여와 합의를 통해 모색하고 만들어 가는 것이며 시민들의 실천을 통해 실현되는데, 이 과정이 참여민주주의이다. 참여민주주의는 시민들이 정치적 의사결정 과정에 직접 참여함으로써 자율성을 실현할 수 있도록 한다. 자율성은 사회 집단이 신의 율법(종교)이나 경제법칙(경제)과 같은 외부(타율)의 명령과 기정사실에서 벗어나 공동으로 미래를 결정할 수 있는 능력을 의미한다.[22]

　엘리너 오스트롬은 공유자원의 딜레마를 해결하는 두 가지 전통적 방법인 정부의 직접규제('보이는 손')와 시장의 가격메커니즘('보이지 않는 손')에는 한계[28]가 있으며, '공유재의 비극'에 대처하는 또 하나의 길로 지역 공동체에 의한 자치적 관리를 제시하였다.[23] 오스트롬은 기후온난화로 인한 기후변화도 공유자원의 남용에 기인한 '공유자원의 딜레마' 상황으로 보았다. 이와 같은 공유자원의 딜레마를 낳은 것은 자본주의 그 자체—무한 성장, 이윤 추구 극대화, 소비주의, 외부효과, 소득과 자원 불평등—이며 이를 합리화하고 지원하거나 방조한 법률과 국가 행정

---

[28] 오스트롬은 "공유자원의 딜레마" 해결에 있어서 1) 정부 직접규제의 한계로 현실의 복잡성 반영 부족, 비용과 효율성 문제, 지역 사회의 참여 저해, 정보 비대칭, 2) 시장 가격 메커니즘의 한계로는 외부효과 무시, 시장에 의한 지나친 자원 사용('공유의 비극'), 정보 비대칭, 사회적 불평등을 제시하였다.

체계이다. 탈성장을 위해서는 이러한 자본주의 경제 체제와 중앙집권적 국가 통치로부터 벗어나, 사회가 지향해야 할 가치와 기본적인 작동 원리, 활동과 관계에 대한 기본 규칙 등을 공동체 스스로 만들어 갈 자율성이 필요하다.

　탈성장 사회에서 지역 공동체의 중요한 정책은 더 이상 중앙집권적 국가 행정과 대의기관에 위임하지 않고, 지역 사회 공동체 구성원들이 스스로 직접 결정한다. 이 과정에서 시민 참여(선거를 통한 간접참여뿐만 아니라 정책 수립·결정 과정에의 직접참여), 숙의 과정(중요한 정책의사결정에 시민들이 참여하여 토론하고 심의하는 과정), 대표성 확보(다양한 계층과 집단의 의견 반영)라는 참여민주주의의 기본 원칙이 관철된다. 시민 참여를 위해 행정과 관련된 모든 정보는 공개되고 공유되어야 한다.

　중앙집권적 국가 행정의 역할은 기본 법률과 국가 인프라, 국방과 외교 등의 공통 영역과 지역 간 격차를 줄이고 균형 있는 탈성장을 유도하는 조정자 역할에 집중된다. 국회나 지방의회와 같은 대의기관은 탈성장 사회의 핵심 가치를 반영하여 법적·제도적 기반을 마련하는 역할을 담당한다. 지금까지 관료적 행정과 대의민주주의 제도를 지탱시켜 온 경제 성장률이나 소득과 같은 성장 중심의 사회 발전지표는 폐지된다. 또한 참여민주주의는 경제적 민주주의에 기반하여 쟁취한 시민들의 정치적·사회적 권리를 보호하고, 탈성장 사회로의 전환 과정에서 과거 사회로 회귀하려는 경제적·사회적 반동으로부터 사회를 보호하는 중요한 역할을 하게 된다.

　바르셀로나 엔 코무와 바르셀로나 에네르히아는 시민 참여와 민주적 전환의 사례이다. 바르셀로나 엔 코무(Barcelona en Comú)는 전통적인 정당 구조를 벗어나 시민 참여를 강조하는 새로운 형태의 정치 플랫폼이다. 바르셀로나 엔 코무는 시의 의사결정을 민주화하고 분권화하는 것을 목표로 하였으며, 그 노력의 일환으로 2018년 7월 바르셀로나 시의회는 에너지 주권 확보, 재생 에너지 확대, 에너지 빈곤 해소를 목표로 100% 공공 전력 회사인 바르셀로나 에네르히아(Barcelona Energía)를 설립하였다.

바르셀로나 에네르히아는 스페인 에너지 시장을 과점하고 있는 민간 전력 회사들에 대한 의존에서 탈피하기 위해, 지역 내 생산자로부터 에너지를 구매하여 시민들에게 분배하며 재생 가능 에너지에 대한 보편적인 접근과 기본권으로서 에너지의 공평한 분배를 옹호한다. 바르셀로나 에네르히아는 태양광 발전 등 지역 내 재생 에너지원으로 생산된 전기만을 공급하고, 지역 내 재생 에너지 관련 일자리를 제공하면서, 에너지 비용의 역외 유출을 막아 지역 경제에 기여하며, 에너지 효율 개선 프로그램을 통해 취약계층의 에너지 비용 절감을 돕는다. 또 지역의 에너지 주권 확립을 위하여 시 의회를 통해 재생 가능한 지역 에너지 발전을 장려하는 프로그램 도입하고 공공 보조금을 제공하고 있다.

바르셀로나 에네르히아는 정책과 프로젝트에 대한 시민들의 의견을 수렴하는 포럼과 회의를 정기적으로 개최하며, 시민들이 자발적으로 참여할 수 있는 에너지 커뮤니티를 조직하여 지역 내 에너지 생산과 소비를 공동으로 관리하도록 유도한다. 또한 에너지 생산 및 소비에 관한 정보를 공개하여 시민들이 에너지의 흐름과 사용 현황을 쉽게 이해할 수 있도록 한다.

탈성장은 기존과는 다른 국제 협력과 글로벌 거버넌스를 요구한다. 각 국가나 지역의 탈성장으로 국제 관계와 질서는 다음과 같은 영향을 받게 될 것이다.

- 국제 경제 질서: 국가 간 경제규모 경쟁이 완화되고 생산과 소비가 감소하고 지역 경제가 강화되면서 국제무역 양상이 변화하고, 성장 지향적인 현재의 국제 금융 체계 대신 새로운 형태의 국제 금융 협력이 요구된다. 경제규모에 기반한 패권적인 국제 경제 질서가 탈성장을 위한 국가나 지역 간 협력을 지원하는 체계로 변화할 것이다.
- 지정학적 구도: 에너지와 자원 사용이 줄면서 자원을 둘러싼 국가 간 갈등이 감소하고, 경제 규모와 군사력 확장의 연관성이 약화되면서 군비경쟁이 완화될 가능성이 있다.
- 국제협력과 글로벌 거버넌스[29]의 변화: 기후변화 대응을 위한 국제 협력이 더욱 강화되고, 국가 간 및 국가 내 불평등 해소를 위한 국제적 노력이 증대되며, 탈성장 사회로의 전환을 지원하고 조정하는 새로운 형태의 국제기구가 필요할 수 있다.
- 글로벌 남북 관계: 선진국 중심의 성장모델이 아닌 새로운 발전 패러다임이 필요해지고, 경제 성장 중심의 원조에서 벗어나 지속

---

29 글로벌 거버넌스(Global Governance)는 국가, 국제기구, 비정부기구(NGO), 기업 등 다양한 주체들이 협력하여 글로벌 차원의 문제를 해결하고, 국제적인 규범과 정책을 수립하는 과정을 의미한다.

가능한 발전을 위한 새로운 형태의 협력이 강조되며, 친환경 기술과 지속 가능한 생활 방식에 대한 지식 공유가 더욱 중요해질 수 있다.

하지만 이와 같은 국제 관계 및 질서의 전면적인 변화는 매우 이상적인 모습이며, 실제로 그러한 변화를 이루는 것은 상당한 시간이 걸리거나 지극히 어렵고 힘든 과정이 될 것이고 단일 국가의 노력만으로는 달성하기 어렵다. 이러한 상황에서 개별 국가나 지역이 탈성장 전환을 추진하는 데 국제적 연대가 매우 중요하다고 할 수 있다. 탈성장 사회로의 전환에 있어 국제 연대는 다음과 같은 역할을 한다.

- 글로벌 문제에 대한 공동 대응: 탈성장의 필요성을 야기한 기후 위기, 자원 고갈, 불평등 심화 등의 문제들은 본질적으로 전 지구적 차원의 도전이다. 이러한 글로벌 이슈들에 효과적으로 대응하기 위해서는 국가 간 협력과 연대가 필수적이다.
- 정의로운 전환을 위한 협력: 탈성장으로의 전환 과정에서 국가 간, 지역 간 불균형이 심화될 수 있다. 이를 방지하고 모든 이들에게 공정한 전환을 보장하기 위해서는 국제 사회의 연대와 협력이 필요하다.
- 대안적 발전 모델의 공유: 탈성장 사회로 나아가기 위한 혁신적인 정책과 실험들을 국제적으로 공유하고 학습함으로써, 보다 효과적인 전환 전략을 수립할 수 있다.
- 초국적 기업에 대한 규제: 무한 성장을 추구하는 초국적 기업들

의 활동을 제한하고 규제하기 위해서는 국가 간 공조가 필수적이다.
- 생태적 부채의 해결과 남반구의 손실에 대한 보상: 선진국들의 과도한 자원 소비로 인한 생태적 부채 문제를 해결하고, 기존 경제 체제하에서 기후변화, 자원 착취, 불공정 무역 등으로 인해 남반구 국가들이 입은 경제적·환경적 피해와 손실에 대해 책임 있는 선진국들이 실질적이고 공정한 보상을 하도록 하기 위해, 국제적인 논의와 협력이 필요하다.

우리 사회가 지향할 가치: 좋은 삶과 진보

성장 패러다임은 표면적으로는 최대 다수의 최대 행복―"성장을 통한 복지"―을 목표로 내세우지만, 실질적인 작동 원리는 철저히 개인주의―능력주의, 무한 경쟁, 선택원리로서의 자기이익, 성장비용의 외부화―를 따른다. 때문에 무늬만 공리주의인 성장 패러다임은 곳곳에서 자연보호, 노동자의 기본적 권리와 인간 존엄성 보장, 모든 개인의 생명권과 치료받을 권리, 평등한 교육 기회 보장과 같은 의무론적 가치와도 충돌한다.

탈성장은 사회적 정의와 생태계 균형의 원칙을 제시하여 이러한 충돌을 원천적으로 해소한다. 마티아스 슈멜처와 안드레아 베터, 아론 반신티안은 『미래는 탈성장』(2022)에서 구체적인 유토피아를 위한 공통의 탈성장 원칙으로 1) 지구적 생태 정의, 2) 사회 정의와 자기 결정, 좋은 삶, 3) 성장으로부터의 독립성 세 가지를 제시하였다.[24] 이는 인간 사회와 생태계가 지속 가능할 수 있는 원칙이자 기본 전제이다. 여기에서 우리는 개인과 공동체는 왜 이러한 삶과 사회를 지향하는가에 대해 근본적인 질문을 해 보아야 한다. 개인에게 '좋은 삶'이란 어떠한 삶이며, 무엇이 사회의 '진보'인가?

물질적 필요의 충족 또는 기본적인 물질적 풍요는 좋은 삶과 진보를 위한 전제가 된다. 탈성장 논의는 문명 이전의 원시 사회로 되돌아가 다시 출발하자는 것이 아니라, 현재까지의 인류의 기술적·사회적·문화적 성취 위에서 새로운 삶의 방식을 모색하고자 하는 것이다. 현재 인류의 생산력 또는 과학기술의 수준은 인간의 기본적 필요를 충족시키기에 충분한 수준이다. 아직 경제적 발전이 국민의 기본적 삶의 질을 확보하기에 충분한 수준에 이르지 못한 국가들도 지구적 연대에 기초한 도움을 받아 기본적 삶의 질을 확보하기 위한 물질적 필요를 충족할 수 있다. 그뿐만 아니라 이 국가들은 고소득 국가들이 거쳐 온 경로를 다시 밟지 않고, 즉 자원 고갈이나 생태적 위험을 유발하지 않고 사회 모든 구성원의 삶의 질을 향상시켜 줄 '지속 가능한 발전'을 이룰 수 있다.

그럼에도 불구하고 여전히 '지속적인 성장'을 강조하는 이들에게 묻는다. 왜 끊임없이 성장하여야 하는가? 그리고 얼마나 더 성장하여야 하는가? 미국은 세계 선도국가로서 글로벌 경쟁력 유지를 위해, 유럽 국가들과 일본은 기후 변화에 효과적으로 대응하고 지속 가능한 발전을 이루기 위해, 중국은 국민의 기본적인 생활 수준이 보장되는 소강(小康)사회를 넘어 공동부유(共同富裕) 국가 건설을 위해, 모든 국가가 계속하여 성장하고자 한다. 성장에 대한 수식어만 다를 뿐, 모든 국가가 끊임없이 성장하고자 한다. 그들의 성장 목표에 목적은 있지만 목적지가 없다. '지속적인 성장'에 종착지가 있어서는 안 되기 때문이다. "만족함을 알고 그만 돌아가는 것"[30]은 고대 국가의 장군에게는 명예의 문제였지만, 자본주의 사회에서는 생사의 문제이다. 무한 경쟁과 무한 성장의 자본주의 사회에서 개인이든 기업이든 국가든 경쟁과 성장을 멈추는 것은 패배와 도태를 의미한다.

이 같은 성장 본능에 대해 행복 경제학으로 알려진 리처드 이스털린(Richard A. Easterlin)은 "시간이 지남에 따라 소득 증가에 상응하여 행복이 증가하는 경향은 없다."는 '이스털린의 역설'을 주장하였다. 그 이유는 소득이 일정 수준에 도달하면 기본적인 욕구가 충족되어 추가적인 소득 증가는 행복에 큰 영향을 미치지 않으며, 건강, 공동체의 유대감, 생태계의 조화 등 삶의 질이 떨어지면 소득이 아무리 높아져도 행복도가 증가하지 않기 때문이다.[31] 이스털린은 행복의 주요 요소로 소득과 건강, 가족(을 포함한 사회관계) 세 가지를 제시하면서, 개인의 행복을 위해서는 (소득 증가보다) 건강과 가정생활이, 국민의 행복을 위해서는 (경제 성장보다) 복지 정책과 사회안전망 확충이 더 중요하다고 강조한다.

---

30 고구려 을지문덕 장군이 수나라 장군 우중문에게 보냈다고 전해지는 여수장우중문시(與隋將于仲文詩)의 마지막 구절: "만족함을 알고 그만 돌아가는 것이 어떠하랴(知足願云止)"
31 하지만 이스털린은 특정 시점에서는 소득과 행복은 국가 간/내에서 직접적인 관계가 있다고 하였는데, 그것은 소득의 절대적인 수준과 상관없이 다른 국가 또는 사람과 비교하여 만족감이 달라지기 때문이다.

탈성장은 좋은 삶을 위한 조건으로 이스털린이 제시한 행복의 요소에서 1) 풍요로운 삶의 조건을 수정하고 2) 사회적 자아실현과 3) 생태적 균형 두 가지를 더한다.

자본주의 사회에서도 풍요로운 삶이란 물질적 풍요 외에도 정신적 풍요(개인의 내면에서 오는 만족감과 성취감), 사회적 관계(소통, 지지, 소속감, 유대), 문화와 예술의 향유를 포함하는 포괄적인 개념이다. 하지만 많은 이에게 만족감과 성취감은 성과와 경쟁으로 인한 스트레스와 압박에 압도되어 버리고, 사회적 관계는 개인주의와 도시화, 온라인 관계의 증가로 빈약해졌으며, 문화와 예술은 스스로 참여하고 만드는 어떤 것이 아니라 시장에서 돈을 주고 살 수 있는 상품이나 서비스가 되어 버렸다. 자본주의 사회에서는 풍요로운 삶의 개념이나 이미지도 시장이 규정하여 상품으로 잘 포장되어 판매된다. 그래서 또 많은 경우 물질적 풍요(소득)가 정신적 풍요와 사회적 관계, 문화와 예술 향유의 조건이 된다.

이에 반해 탈성장 사회에서는 물질적 풍요를 얻기 위하여 서로 경쟁하지 않는다. 풍요는 협력하여 일하고 자원을 공유하고 서로 돌봄으로써 이룰 수 있는 것이다. 공동체 속에서 생활하는 것은 개인이 자신의 가치와 정체성을 발견하고, 타인과의 관계에서 의미를 찾는 과정이다. 공동체 속의 삶은 서로 돕고 지지하는 관계를 통해 이루어지며, 지역 사회 내에서의 연대감을 강화한다. 이러한 지지와 연대의 관계는 개인이나 사회가 겪을 수도 있는 사회적 또는 자연적 위험에 대한 사회적 안전망이 된다. 생태계와의 균형과 조화를 강조하는 삶은 그 결과 자연 그 자체의 풍요와 생태계 서비스를 누리게 한다. 그리고 이와 같이 공동체, 생태계와 함께하는 삶은 그 자체가 문화를 만들고 향유하는 과정이 된다.

사전적인 의미로 자아실현은 개인이 자신의 잠재력을 최대한 발휘하여 본질적인 자아를 실현하는 과정이다. 본질적인 자아가 무엇인지는 이 책의 범위를 벗어나는 부분이므로, 개인의 잠재력을 최대한으로 발휘할 수 있는 조건에 대해서만 간략하게 이야기해 보고자 한다. 자본주의 사회에서도 인간 개발과 사회 발전의 목표로서 개인의 자아실현을 이야기한다. 그리고 자아실현을 위한 전제로서, 사회가 제공하는 기회, 개인의 자유(의지)와 선택, 자기개발(노력), 경쟁과 성취를 말한다. 즉, 사회는 모두에게 동일한 기회를 제공할 뿐, 나머지는 모두 개인의 역할과 책임이다.

개인은 사회적 존재로서보다는 무한 경쟁의 바다에서 지식과 노동력의 교환가치로서만 인정받으며, 경제와 사회 체계 내에서 미미한 존재감을 가질 뿐이다. 기회와 자원의 실질적인 불평등, 평생 주어지는 불확실성과 경제적 불안의 압박, 자신의 삶에 대한 통제의 어려움, 개인 이익과 공동체 이익의 충돌과 이로 인한 도덕적 제약과 같은 거대한 소용돌이 속에서 개인이 자신이 원하는 방향으로 헤엄쳐 가기는 불가능한 일에 가깝다. 그리고 이 "만인에 대한 만인의 투쟁"의 바다에서 자아를 실현할 수 있는 이는 선택받은 소수뿐이다.

"만인이 만인에 대해 투쟁"하게 만드는 것은 토마스 홉스의 주장처럼 인간의 본성이 아니라, 자본주의라는 제도의 본성이다. 심리학자이자 정신분석학자인 파울 페르하에허(Paul Verhaeghe)는 신자유주의 체제하에서 경제적 자유와 경쟁이 강조되면서 개인은 끊임없는 성과와 성공을 요구받음으로써 압박과 스트레스를 받으며, 비교와 경쟁은 개인이 자신의 가치를 외부의 기준에 맞추게 만들어 자아실현에 필요한 자기 수용과 독립성을 저해한다고 하였다.[25]

 탈성장은 선택받은 소수만이 아니라 모든 사람이 자아실현을 할 수 있는 사회를 지향한다. 탈성장 사회에서 개인의 자아실현은 공동체와의 관계 속에서 이루어진다. 개인은 공동체의 일원으로서 사회에 기여할 수 있으며, 협력과 상호 지원이 강조되고, 그러한 과정 속에서 자신의 정체성을 찾는 것이 중요하다. 물질적 소비보다는 인간의 관계, 공동체 그리고 개인의 내적 성장에 가치를 두게 되며, 개인의 성장은 사회적 기여와 그것을 통해 얻는 내면적 만족을 통해 이루어질 수 있다.

 개인의 성장과 발전은 지속 가능한 방식으로 이루어져야 한다. 이는 환경을 고려한 삶의 방식, 자원 절약, 그리고 사회적 책임을 포함하며, 개인이 자신의 능력을 개발하면서도 사회와 지구에 긍정적인 영향을 미치는 것이 자아실현의 중요한 조건이 된다. 모든 사람이 언제든 필요한 학습을 하고 교육을 받을 수 있으며, 개인이 자신의 관심사와 열정을 추구할 수 있는 기회를 제공받는 것이 자아실현에 기여한다. 개인의 목표와 공동체의 목표는 분리되거나 배치되지 않으며, 모든 개인은 공동체의 의사결정에 참여함으로써 개인의 목표와 공동체의 목표를 조화시킨다.

 결론적으로, 탈성장 사회에서 자아실현은 개인의 내적 성장, 공동체와의 관계, 지속 가능한 삶의 방식, 비물질적 성취, 교육 기회, 그리고 사회적 연대와 협력의 조화로운 상호 작용을 통해 이루어질 수 있다. 이러한 조건들이 충족될 때, 개인은 보다 의미 있는 삶, 좋은 삶을 살아갈 수 있다.

생태계는 인간을 포함한 생물과 환경 간의 복잡한 상호 작용 체계로, 생태계 내 모든 요소는 다른 요소와의 관계에 의존하여 상호 균형을 이룬다. 이 생태계의 균형은 순환성과 항상성을 통해 이루어진다. 순환성은 자원과 에너지가 지속적으로 흐르고 재활용되는 과정을 의미하며, 항상성은 생태계 내 각 요소가 환경과의 상호 작용을 통해 자신에게 유리한 조건을 형성하여 외부 변화에 적응하고 안정된 상태를 유지하는 능력을 의미한다. 산업사회에서 인간의 만족을 위하여 자연을 정복하고 이용하려는 인간의 오만과 과욕은 이러한 생태계의 순환성과 항상성을 훼손하였고, 미필적 고의로 기후위기와 생태계 파괴라는 현재의 상태를 초래하였다.

자원과 에너지의 흐름이 생태계를 벗어나지 않고 생태계가 안정된 상태를 유지하는 생태계 균형은 모든 현재 세대 인류와 미래 세대 인류의 권리이면서, 생태계 자체의 권리이기도 하다. 인류의 생존과 복지에 필수적인 생태계 서비스[32]도 생태계의 순환성과 항상성에 기초한다. 탈성장 세계관은 모든 존재에게 동등한 가치를 부여하며, 인간과 자연 간의 관계를 재정립한다. 이 관점에서는 인간이 자연의 일부로서

---

[32] 생태계 서비스는 자연 환경과 건강한 생태계가 인간에게 제공하는 다양한 혜택을 의미한다. 생태계 서비스는 일반적으로 공급 서비스(자연이 제공하는 물질적 자원), 조절 서비스(생태계가 기후 조절, 수질 정화, 해양 및 대기 질 유지 등과 같이 환경을 조절하는 기능), 지원 서비스(영양소 순환, 토양 형성, 일차 생산 등 다른 생태계 서비스를 가능하게 하는 기본적인 생태적 과정), 문화 서비스(교육적 가치, 레크리에이션, 생태관광, 미적 경험 등 인간의 정신적·사회적 가치와 관련된 서비스)의 네 가지 범주로 분류된다.

책임을 지고, 자연과의 관계를 강화한다. 인간의 좋은 삶은 생태계와 인간의 조화, 생태계의 한 구성원으로서의 인간에서 시작된다.

진보는 사회 내외에서 바람직한 방향으로 또는 현재 상태보다 더 나은 상태로 변화하거나 나아가는 것을 의미한다. 이는 기술, 과학, 사회 조직, 제도, 인간 삶의 조건에서의 발전적 변화의 다양한 형태로 나타난다. 19세기 초에 진화론은 발전을 원시야만 사회에서 유럽인의 통치와 자본가와 기독교계급에 의해 성취되는 계몽된 사회로의 이행, 즉 문명화 과정으로 보았다.[26]

'진보'가 개념으로 자리 잡은 것은 18세기 후반이다. 근대 초기, 빠른 과학 발전과 부강한 민족국가에 대한 낙관적 전망은 인류가 열등한 과거에서 우월한 미래로 진화하고 있다고 믿게 했다. 이때 '진보'는 역사적인 단계를 의미했으며, 그 주인공은 스스로 역사의 주체가 된 보편적 인류였다.[27] 이 과정에서 자연은 그 자체로서는 열등한 과거 또는 원시야만의 상태에 있으며, 인간의 손(기술, 과학)을 통해 우월한 미래 또는 문명 상태로 '개발'되어야 하는 대상이라는 이원론적 사고가 깊이 자리 잡았다.

그 결과 진보란 과학 발전, 기술 혁신, 생산성 증대, 소득과 소비를 통한 풍요와 동일어가 되었고, 진보의 기준에 자연이나 자연의 온전함 같은 것은 들어 있지 않았다. 이러한 사고의 결과 200여 년이 지난 지금 인류는 기후위기에 봉착하였고, 이제야 허둥지둥 자연을 다시 찾고 있다. 그런데 기후위기를 겪고서도 그것을 초래한 근본 원인을 깨닫지 못하고, 기후위기를 기술로 극복할 수 있다는 자만을 아직도 버리지 못하고 있다. 위대한 정신 승리이다.

　탈성장 사회에서 진보는 어느 한 방향으로 정의되지 않는다. 개인마다 좋은 삶으로 생각하는 기준과 방향이 다르듯이, 사회마다 그 사회가 바람직하게 여기고 나아가고자 하는 방향은 다를 수 있다. 다만, 여러 사회에서 진보를 바라보는 관점과 중요하게 여기는 원칙에 있어서 공통점이나 유사성은 있을 수 있을 것이다. 탈성장 사회에서는 진보가 단순히 경제적 성장이나 기술 발전이 아닌, 사회적 평등, 생태계 균형, 공동체 복지, 그리고 지속 가능성을 증진하는 방향으로 재정의된다. 이 같은 방향의 진보는 개개인에게 좋은 삶을 위한 조건을 마련해 주는 것이다.

　탈성장 사회에서는 개인의 이익이 공동체의 공동이익에 우선하지도 않으며, 개인의 좋은 삶을 위해 각자도생하지도 않는다. 자본주의 사회에서처럼 분배는 젖혀 두고 총량 성장으로 사회가 발전하였다고 주장하지도 않으며, 사회의 진보는 개개인의 좋은 삶과 자아실현의 총합이다. 탈성장 담론은 "오늘날 점증하는 사회와 생태계의 위기 상황을 패러다임 전환의 문제로서 파악함으로써"[28], 우리 사회가 지향할 가치―좋은 삶과 진보―와 그에 따른 삶의 방식을 새롭게 만들어 갈 것을 주장한다.

8장

탈성장과 노동

　자본주의 성장의 주요한 동력이었던 기술 발전은 생계를 위해 '힘든' 임금노동을 하는 이들에게 노동 해방과 일자리 소멸의 두 가지 가능성을 동시에 던져 주었다. 노동자들은 육체적·반복적인 위험한 노동으로부터 해방되고 장소와 시간의 구속성도 줄어들었으며, 생산성 향상은 자본가에게 더 많은 이익을 줄 뿐만 아니라 노동자들도 이전보다 적은 노동 시간으로 동일하거나 더 많은 임금을 받을 수 있게 하였다. 한편 기술발전, 특히 최근의 인공지능과 로봇의 발전은 인간 노동의 완전한 대체를 현실적으로 가능하게 만들고 있다. 기계에게 일자리를 빼앗긴 노동자들은 비정규직 노동이나 노동의 권리도 주장하기 어려운 플랫폼 노동으로 내몰리거나 아니면 더 이상 노동자가 아니게 될 것이다.

　그렇다면 탈성장 사회에서 노동은 어떠할까? 탈성장의 과정에서 인간은 노동으로부터 해방될까? 탈성장 사회에서 사람들은 노동 없이 인간다운 생활을 할 수 있을까? 이러한 질문에 답하려면, 먼저 인간의 삶에서 노동이 어떠한 의미를 가지는지에 대해 물어보아야 한다.

인간은 노동으로부터 해방될 것인가?

인간 생활에 필요한 재화와 서비스를 생산하는 도구(기계)가 자동화되고 지능화되어 더 이상 인간의 노동이 필요하지 않게 된다면, 인간은 '노동으로부터의 자유'라는 달콤한 꿈을 이루게 될까, 아니면 대규모의 기술적 실업과 나아가 일자리 소멸이라는 악몽을 맞이하게 될까?

우선 노동의 미래에 대한 긍정적 전망은 자동화로 인한 생산성 향상으로 더 많은 시간과 자원을 활용할 수 있게 되고, 일부 반복적이고 위험한 작업은 로봇이 대신 수행하므로 노동자의 안전이 향상되며, 새로운 직업과 기술이 등장하고 노동자들은 더 창의적이고 가치 있는 일을 할 수 있게 된다는 것이다. 반면 부정적인 전망은 자동화로 인해 일자리의 일부 또는 상당수가 사라질 수 있으며, 스킬 불일치가 발생하여 적합한 일자리를 찾지 못하는 노동자가 늘어나고, 노동자들은 고용 유연성을 높이기 위해 끊임없이 새로운 기술과 역량을 습득해야 한다는 것이다.

제레미 리프킨(Jeremy Rifkin)과 같은 이들은 아예 '노동의 종말'을 주장한다. 리프킨은 『노동의 종말(The End of Work)』(1995)에서, '연결의 시대(the age of access)'는 대량 임금노동을 끝낼 것이라고 예측하였다.

그는 수소혁명 또는 제3차 산업혁명 과정에서 새로운 에너지·인프라 구축을 위해 많은 일자리가 창출되나 청년 인구의 증가 폭을 따라잡기에는 불충분할 것이며, 2050년쯤이면 전통적인 산업 부문을 관리하고 운영하는 데 전체 성인 인구의 5%만 필요할 것이라고 예상하였다. 물론, 새로운 종류의 제품과 서비스가 나타날 것이며, 새로운 직업적 능력, 특히 보다 정교화된 지식 분야의 능력이 요구되나, 이러한 새로운 노동 부문은 엘리트 지향적이고 그 수에 있어서도 제한적일 것이라고 부연하였다. 이 같은 냉혹한 현실 속에서 사회적 쓰임을 잃어버린 인간이 의미 있는 존재가 될 수 있는 방법으로, 리프킨은 자신과 자신의 노동을 금전적 대가를 받고 판매하는 자본주의 시장 질서 대신 공동체 연대하에서 '자신의 시간을 남에게 줄' 수 있는 제3부문을 제시하였다.

이러한 리프킨의 주장에 대해, 도미니크 슈나페르(Dominique Schnapper)는 『노동의 종말에 반하여』(2001)를 통하여 리프킨과는 다소 다른 주장을 한다. 슈나페르는 근대 사회는 개인으로서의 시민과 노동자라는 이중 가치에 기반하고 있으며, 노동은 개인의 존엄성과 사회적 교환의 표현 공간이라고 하였다. 따라서 슈나페르는 노동이 사라지지 않을 것이라고 주장한다. 대신 그는 기술혁명으로 적은 수의 사람으로도 좀 더 많은 생산을 보장할 수 있게 되므로, 이에 따라 자유경쟁 시장의 생산에 더 이상 참여하지 않는 사람들이 자신의 사회적 유용성과 존엄성을 인정받는 사회 조직을 재고해야 한다고 주장하였다.

그리고 슈나페르는 그러한 영역으로 교육·사회보장·문화 분야를 제시하며, 이 분야에서 무한정 필요로 하는 일자리들을 재정적으로 뒷받침하기 위해서는 경쟁적인 분야의 생산이 충분히 효율적이어야 한다고 말한다. 결론적인 부분만 놓고 보면 슈나페르의 주장도 기술 발전에 따라 노동의 수요가 줄어들 것이며, 노동력이 잉여화되는 사람들이 존엄성을 유지할 수 있도록 공동체 내 도움이 필요한 이들을 돕는 일을 하도록 하자는 데에서 리프킨의 주장과 가깝다고 할 수 있다.

다시 처음 던진 질문으로 돌아가 보자. 인간은 노동으로부터 해방될 것인가? 이 질문에 답하기 위해서는 이를 두 가지 질문으로 나누어서 답을 구해야 한다. 첫 번째 질문은 인간은 노동을 하지 않고도 생존과 생활에 필요한 자원을 얻을 수 있는가, 그리고 두 번째 질문은 노동은 사회적 존재로서의 인간에게 어떠한 의미인가 하는 것이다. 리프킨도 자동화된 기계로 인한 노동의 변화는 '해방'과 '혼란'이라는 두 계기성을 가지며 이에 따라 노동의 본질에 대한 탐구가 필요하다고 하였다.

두 가지 대안: 탈희소성 사회와 기본소득

첫째 질문, 인간은 노동을 하지 않고도 생존과 생활에 필요한 자원을 얻을 수 있는가의 문제는 모든 형태의 노동이 아니라, 그중에서도 특히 임금노동과 관련된 질문이다. 자본주의는 인간의 노동력까지 상품화하여 노동자에게 노동시장 이외의 생계 수단의 가능성을 원천적으로 차단하였다. 따라서 질문은 "임금노동을 하지 않고도 생계를 유지할 수 있는가?"로 바뀌게 된다.

이에 대한 답으로 먼저 '탈희소성(post-scarcity) 사회'가 있다. 탈희소성 사회는 자원의 양이 충분히 많아져서 그 가격이 매우 저렴해지거나 무료에 가까워지는 이론적인 경제 상황을 말한다. 토마스 모어는 그의 저서 『유토피아』(1516)에서 사유재산이 없고 모든 자원이 공동으로 소유되며 모든 사람이 필요로 하는 자원을 충분히 제공받는 사회를 상상하며 탈희소성 사회의 개념을 제시하였고, 이를 통해 사회적 불평등을 해소할 수 있다고 보았다. 보다 실질적인 의미에서 탈희소성 사회는 자원의 희소성이 완전히 없어지지는 않지만, 최소의 노동이 필요할 정도로 생산력이 고도로 발달하여 모든 사람들이 생존을 위해 필요로 하는 자원을 충분히 제공받을 수 있는 상태를 의미한다.

이 같은 탈희소성 사회는 이루어지고 작동할 수 있을까? 만약 노동을 하지 않아도 필요한 자원을 쉽게 얻을 수 있는 사회가 된다면, 노동의 필요성은 없어지거나 극히 작아질 것이다. 그리고 자원에 대한 수요-공급의 상호 작용과 그에 따른 가격 결정 및 자원 배분, 능력과 노력에 기반한 경쟁과 그에 대한 성과 보상 등 현재 자유경쟁 시장경제의 기본 원리가 근본적으로 바뀌어야만 할 것이다. 즉, 자본주의 사회에서는 탈희소성의 기본적인 전제가 성립하지 않는다. 또는 기술의 발전으로 일부 자원의 희소성 문제는 해결할 수 있다고 하더라도, 인간 생존에 필요한 모든 자원의 희소성 문제를 해결하는 것은 사실상 불가능한 일이다. 결국 인간의 생존에 필요한 모든 자원의 문제가 해결되지 않는다면, 희소성이 있는 자원을 얻기 위해 어느 정도 또는 상당 정도 노동을 하지 않을 수 없다는 결론에 이르게 된다.

만약 기술 발전을 통해 모든 자원의 희소성 문제가 해결된다고 해도, 또 다른 중요한 문제가 남는다. 자동화로 노동이 거의 필요 없어지거나 최소의 노동만이 필요하게 된다면, 노동자가 얻게 되는 노동소득도 줄어들게 된다. 자원의 희소성이 줄어들면서 자원 가격도 마찬가지로 크게 떨어질 테니, 줄어든 소득으로 생활하는 데는 크게 문제없을 것이다. 하지만 탈희소성 사회는 자원의 가격이 희소성 문제가 해결됨으로써 최소 또는 무료에 가까워진다는 가정이고, 이런 상황에서 기업은 자원(상품) 판매에서 얻은 수익으로 생산 활동과 자동화를 위한 투자를 지속할 수 없게 된다. 생산과 소비 주체 사이에서 경제의 가장 기본적인 자원(돈과 상품) 순환이 이루어지지 못하는 것이다.

탈희소성 이외의 또 다른 대안으로 기본소득(Basic Income)이 제시된다. (임금)노동의 조건 없이 모든 사람에게 기본적인 수준의 소득을 제공하여 생활에 필요한 자원을 얻을 수 있도록 하자는 것이다. 소득으로 자원에 대한 수요는 유지되므로 기업들이 생산 활동을 계속할 수 있게 된다. 기본소득네트워크(BIEN: Basic Income Earth Network)는 기본소득을 자산 심사나 노동에 대한 요구 없이 국민 모두에게 지급되는 무조건적이고, 개별적이고, 정기적인 현금 이전으로 정의한다.

기본소득은 지급 방식과 목적에 따라, 보편적 기본소득(모든 국민에게 조건없이 지급), 조건부 기본소득(특정 조건을 충족하는 경우에만 지급), 시민배당금(특정 자원에서 발생하는 수익을 모든 국민에게 분배), 부의 소득세[1], 참여소득(특정 사회적 활동이나 지역 사회에 기여

---

[1] 주류경제학에서도 변형된 형태의 기본소득 제도를 주장한다. 신자유주의의 대부인 밀턴 프리드먼은 모든 국민에게 동일한 소득세율과 면세 기준을 적용하고, 소득이 면세 기준에 미달하는 경우 그 차액에 비례하여 정부가 보조금을 지급하는 부의 소득세(Negative Income Tax, NIT)를 제안한 바 있다. 부의 소득세는 소득이 증가할 경우 보조금(만)이 줄어들기 때문에 일을 더 많이 할수록 더 많은 소득을 얻을 수 있는 방식으로 제안되었다. 그가 부의 소득세를 주장한 논거 중 하나는 저소득자에게 정부가 일률적인 복지 지원

한 대가로 지급되는 소득) 등 여러 유형으로 구분할 수 있다. 이 중 임금노동을 하지 않고도 생활이 가능하도록 해 주는 것은 보편적 기본소득(Universal Basic Income)이며, 그것도 지급금액이 충분한 보편적 기본소득이다.

그렇다면 문제는 기본소득의 재원 마련인데, 크게 세입을 확대하는 방안과 세출을 조절하는 방안이 있다. 부의 소득세는 기본적으로 세출을 조절하여 필요한 재원을 마련하고자 한다. 즉, 기존의 (모든) 복지성 지출과 다른 정부 지출을 정비하여 재원을 마련하는 방법으로, 추가적인 세입 확보의 문제가 없다. 다른 유형의 기본소득은 그 목적에 따라 탄소세, 환경세, 소비세, 자산세, (강화된) 누진소득세나 자원 수익 등 세입 확대가 필요하고, 대개의 경우 고소득자나 고자산가의 부담이 늘어나게 된다. 만약 모든 국민이 전혀 노동을 하지 않고도 생활할 수 있는 수준의 보편적인 기본소득을 실시하겠다고 하면, 여기에는 막대한 규모의 추가적인 재원이 요구된다. 그리고 아무도 노동을 하지 않아 노동소득에 대한 소득세가 전혀 없다면 모든 재원은 자산가나 기업으로부터 나와야 한다. 자산가나 기업으로서는 자신의 노력(자본 투자)으로 얻은 수익에서 세금을 내고 그 세금으로 노동도 하지 않는 사람들이 생활할 수 있는 기본소득을 주어야 할 이유가 없다.

을 하는 대신, 저소득자들이 '노동에 대한 유인'과 '소비에 있어서 선택의 자유'를 가지도록 하자는 것이다. 미국에서는 소득세공제 제도(EITC)로 그 개념이 부분적으로 적용되고 있다. 2021년 한국에서도 기본소득에 대한 논의가 활발해졌을 때 전현직 경제관료 5인이 "기본소득 대신 '부의 소득세' 도입"하자고 제언하기도 하였다.(강진규 기자, "기본소득 대신 '부(負)의 소득세' 도입해야", 한국경제, 2021.4.30.)

결국 자본주의 사회에서 사람들이 임금노동으로부터 해방되는 길은 일자리를 잃는 길뿐이다. 생산력이 증대될수록 점점 더 많은 사람들이 타의에 의해 임금노동으로부터 해방될 것이고, 임금노동으로부터 해방된 사람들을 위한 복지 지출이 늘어날수록 이에 대한 납세자들의 저항도 커질 것이다. 지속적인 성장은 노동소득 감소로 인한 수요 감소와 복지 지출 증대에 대한 부담 증가라는 설상가상의 상황을 맞게 될 것이다. 탈희소성과 기본소득으로 임금노동에서 벗어나는 방법은 탈성장 사회에서 좀 더 다른 방식으로 가능해질 것이다.

노동은 인간에게 어떤 의미인가

두 번째 질문은 "노동은 사회적 존재로서의 인간에게 어떤 의미인가?"이다. 노동은 인간 존재의 본질적 요소로서, 자연과의 상호 작용 과정이고 생계를 유지하기 위한 활동이며 자아를 실현하는 과정이다. 사회적 존재로서의 인간에게 노동은 이 기본적인 의미에 더하여 사회가 필요로 하는 결과를 만들어 내기 위하여 개인 또는 집단으로 능력을 발휘하는 과정이며, 이를 통해 사회에서 유용하고 가치 있는 존재로서 인정받는다. 그리고 자아란 개인의 정체성을 형성하는 중심적인 개념으로, 인간이 자신의 존재를 인식하고 자신을 타인과 구별하는 과정에서 나타난다. 따라서 자아의 인식이나 실현은 순수한 개인으로서가 아니라 사회적 존재로서 가지는 특성이다. 도미니크 슈나페르는 노동을 "개인의 존엄성과 사회적 교환의 표현 공간"이

라고 정의하였다.[1]

 산업 사회에서 자본을 가지지 않은 모든 이는 자신의 의지와 상관없이 생계와 생활을 위해 노동을 해야 하는 호모 라보란스(homo labornas)[2]이며, 산업 시대의 근대적 노동 개념은 노동자가 생존이나 생활에 필요한 물품을 획득하기 위해 필요한 임금노동이었다. 아담 스미스는 노동을 상품의 교환가치(임금·이윤·지대의 합인)를 결정하는 요인 중 하나로 보았다.

 그러나 이후 주류경제학에서는 상품 생산에 들어가는 노동 시간은 상품의 한계효용에 영향을 미치는 수많은 요소 중 하나로 상품 가치의 절대적 척도는 아니라고 보아 노동의 의미가 등한시되었다. 임금노동자들은 노동의 과정이나 결과물에 대한 통제권을 가지지 못하여 노동이 가지는 자기실현적 의미는 상당 부분 또는 대부분 상실하였으며, 이제는 고용 불안정과 실업의 위험이 점점 커지면서 생계를 위한 '임금'조차 위협받게 되었다. 마르크스를 비롯한 사회주의자들은 이렇게 노동의 성격이 자기실현적 의미는 상실한 채 전면적인 교환가치로만 환원된 것에 대해 비판하며 자본주의의 착취적 본질을 주장하였다.

 이제 4차 산업혁명 시기에서는 자동화되고 지능화된 기계가 등장하여, 인간은 "영원히 노동으로부터 해방"될 기회(?) 또는 위험(!)에 처했다. 필 존스는 『노동자 없는 노동(work without the worker)』(2021)에서 노동자들이 인공지능과 자동화 등 디지털 기술에 자신들의 일자리

---

[2] 『인간의 조건』의 저자인 한나 아렌트(Hannah Arendt)는 생존을 위해 노동을 해야하는 '호모 라보란스(homo laborans)'를 창작자(maker 또는 creator)인 '호모 파베르(homo faber)'와 구분하였다.

를 내어 주고 대신 인공지능이 학습할 수 있는 형태로 데이터를 가공하는 데이터라벨링 등의 극도로 파편화된 초단기 노동을 하는 미세노동자로 내몰리고 있다고 고발한다. 존스는 플랫폼 자본주의에 의해 미세노동(microwork)과 같은 비공식 노동이 자본 축적의 새로운 표준으로 되고 있다고 지적한다.

이 같은 산업 구조적 상황에서 노동, 엄밀하게 말하자면 임금노동은 필요노동[3] 이외의 자기실현적 의미를 더 이상 가지기 어렵다는 전제에서, 노동의 의미 또는 필요를 축소하기 위한 접근 방법들이 제시되고 있다. 대표적인 방안이 노동 시간 단축과 탈노동(노동대체)이다.

노동 시간 단축은 필요노동 시간을 줄이고 사회정치, 문화예술, 여가 등 자유 활동의 시간을 늘리자는 것이다. 존 메이너드 케인즈는 「손주 세대의 경제적 가능성(Economic Possibilities for our Grandchildren)」(1930)에서 100년 뒤(2030년)에는 경제 상황이 8배 더 나아져서 사람들은 주당 15시간만 노동을 해도 되며, 여가 시간을 어떻게 보낼지가 인간의 가장 큰 관심사가 될 것이라고 하였다. 물론 이는 지금 논의하는 노동 시간 단축의 목적과는 반대 방향의 이야기이다. 임금노동 시간이 줄어들기 때문에 여가 시간이 늘어나는 것이 아니라, 자유 활동 시간을 갖기 위해 필요노동 시간을 줄이자는 것이다. 최근에는 또 일자리 감소에 대한 해결 방안으로 노동 시간 단축과 함께 일자리 나눔이 제안되고 있기도 하다.

---

3 임금노동은 자본주의 체제에서 노동자가 '임금을 받고'(즉, 대가를 받을 수 있는) 수행하는 노동이며, 필요노동은 노동자의 생계 수단을 생산하기 위해 '필요한' 노동 시간을 의미한다.

탈노동(postwork) 대안은 정도에 따라 약한 의미의 탈노동과 강한 의미의 탈노동으로 나뉜다. 약한 의미의 탈노동은 노동자들이 스스로 일을 할지 말지를 자유롭게 선택하도록 하여, 진정한 일을 할 수 있는 권리를 주자는 것이다. 임금노동 중에서도 각자의 능력이나 노동 조건에 따라 자기실현적 의미를 부여할 수 있다면, 탈노동이 아니라 토마스 바셰크(Thomas Vašek)가 이야기하는 '몰입된 노동'이 될 수도 있을 것이다. 토마스 바셰크는 『노동에 대한 새로운 철학』(2013)에서 우리의 능력과 욕구에 부응하는 뜻있고 좋은 노동이라면 더 적은 노동이 아니라 더 많은 노동이 필요할 수 있으며, 그렇기 때문에 중요한 것은 노동 시간을 줄이고 자유 시간을 늘리는 것이 아니라, "노동하는 시간을 더 낫게 개조"하는 것이라고 주장한다.

강한 의미의 탈노동은 '완전히 자동화된' 탈노동 경제 체제로의 전환을 통해 인간을 (임금)노동으로부터 완전히 해방시키는 '완전실업' 정책을 요구한다. 이를 위해서는 기본소득 형태의 소득 보장이 필요하다.[2] 강한 의미의 탈노동을 주장하는 대표적인 이는 팀 던럽(Tim Dunlop)이다. 그는 『노동 없는 미래(Why the future is workless)』(2017)에서 기술 혁명과 자동화로 기계가 인간의 일자리를 대체할 것이며, 이에 따라 인간은 일에 대한 개념을 재고해야 한다고 말한다. 그는 기본소득제 도입을 통해서 사람들이 더 이상 생계를 위해 일하지 않아도 되는 사회가 가능해지며, 사람들이 더 창의적이고 의미 있는 일에 집중할 수 있는 기회를 제공할 것이라고 주장한다. 그리고 기본소득제의 재원을 마련하기 위해 토지보유세와 시민소득세, 탄소세와 같은 새로운 세금 제도를 도입하고, 기본소득제를 기존 사회보장 제도와 조정하여 중복되는 부분을 통합하고 효율성을 높이는 방안을 제시한다(기본소득의 실현 가능성에 대해서는 앞서 논의하였다).

노동 시간 단축이나 약한 의미의 탈노동은 노동자의 보완적 또는 대안적인 생계 수단이 마련되지 않으면 실현 가능성이 없다. 강한 의미의 탈노동도 기본소득의 재원이 보장되지 않으면 마찬가지이다. 결국 노동을 포함한 인간 생활에 대한 여러 기본적인 조건이 함께 변화되지 않는 한, 노동자 본인의 의사와 무관하게 인공지능과 로봇에 의해 이루어진 "노동으로부터의 해방"은 '생계 절벽'과 '무능한 자아'의 갑작스런 현실을 가져다줄 뿐이다. 노동의 의미를 축소하기보다는 의미를 새롭게 부여하는 대안이 필요하다. 그것은 탈성장 사회에서 가능할 것이다.

탈성장과 진정한 의미에서의 노동의 해방

노동으로부터의 해방에 대한 논의가 시작된 이유는 기본적으로 임금노동의 특성—노동력의 상품화(탈인격화), 노동력의 수탈적 교환가치와 불균등한 소득 분배, 경쟁과 소외, 기술 발전과 생산력 증대에 따른 고용 감소 등—에 있다. 그렇다면, 노동의 목적과 과정, 환경이 달라지는 탈성장 사회에서는 이러한 특성이 어떻게 변화하는지를 우선 살펴보아야 한다. 자본주의 사회에서의 임금노동과 탈성장 사회에서의 자율적 노동의 특성을 비교해 보자.

- **자본주의 사회에서의 임금노동의 특성**
  - 노동력 자체가 상품이 되어 노동시장에서 판매되며, 노동 과정과 생산물에 대한 통제권은 노동하는 사람에게 있지 않다.
  - 수요와 공급의 원칙에 따라 노동력의 교환가치가 결정되며, 수요(일자리, 임금총액)가 한정될수록 노동력의 가치는 낮아진다.
  - 생산력을 높이기 위해 일자리를 늘리기보다는 노동 시간을 늘리며, 노동자는 한정된 일자리를 두고 서로 경쟁한다.
  - 생산성 향상을 위하여 노동 과정은 전문화되고 분절되어, 노동자는 전체 노동 과정 중 일부만을 담당하게 되어 최종 생산물과의 연관성을 갖기 어렵다.
  - 노동자는 생산물이 가지는 사회적 가치나 환경적 영향과 같은 공적 특성에 대해 아무런 영향력을 미치지 못한다.
  - 생산력과 노동 과정에 대한 통제를 위해 노동은 시간(노동시간), 공간(작업장), 사회적 관계(노동통제조직) 측면에서 노동자의 개인 또는 사회생활과 분리된다.
  - 노동력을 사용하는 사람(자본가 또는 기업가)과 노동력 제공자 사이의 이해가 상충된다(생산성, 생산량 vs. 일과 삶의 조화).

- **탈성장 사회에서의 자율적 노동의 특성**
  - 노동은 개인이나 공동체 스스로의 필요(자급자족, 공유자산 형성, 지역 문제 해결 등)를 위해, 노동 과정과 생산물에 대해 노동하는 개인 또는 공동체가 통제권을 가진다.
  - 노동력의 가치는 개인의 필요나 사회적 목적에 필요한 결과물을

만들어 내는 사용가치에 의해 정해진다.
- 보다 많은 사람이 생산에 참여할 수 있도록 일자리를 나누며, 공동의 목표를 위해 보다 많은 사람의 지식과 재능을 활용하는 것이 중요하다.
- 노동의 과정과 생산물을 함께 계획하고 협력하여 노동하며 결과물을 함께 향유한다.
- 생산 활동의 목표, 즉 생산물이 가지는 사회적 가치와 환경적 영향이 중요한 결정의 기준이 되며, 그 의사결정 과정에 노동하는 모든 사람이 참여한다.
- 노동은 시간·공간·사회적 관계 측면에서 개인 또는 공동체의 생활과 연결되거나 그 속에서 이루어진다.
- 노동력 사용자와 노동력 제공자 사이의 이해 상충은 원천적으로 발생하지 않으며, 공동의 목표를 위해 상호 협력과 연대가 강조된다.

탈성장 사회에서는 노동력을 인격과 분리된 상품이 아니라, 인간의 창의성과 자아실현의 수단으로 본다. 노동력의 가치는 생산물을 만드는 데 투입되는 만큼의 사용가치로 판단된다. 참여·협력을 통해 노동의 전체 과정과 결과물에 개인의 자아와 공동체의 가치가 반영된다. 노동이 생산과 결합하는 형태는 임금노동 외에도 자급자족, 협동조합, 지역 사회지원농업[4], 공동체 돌봄 등 다양한 형태가 존재한다. 이

---

4 지역사회지원농업(Community-supported agriculture, CSA)은 생산자와 소비자를 직접

러한 의미에서 노동으로부터의 해방은 노동의 소멸을 의미하는 것이 아니라 노동의 탈상품화와 (재)주체화 과정이다.

노동으로부터의 해방의 조건으로 제시된 탈희소성과 기본소득도 탈성장 사회에서는 앞에서 말한 것과는 다른 방식으로 이루어진다. 탈성장 사회에서 탈희소성은 생산성 증대를 통해 자원을 무상에 가까운 가격으로 무한 공급함으로써가 아니라, 불필요한 욕구를 줄이거나 제거함으로써 해결된다. 고소득 직업을 위한 입시 경쟁이나 부동산 투기가 없어짐에 따라, 모든 사람은 기본적인 권리로서 필요한 교육이나 적정한 주거를 이용할 수 있게 된다. 또한 자원을 자본의 이익이 아니라 사회적 필요와 가치에 따라 배분함으로써 제한적인 자원으로도 사회적 필요를 충족시킬 수 있다.

소비 판단에는 환경에 발자국을 남기지 않기 위한 개인적 또는 집단적인 '자기 제한'이 기본적으로 포함된다. 모든 사람에게 임금노동이 아닌 자율적 노동의 기회가 주어지고, 노동력의 대가는 교환가치가 아니라 사용가치로 받으며, 소득 분배의 불평등이 줄어들고, 커먼즈와 돌봄경제·선물경제를 통해 개인이 필요로 하는 자원과 서비스를 시장교환을 통하지 않고도 이용할 수 있게 되면, 기본소득의 필요성은 상당히 줄어들거나 아예 없어질 수 있다.

탈성장 사회에서는 이제 노동이 자율적 노동으로 되면서, 임금노동을 축소하기 위한 방안으로 제시된 노동 시간 단축과 탈노동도 그 의

연결하는 대안적인 농업 및 식량 유통 모델로, 소비자가 특정 농장의 수확물을 구독하고 생산자와 소비자가 생산의 위험을 공유한다. 커머닝(commoning)의 실천으로, 음식의 탈상품화와 공동체 강화에 기여한다.

미가 달라진다. 성장경제에서의 노동 시간 단축은 일자리 소멸의 상황을 노동자들이 함께 대응하여 일자리를 나누고자 하는 목적의식에 따른 것이지만, 탈성장 사회에서의 노동 시간 단축은 한편으로는 필요 이상의 생산을 하지 않으며 또 다른 한편으로는 공동의 작업에 많은 사람이 함께 참여한 자연스러운 결과이다.

 탈성장 사회에서 노동자들은 자신의 자아와 사회적 가치에 부합하는 '좋은 노동'을 할지 말지 자유롭게 선택할 수 있으므로, 약한 의미의 탈노동은 실현된 것이라 할 수 있다. 하지만 탈성장 사회는 '완전히 자동화된' 탈노동 경제 체제로의 전환을 목표로 하지는 않는다. 이제 노동은 벗어나야 할 힘든 노역이 아니라 개인의 자아와 사회적 가치를 실현하기 위해 자율적으로 그리고 공동으로 실천하는 삶 그 자체이다. 그리고 사람들이 하기 어렵거나 위험한 일을 기계장치로 대체할 필요는 있겠지만, 대량 생산을 효율적으로 실행하기 위한 목적에서의 자동화는 탈성장이 지향하는 방향과는 전혀 다르다.

 좋은 삶은 노동을 극복하는 것이 아니라, 노동에서 소외를 극복하고 근절하는 것과 관련된다.[3] 탈성장은 인간이 노동으로부터 해방되는 과정이 아니라, 거대한 시장과 생산체제 속에서 잃어버린 '인간과 자연의 상호 작용'과 '사회의 유지와 발전에 기여하는 공동체의 협력 과정'이라는 노동의 의미를 되찾아 "노동을 해방"시키는 과정이다.

전환

　탈성장에 대한 논의는 이제 더 이상 거대한 자본주의 체제에 대한 사회 주변부의 저항이나 반발이 아니다. 2022년 기후변화에 관한 정부 간 협의체(IPCC) 「6차 평가보고서」를 위한 「제2실무그룹 보고서」에는 1990년 IPCC 설립 이후 처음으로 탈성장에 대한 논의가 포함되었다. 보고서에서는 탈성장을 "GDP와 이에 수반되는 온실가스 배출량의 의도적인 감소를 목표로 하며, GDP 성장보다는 재분배를 우선시하여 지속가능발전목표(SDG)를 달성하려는 것"으로 정의하고, 탈성장 전략이 온실가스 배출을 줄이는 동시에 모두를 위한 복지를 달성하는 데 효과적일 수 있다고 제안하였다.
　2023년 5월 유럽의회는 브뤼셀에서 정책입안자, 학자, 시민사회조직과 여러 전문가들이 모여 환경 및 사회적 목표와 조화를 이루는 지속 가능한 번영의 새로운 경로를 탐구하기 위한 Beyond Growth 2023 컨퍼런스를 개최하였다. 이 컨퍼런스에서는 '녹색 성장조차도' 환경 파괴를 막기에는 부족하다는 점을 지적하며, GDP 중심의 경제 성장 대신 공평한 자원 분배와 복지를 우선시하는 경제 체제로의 전환을 논의하였다.

 탈성장으로의 전환은 아무도 가 보지 않은 완전 미지의 길도 아니다. 탈성장의 원칙과 방식은 이미 오래전부터 인간 사회의 곳곳에 다양한 형태로 시도되고, 확립되고, 전승되고, 전파되고 그리고 발전되고 있다. 전통 사회와 문화로부터 이어져 오는, 자연과 공존하고 절제하며 공동체의 이익을 우선시하는 지혜와 삶의 방식. 인간을 포함한 모든 자연이 주체로서 보호받아야 한다는 자연권 사상과 가치체계. 자본과 시장의 전횡으로부터 자율성을 지키고자 하는 공동체의 노력과 제도. 인간과 자연, 현재 세대와 미래 세대가 조화롭게 공존하고 자연과 인간의 문명이 오래 지속될 수 있도록 만들기 위한 국제적인 합의와 새로운 시도. 이 모든 것이 탈성장의 가능태 공간이며, 이 모든 가치와 전통, 제도와 시도들의 공진화를 통해 탈성장 사회가 다가올 것이다.

 하지만 현재의 자본주의는 (구체제와 상업자본주의가 공존하였던 16~18세기 이후) 18세기 후반 산업혁명으로 산업자본주의가 확립된 때로부터 두 세기 반 만에 전 세계의 사회·경제·정치 체제와 인간 삶 대부분을 규율할 만큼 강고하다. 그리고 이러한 사회·경제·정치 체제는 강한 번식력으로 주변 식물들을 덮어 가로막고 광합성을 차단하여 다른 식물들의 성장을 억제하는 칡넝쿨처럼 땅속 깊이 그리고 넓게 얽혀 있어, 그 사이에서 탈성장의 현실태를 틔워 내기란 결코 쉬운 일은 아니다.

탈성장 사회로의 전환에 대한 장애

탈성장에 대해 지금까지 제기된 여러 논의와 필요성, 실행 방향과 원칙 등에도 불구하고, '탈성장'이라는 자본주의의 안티테제에 대한 이데올로기적 반발에서부터 탈성장과 관련하여 제기된 주장에 대한 충분한 비판적 사고를 회피하는 인식론적 게으름까지 다양한 형태의 인식의 장애물이 여전히 존재한다. 또 탈성장을 단순한 '경제 성장 반대'로 축소 해석하거나, 유토피아적 희망으로 치부하며 그 실현 가능성과 필요성을 무시하거나, 단순히 정부 주도의 기후변화 또는 환경보호 정책(캠페인)으로만 간주하여 시민사회와 개인의 역할을 축소하는 등 탈성장에 대한 (의도적 또는 비의도적인) 왜곡도 다양한 방식으로 나타난다.

탈성장 사회로의 전환에 대한 장애는 단지 잘못된 인식이나 반대 의견, 다른 패러다임에서 형성된 이론으로만 존재하는 것이 아니라, 실제 사회에서 상호 복잡하게 연결되어 작동하는 경제, 정치, 국제관계, 사회문화 제도로서도 존재한다.

경제 측면에서는 모든 경제 조직과 활동이 기본적으로 시장을 중심으로 조직되어 있다. 인간 생활에 필요한 대부분의 재화와 서비스, 에너지, 공간이 상품화되어 시장체계를 통해서만 이용 가능하며, 임금노동이나 플랫폼노동, 자영업(영세상공인뿐만 아니라 의사나 변호사 등의 전문직업인) 등 자신의 생산 수단을 가지지 못한 모든 사람은 시장에서 노동력이나 서비스를 판매함으로써만 생계를 영위할 수 있다. 화석 연료, 자동차 등 환경에 해로운 산업들이 경제에서 차지하는 비중이 크며, 이를 축소하는 것은 상당한 저항에 부딪힐 수 있다. 생산기업과 함께 자본주의 경제 체제에서 핵심적인 역할을 하는 금융(대출, 자본조달)은 자금을 필요로 하는 개인이나 기업의 소득과 자산의 시장가치를 기준으로 기능한다. 복지제도도 시장기제의 보조적인 장치로서 기능하고, 복지서비스의 많은 부분도 상품화되고 있으며, 복지 재원은 세금을 기반으로 시장소득을 재분배하는 형태로 기능한다.

정치 측면에서는 중앙집중화된 통치기구와 통치기구화된 대의기구 자체가 시장경제의 강력한 옹호자이다. 대기업과 특권층은 선거자금 지원 등 여러 방법으로 정치권력과 공조하며, 자신들의 이익을 위한 정책이 추진되게 만든다. 현행의 대의민주주의 선거제도는 정치인들이 생태적 지속 가능성과 같은 장기적 관점의 정책보다 경제 성장과 같은 단기적 성과에 집중하게 만든다. 국민총생산(GDP) 같은 양적 지표들이 정책 결정의 주요 기준이 되어, 환경이나 삶의 질 같은 요소들은 간과된다. 법률체계는 사유재산과 사적 이익 추구를 보장하고 촉진하는 방향으로 구성되고 발달되어 있다.

국제 관계 측면에서는 전 세계 자본과 자원의 공급이 성장과 이익을 추구하는 강대국과 글로벌 기업들에 의해 경쟁적으로 통제되며, 세계무역기구(WTO)나 국제통화기금(IMF)과 같은 국제기구들은 경제 성장과 무역 자유화를 최우선 목표로 삼고 있으며 개별 국가의 정책 자율성에 강한 압박을 가한다. 국경을 초월한 기업들과 국제금융 시스템은 지속적인 경제 성장을 전제로 작동하고 있으며, 각국의 정책 결정에 큰 영향을 미친다. 국가들은 희소한 자원을 확보하기 위해 군사력을 증강하는 경향이 있으며, 자원 경쟁은 환경 파괴를 초래하고 장기적으로는 자원 고갈로 이어질 수 있다. 기후변화 대응을 위한 국제 협약들은 여전히 경제 성장과 환경보호의 균형을 강조하는 수준에 머물러 있으며, 선진국의 개발도상국 지원은 주로 경제 성장 모델을 기반으로 이루어지고 있다.

사회문화 측면에서 끊임없는 소비를 장려하는 사회 분위기는 탈성장의 가치와 충돌한다. 경제 성장과 경쟁을 중시하는 교육은 탈성장적 가치관 형성을 저해한다. 돌봄을 (주로 가장의) 노동력을 시장에서 판매하기 위해 여성들이 집안에서 수행하는 보조적 활동으로 여기는 인식과 장시간 노동 문화는 탈성장이 지향하는 돌봄의 재분배와 충돌한다. 노동시장의 이중 구조, 성역할의 사회화(젠더화), 낮은 다문화 수용성과 이주민에 대한 사회적 차별과 같은 차별의 제도화는 평등과 연대의 공동체 원리와 충돌한다.

그러나 자본주의 체제가 강고한 만큼, 그 체제 지배의 기간 내내 본질적인 문제(과잉생산과 소비 조장, 경제적 불안정성, 불평등과 소외)가 노정되고 다양한 부작용(외부효과)이 야기되고 증폭되어 왔다. 이에 따라 사회의 여러 부문에서 자본주의 체제 자체의 문제와 부작용을 비판하고 해결하기 위한 다양한 대안적 사고와 사회적 실천들이 대자본주의 연합전선을 형성하며 함께 광범위한 사회운동으로 발전하고 있다.

전환을 위한 연합전선과 공통 가치

　탈성장 운동은 지속적인 경제 성장의 추구에 대한 비판에서 시작된 사회적·경제적 흐름이다. 1970년대 프랑스에서 처음으로 경제 성장의 지속적인 추구에 반대하는 사상과 운동이 '데크와상스(Decroissance, Degrowth)'라는 용어로 등장하였다. 이는 단순히 '적게'가 아닌 '다르게'라는 의미를 내포하고 있었다. 1972년 로마클럽은 「성장의 한계」 보고서에서 자원의 고갈과 환경 파괴를 경고하며 '제로성장'의 실현을 주장하였다.

　그리고 1990년대에는 환경보호와 사회적 불평등 문제에 대한 관심이 높아지면서, 탈성장 운동의 초기 이론들이 발전하기 시작하였다. 이 시기에 프랑스의 경제학자들, 특히 세르주 라투슈(Serge Latouche)가 탈성장 개념을 체계화하였다. 2000년대 초부터 탈성장 운동이 본격적으로 형성되기 시작하였고, 유럽에서 탈성장 관련 행사와 논의가 활발해졌다. 2010년대에 탈성장 운동은 환경 정의, 사회적 공정성, 지속 가능한 개발 등 다양한 사회운동과 연결되며 확산되었고, 현재 탈성장 운동은 전 세계적으로 확산되면서 다양한 형태의 사회적 실천이 이루어지고 있다.

　이러한 과정에서 탈성장 담론은 성장 패러다임에 대한 다양한 비판적·대안적 이론적 접근이나 사회운동과 서로 영향을 주고 받았다.

■ 비판적 경제학

　경제학의 주류 이론에 대한 비판적 접근을 강조하는 학문 분야로,

경제 현상을 단순히 수치적 모델이나 이론으로 설명하는 것을 넘어, 사회적·정치적 맥락에서 이해하려고 한다. 특히 자본주의 체제와 그로 인한 불평등·권력 구조를 분석하며, 이를 통해 보다 공정하고 지속 가능한 미래를 모색한다.

■ 생태경제학

비판적 경제학의 하나로, 경제를 생태계의 일부로 보고 인간 사회와 자연 환경의 지속 가능한 발전을 추구한다. 경제 활동이 생태계에 미치는 영향을 이해하고, 이를 바탕으로 환경 문제를 해결하기 위해 시스템적 사고방식을 적용한다.

■ 생태사회주의

환경 문제와 사회적 불평등을 동시에 해결하고자 하는 이론적 접근으로, 마르크스주의와 생태주의의 결합을 통해 새로운 사회 모델을 모색한다.[1]

---

[1] 사회주의는 자본주의와 달리 개인의 이익보다 공동체의 필요를 중시하며 생산 수단을 공동 소유하고 국가가 경제 활동을 계획하고 조정하지만, 사회주의도 경제 성장이 인류의 물질적 생활 수준을 향상시키고 궁극적으로 더 나은 사회를 만드는 데 필수적이라고 여겼다. 이에 따라 많은 사회주의 국가(舊소련, 중국 등)들은 경제 성장을 위해 대규모 산업화를 추진하였고, 그 결과 생태계 파괴와 환경 오염에 상당한 역할을 하였다. 제임스 오코너(James O'Connor)는 마르크스가 자연과 인간의 관계에서 발생하는 충돌에 대해 충분히 다루지 않았다고 비판하며, 생태 문제를 마르크스주의적으로 해석하는 새로운 경로를 제시하였다.

■ 지속 가능성 이론/운동

환경·경제·사회적 요소의 균형을 유지하며, 현재의 필요를 충족하면서도 미래 세대의 필요를 해치지 않는 발전을 추구하는 개념이다.

■ 에코페미니즘

생태학과 페미니즘을 통합하여 여성의 억압과 환경 위기의 상관관계를 분석하는 이론적 접근이다. 여성과 자연에 대한 지배가 남성 중심적 사회 구조에서 기인한다고 주장하며, 모성·돌봄·연대와 같은 '여성적 가치'들이 생태 위기를 해결하고 새로운 삶의 방식과 사회 구조를 형성하는 데 중요한 역할을 할 수 있다고 믿는다.

■ 대안 경제 모델

기존의 자본주의 시장경제 시스템에 대한 대안으로, 지속 가능성과 사회적 책임을 강조하는 다양한 대안적 경제 모델—공동체 경제, 협동조합, 사회적 경제와 사회적 금융, 커먼즈, 순환경제 등—을 제안한다. 이윤 및 효율성 극대화 대신, 삶의 질이나 지속 가능성, 민주적 참여, 불평등 해소, 지역 사회 중심 발전과 같은 사회적 가치를 지향한다.

■ 지역화(Localization) 운동

세계화가 초래한 여러 도전 과제에 대응하기 위해 지역 사회가 자립적으로 발전할 수 있도록 지원하는 접근 방식이다. 지역의 경제적 자립, 문화 및 정체성 보존, 환경의 지속 가능성, 사회적 연대 및 참여를 강조한다.

■ 윤리적 소비(착한 소비) 운동

　인간, 동물, 환경, 사회에 해를 끼치지 않는 방식으로 생산된 상품을 구매하는 소비 행위를 장려하는 운동이다. 윤리적 소비의 실천 방법으로는 불매 운동과 구매 운동, 녹색소비와 로컬소비, 공정무역 제품 구매, 공정여행, 사회적 기업 제품 및 서비스 이용 등이 있다.

■ 환경/기후 정의 운동

　환경 정의 운동은 환경 문제와 사회 정의를 결합한 운동으로, 핵심은 환경오염과 그 영향과 편익이 모든 사람에게 동등하게 분배(분배적 정의)되어야 한다는 것이다. 이를 위해 환경 관련 의사결정 과정에 모든 이해관계자의 참여를 보장(절차적 정의)하고, 환경위험의 생산 자체를 예방(생산적 정의)하며, 궁극적으로 환경부담을 최소화하여 모든 사람의 환경권을 보장(실질적 정의)하여야 한다고 주장한다. 기후정의 운동은 환경 정의 운동의 경험을 바탕으로 발전하였으며, 기후변화로 인한 전 지구적 규모의 불평등 문제를 다루는 방향으로 확장되었다.

　이러한 여러 대안적 이론과 사회운동들은 공통적으로 자본주의의 성장 패러다임과 그로 인한 사회적 불평등 및 환경 영향에 대한 비판을 기반으로 하며, 보다 공정하고 지속 가능한 사회를 만들기 위한 다양한 대안과 접근 방식을 제시하고 있다. 그 속에서 공유되는 공통적인 가치 지향은 현재와 미래 세대를 위한 환경과 자원의 지속 가능성과 사회 정의 및 형평성이다.

현실 대안과 정책으로서의 탈성장

기후변화에 관한 정부 간 협의체(IPCC)가 2013~2014년 발표한 「5차 평가보고서(AR5)」에서는 1950년대 이후의 지구온난화가 인간 활동과 관련되었을 가능성이 "매우 높다"고 언급하였다. 그리고 2010년 기준 연간 온실가스 배출량을 약 49기가톤으로 보고하면서, 고유 시스템[2] 위협'(만)을 매우 높은 위험 수준으로 평가하였다.

이에 비해 IPCC가 2021~2023년에 발표한 「6차 평가보고서(AR6)」에서는 인간의 활동이 지구온난화를 초래한 것이 "명백하다"고 명시하며 인간의 책임을 더욱 확실히 강조하였다. 또한 2019년 기준 연간 배출량이 약 59기가톤으로 증가하고 산업화 이전 대비 지구 평균 온도가 1.09°C 상승했다고 명시하면서, 모든 위험지표(고유 시스템 위협, 기상이변, 기후영향 분포 등)에서 위험 수준을 '매우 높음'으로 평가하였다. 나아가 「6차 평가보고서를 위한 실무그룹 보고서」에서는 경제 성장과 온실가스 배출을 분리하는 탈동조화(Decoupling)가 기술적으로는 가능하더라도 그 속도와 규모가 기후위기 해결에 필요한 수준에 미치지 못한다고 평가하면서, 녹색성장의 한계에 대해 명시적으로 언급하였다. 그러면서 동 보고서는 경제 성장에 종속되지 않는 지속 가능성과 정의로운 전환을 강조하면서, 대안적 접근으로 탈성장을 소개하였다.

비록 국제 정치와의 조율로 인해 동 보고서의 정책결정자를 위한 요

---

[2] 고유시스템 위협(Threats to Unique and Threatened Systems)은 기후변화로 인해 특별히 취약하거나 독특한 생태계, 문화적 또는 사회적 시스템이 직면하는 위험을 의미한다.

약본(SPM)에서는 이 내용이 제외되었지만, 탈성장 논의가 지속 가능 발전을 위한 대안으로 국제기구에서 논의된 것은 상당한 의미가 있는 일이다. 탈성장 논의가 국제기구의 기후변화 보고서에 처음 등장하게 된 배경은 기본적으로 녹색성장 모델이 기후위기를 해결하는 데 충분하지 않다는 인식이 확산되고, 기후위기가 심화됨에 따라 단순한 기술적 해결책을 넘어 소비와 생산 체제 전반의 구조적 변화를 요구하는 목소리가 커져 왔으며, 코로나 19 팬데믹으로 인해 경제 성장보다는 행복과 지속 가능성을 중심으로 한 새로운 사회모델에 대한 관심이 증가한 데 있다고 할 것이다.

  2023년 5월 유럽의회는 브뤼셀의 유럽의회 본부에서 GDP 성장 중심의 경제 모델을 넘어 지속 가능한 번영을 목표로 하는 새로운 경제 패러다임을 논의하기 위해, Beyond Growth 2023 컨퍼런스를 개최하였다. 컨퍼런스에서는 학자와 환경 활동가, 선출직 정치인들이 모여 경제 성장을 넘어서는 새로운 패러다임의 필요성을 강조하며, 특히 탈성장의 중요성을 본격적으로 거론하였다. 이는 단순히 지속 가능한 성장을 넘어 경제 규모 축소와 자원 소비 감소를 통해 인간 복지와 생태적 안정성을 확보해야 한다는 주장으로 이어졌다. 이 컨퍼런스에서는 상드린 딕슨 디클레브[3]와 케이트 레이워스[4], 요한 록스트룀[5], 팀 잭슨[6]

---

3 로마 클럽의 공동 회장(2018~2024), 지구와 인류의 지속 가능성을 위한 Earth4All 프로젝트의 리더, 『Earth for All』(2022)의 공동 저자.
4 도넛 경제학(Doughnut Economics) 개념의 창시자, 옥스퍼드 대학 선임 연구원.
5 환경학자, 지구 위험 한계선(Planetary Boundaries) 개념 제시, 포츠담 기후영향연구소 소장.
6 경제학자, 『성장 없는 번영(Prosperity without Growth)』(2009)의 저자.

등이 탈성장을 중심으로 한 경제 패러다임 전환의 필요성과 실천 방안을 논의하며, 지속 가능성과 사회적 공정성을 통합한 정책 방향을 제시하였다. 이 컨퍼런스는 탈성장에 대한 단순한 학술적 논의를 넘어, 유럽연합과 유럽 각국 정부 및 정당들의 정책적 관심이 높아지고 있음을 보여 준다.

2023년 크로아티아 자그레브에서는 제9회 국제 탈성장 컨퍼런스(International Degrowth Conference)가 개최되었다. 국제 탈성장 컨퍼런스는 2008년 파리에서 시작된 이후 정기적으로 개최되며, 지속 가능한 발전과 사회적 공정성을 중심으로 경제 성장 중심의 패러다임을 재검토하는 중요한 국제적 행사로 자리 잡았다. 제9회 컨퍼런스는 자그레브시가 후원을 하였고, 다이애나 위르게-보르사츠(Diana Ürge-Vorsatz) IPCC 신임 부의장이 기조연설에서 기후위기 대응과 탈성장의 필요성을 강조하며 '계획적 진부화' 금지와 소비재 내구성 강화와 같은 유럽의회에서 논의 중인 탈성장 관련 법안을 '흥미로운 발전'으로 평가하였다. 이는 역시 탈성장이 이미 유럽 각국의 현실 정치 영역에서 중요한 정책 대안으로 다루어지고 있음을 보여 준다.

영국의 경제학자 케이트 레이워스(Kate Raworth)는 2012년 GDP 성장만을 목표로 하는 기존 경제모델에 대한 대안으로서, 인간의 사회적 필요를 충족하면서도 지구의 생태적 한계를 초과하지 않는 지속 가능한 경제 모델로서 도넛 경제학(Doughnut Economics)을 제시하였다. 도넛의 바깥쪽 원이 나타내는 생태적 한계는 요한 록스트룀 등이 제시한 9가지 지구위험한계선(3장 참고)으로 구성되며 이를 초과하면 환경 파괴와 지구 시스템의 임계점(티핑포인트)에 도달할 수 있다. 안쪽

원이 나타내는 사회적 기초의 열두 가지 요소는 2015년 지속가능발전목표(SDGs)에서 국제적으로 합의한 최소 사회 기준에서 도출되었다. 생태적 한계와 사회적 기초 사이에 인류가 번영할 수 있는 환경적으로 안전하고 사회적으로 정의로운 공간이 존재한다.

  도넛 경제학은 지역 사회와 도시 차원에서 실질적인 변화를 이끌어내는 데 효과적인 도구로 평가받고 있으며, 암스테르담(네덜란드)과

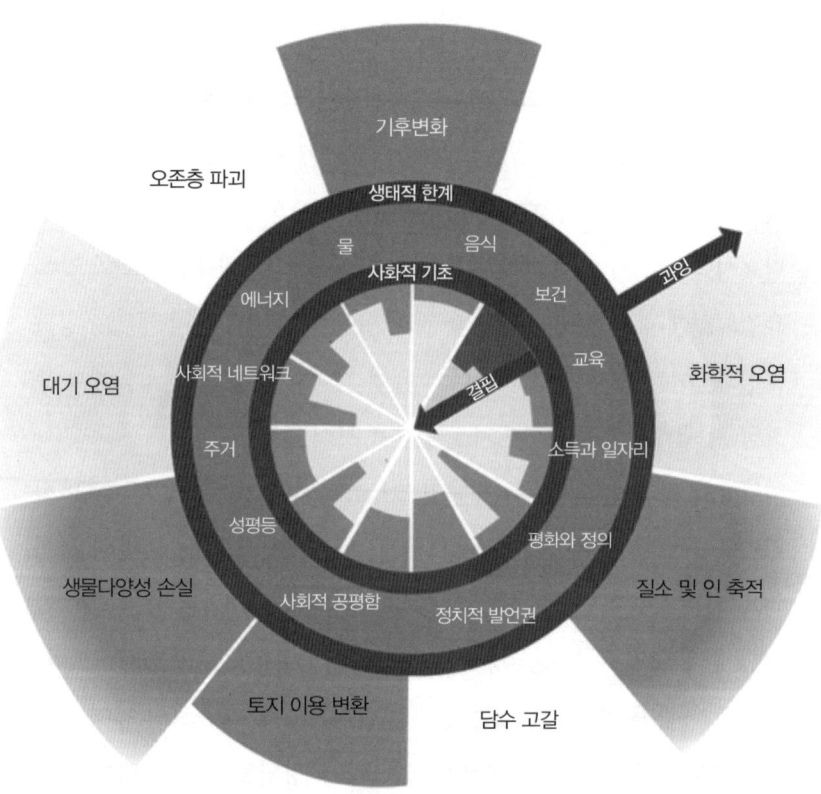

[그림 1] 도넛 경제 모델[1]

코펜하겐(덴마크), 멜버른(호주), 버밍엄(영국), 포틀랜드(미국) 등은 사회·생태적 위기를 극복하기 위한 도시 정책에 도넛 경제 모델을 적극 활용하고 있다.

암스테르담, '번영하는 도시'로 전환하다

네덜란드의 디자인 및 컨설팅 기관인 아카디스(Arcadis)는 2015년부터 2~3년마다 전 세계 도시들에 대해 환경적, 사회적, 경제적 지속 가능성을 다각적으로 분석한 지속 가능 도시 지수(SCI: Sustainable Cities Index)를 발표한다. 아카디스의 SCI는 도시들의 현재 상태뿐만 아니라 미래 지속 가능성을 위한 개선 방향을 제시하며, UN의 지속가능발전목표(SDGs) 달성을 위한 중요한 기준으로 활용되고 있다. 아카디스의 SCI 평가에서 2015년과 2016년 취리히, 2018년 런던, 2022년 파리에 이어 2024년에는 암스테르담이 최고의 평가를 받았다.

암스테르담은 1970년대부터 지속 가능성 정책을 꾸준히 추진해 오고 있었다. 1970년대에는 석유파동을 겪으며 에너지 위기 극복을 위해 자전거를 주요 이동수단으로 채택하는 정책을 시작하였으며, 2000년대 들어 더욱 적극적인 지속 가능성 정책을 추진하였다. 2009년에는 2025년까지 CO_2배출량을 1990년(440만t)의 절반 이하인 200만 톤 수준으로 줄여 세계 최고 수준의 친환경·저탄소 도시를 만들겠다는 '암스테르담 스마트시티(Amsterdam, Smart city)' 프로젝트를 추진하였으며[2], 2010년에는 수변형 자원순환 모델을 구축하여 에너지, 주거,

교통, 오픈 스페이스 등을 연계시킨 저탄소 녹색도시를 만드는 프로젝트를 추진하였다.[3] 이후에도 다양한 시민주도 친환경 프로젝트가 진행되고 있다.

2020년 4월, 암스테르담시는 코로나 19 팬데믹 상황에서 기후위기 극복과 사회경제적 회복을 위한 도구로 케이트 레이워스의 도넛 경제 모델을 활용하기로 결정하고, 당시 시의 지속 가능성, 도시 개발 부문의 부시장이었던 마리에케 반 두르닉(Marieke van Doorninck)이 정책 추진을 주도하였다.

■ 비전과 도시 초상화

암스테르담시는 "지구의 한계를 존중하면서, 모든 시민에게 번영하고, 재생 가능하며, 포용적인 도시(a thriving, regenerative and inclusive city for all citizens, while respecting the planetary boundaries)"가 되려는 비전에 따라, 도넛 경제 모델을 암스테르담 도시 규모에 맞는 도구인 '번영하는 도시 초상화(Thriving City Portrait)'로 만들었다. 이 과정에서 시는 경제 성장과 물질적 풍요를 넘어서 이 시대에 필요한 '번영'의 의미를 시민으로부터 듣기 위해 사회와 생태계, 지역과 글로벌의 관점에서 핵심적인 질문을 제기하였다. 그리고 시는 지역-사회적 관점, 지역-생태적 관점, 글로벌-사회적 관점, 글로벌-생태적 관점의 네 가지 렌즈로 도시의 현 상황을 분석하고, 시민 등 다양한 이해관계자의 목소리를 반영하여 번영하는 도시를 위한 정책 목표와 전략을 수립하였다.

[표 1] 도시 초상화를 만들기 위한 4개의 렌즈[4]

우리 도시가 어떻게
모든 사람의 좋은 삶과 지구 전체의 건강을 존중하면서,
번영하는 장소에서 번영하는 사람들의 터전이 될 수 있을까?

	사회(적 기초)	생태(적 한계)
지역의 열망	암스테르담 사람들에게 번영한다는 것은 어떤 의미인가? (1)	암스테르담이 자연의 품속에서 번영한다는 것은 어떤 의미인가? (2)
글로벌 책임	암스테르담이 전 세계 사람들의 좋은 삶을 존중한다는 것은 어떤 의미인가? (4)	암스테르담이 지구 전체의 건강을 존중한다는 것은 어떤 의미인가? (3)

■ **전략 수립: 순환경제**

2017년 기준 암스테르담의 이산화탄소 배출량이 1990년 수준에서 31% 증가하여[5], 도시의 생태적 한계를 초과하는 문제를 야기하였다. 그리고 소비재, 식량, 건축 자재 수입 등이 이산화탄소 배출의 62%를 차지하고 있어, 이를 줄이기 위한 노력이 필요했다. 이에 따라 암스테르담시는 사회적 필요를 충족시키면서도 생태적 한계를 존중하는 균형 잡힌 발전을 추구하기 위해, 도시의 자원 사용과 이에 따른 폐기물 발생을 줄이는 순환경제를 도넛 경제 추진의 우선과제로 삼았다. 시는 순환경제 정책을 통하여 2030년까지 새로운 원자재 사용량

을 50% 줄이고, 2050년까지 완전한 순환경제("Waste Nothing, recycle everything")를 달성하는 것을 목표로 하는데[6], 식품 및 유기 폐기물 스트림과 소비재, 건축 환경의 3개 핵심 가치사슬에 중점을 두고 전략을 수립하였다.[7]

① 식품 및 유기 폐기물 스트림
- 순환 농업과 도시 농업 촉진으로 지역 소비 니즈에 맞는 식품 공급과 장거리 물류에 따른 탄소발자국 감소
- 동물성 단백질 대신 식물성 단백질 섭취로 전환 유도
- 2030년까지 소비 단계의 음식 폐기물 50% 감축
- 주민, 방문자 및 기업의 유기폐기물(주방, 정원 등)의 수거 및 처리 개선

② 소비재
- 2030년까지 소비재의 전체 소비를 20% 감축
- 공공 부문 100% 순환경제 조달
- 공유플랫폼, 중고상점, 수리서비스, 온라인 마켓플레이스 등 재사용/재생 인프라 구축
- 2025년까지 섬유, 전자제품, 가구, 플라스틱의 효과적인 분리 및 수거와 재사용/업사이클링 실현

③ 건축 환경
- 2023년부터 시의 모든 건설 프로젝트에 순환경제 원칙 적용. 특히 재활용 자재 사용에 초점
- 새로운 자재 사용 대신 건축 자재의 재사용을 표준 관행화

- 장기적으로는 모든 신규 도시 개발이 순환 설계 원칙을 따르도록 함

■ 추진 체계와 참여자

암스테르담 도넛 경제 계획은 암스테르담시 정부의 주도하에, 여러 전문가 조직의 지원과 시민 조직의 참여를 통해 추진되고 있다.

- 암스테르담시 정부: 도넛 경제 모델을 공공정책 결정의 기준으로 채택하고, 지속 가능한 도시 초상화를 바탕으로 정책을 수립하고 공공정책 가이드라인을 제시한다.
- 체인지 메이커 네트워크: 암스테르담의 도넛 경제 추진과 관련된 체인지 메이커 네트워크의 핵심은 지역 주민, 기업, 비영리 단체, 학계, 도시 전문가 등 다양한 이해관계자가 참여하는 암스테르담 도넛 연합(Amsterdam Donut Coalition)이다. 암스테르담 도넛 연합은 2019년 12월에 설립되어 현재 1,000명 이상의 회원과 40개 이상의 비영리 단체로 구성되어 있는 자발적(bottom-up) 조직으로, 지역 기반 프로젝트를 기획·실행하고 사회적·생태적 목표를 달성하기 위한 협력 체계를 구축하며 경험 및 지식을 공유하고 정책을 제안한다.
- 도넛 경제 전문연구 기관: 케이트 레이워스가 공동 설립한 도넛 경제행동연구소(DEAL: Doughnut Economics Action Lab)는 Circle

Economy[7], Biomimicry 3.8[8] 및 C40 Cities[9]와 협력하여, 도넛 경제 모델을 기반으로 지역의 환경, 인프라, 주민요구를 고려한 맞춤형 도넛 경제 모델(Amsterdam City Doughnut) 설계를 지원하였다. DEAL은 시의 정책입안자들과 협력하여 도넛 경제 원칙이 도시 계획과 주요 의사결정에 반영되도록 하였으며, 지역의 이해관계자들이 참여하는 워크샵을 통해 주민들의 의견을 수렴하는 한편 지역의 프로젝트 실행을 지원한다.

- 리빙 랩(Living Lab): 시민·기업·정부가 협력하여 실제 환경에서 혁신적인 아이디어와 기술을 실험하고 적용하는 플랫폼으로, 암스테르담의 순환경제 목표를 실현하는 데 중요한 역할을 한다. 리빙 랩을 통하여 시민들이 지역 문제 해결의 주체로 직접 아이디어를 제안하고 프로젝트에 참여하며, 기업·정부·연구소 등 다양한 이해관계자가 협력하여 도시 문제를 해결하고 지속 가능한 솔루션을 개발한다. 리빙 랩의 대표적인 사례는 바윅슬로터함(Buiksloterham) 지역으로, 폐산업시설을 순환형 생활공간으로 재설계하여 순환경제 원칙에 기반한 지속 가능한 주거·업무 복합

---

7 순환경제를 촉진하는 글로벌 비영리 조직으로, 자원의 재사용과 폐기물 최소화를 통해 지속 가능한 경제 모델을 구현하는 데 중점을 둔다(https://www.circle-economy.com/).

8 자연 생태계의 원리를 활용하여 환경에 더 적합한 기술과 시스템을 개발하는 데 중점을 두는 컨설팅 및 교육 훈련 기관이다(https://biomimicry.net/).

9 C40 도시 기후 리더십 그룹(C40 Cities Climate Leadership Group)으로, 기후 변화에 대응하기 위해 설립된 세계 주요 대도시들의 네트워크이다. 한국 서울도 운영위원회 회원도시로 참여하고 있다(https://www.c40.org/).

지역으로 탈바꿈하고 있다.[8]

■ **전략의 실행과 평가**

두르닉 부시장과 케이트 레이워스는 암스테르담 도넛 경제 계획을 실행하면서 도넛 모델의 실행이 촘촘히 설계된 청사진을 제시하는 탑다운 방식보다는, 아래에서 일어나는 수많은 도넛 활동들이 모여 힘을 결합하고 이를 토대로 위로 뚫고 가는, 소위 '버블링 업(bubbling-up)' 방식으로 성장한다는 것을 발견하였다.[9] 또한 2050년까지의 장기 전략을 수립하기보다는 5년 단위의 중기 전략을 수립하고, 목표 달성 예상치를 계속 모니터링하여 목표와 실제 성과 간 격차를 확인하고 해결 방안을 모색하거나 전략을 수정한다.

암스테르담의 사례는 도시 차원에서 지금 바로 탈성장 전환을 실험하고 적용할 수 있음을, 그리고 중앙 정부 주도가 아닌 지역 단위의 변화가 가능함을 보여 준다.

지금, 여기서 우리가 해야 할 일

탈성장으로의 전환을 막는 인식과 제도적 장애를 극복하고 탈성장의 기본 원칙을 사회 속에서 실현하는 것은 개인을 넘어서 지역 사회나 국가 단위의 변화를 필요로 한다. 탈성장 사회로의 전환은 성장 위주의 시장 의존 경제 비중을 축소하고 필요충족 경제를 활성화하여 경제 구조를 바꾸며 환경 및 사회 정의에 기반한 사회 작동 원리를 확대하는 사회 전반의 근본적인 변화를 목표로 한다. 그런데 탈성장은 모든 지역 또는 사회가 지향할 보편적인 미래가 아니라 자율와 공동체(성)에 기반한 플루리버스[10]를 제안[10]하므로, 탈성장으로의 전환은 모든 사람이 합의하는 공통된 목표를 향하여 사회 여러 부문의 변화를 일관된 계획하에 추진하는 위로부터의 변화로 이루어지기는 어렵다. 대신 사회 여러 부문에서 사회의 기본적인 작동 원리를 조금씩 바꾸는 수많은 노력들이 모여 아래로부터의 변화가 이루어질 수 있다.

또한 탈성장 사회로의 이행은 오랜 시간의 지난한 혁명이나 독립투쟁으로 어느 날 갑자기 또는 드디어 새로운 권력이나 독립된 국가를 수립하듯 일거에 이루어지는 변화가 아니라, 현재 사회 내 이곳저곳에서 탈성장 사회의 기초가 되는 작은 변화들이 하나씩 싹트다 어느 날 문득 돌아보면 천지가 온통 봄꽃으로 가득해지는 그런 변화이다. 이를 위해 사회 여러 부문에서 7장에서 언급한 여러 변화 모듈을 포함한 수많은 변화가 여러 사람들의 참여와 노력으로 치밀하게 그리고 지속적으로 이루어져야 한다.

---

[10] 플루리버스(Pluriverse)는 다중의 우주와 세계를 의미하는 개념으로, 멕시코 사파티스타들의 세계 인식과 자치운동에서 유래했다. 플루리버스는 '오직 하나의 세계'가 아닌 '다른' 세계들의 존재를 인정한다. 메타버스(Metaverse)는 기술을 통한 현실 세계의 확장('meta': 초월)에 중점을 두지만, 플루리버스는 존재론적 전환과 관계론적 사고를 강조한다. 개발 패러다임의 비판적 연구자인 아르투로 에스코바르는 『플루리버스』(2019)에서 자치와 공동성의 세계를 디자인하는 새로운 패러다임을 제시한다.

■ **민주적 참여 확대와 지역 사회의 자율성**

 탈성장 사회는 시민들이 자율적으로 만들어 가는 사회이다. 앞에서 제시된 모든 정치·사회·경제적 변화도 시민들의 요구와 참여에 의해 실현될 수 있다. 시민들의 참여와 자율은 온실가스 배출 기업에 대한 불매 운동과 같은 시민 캠페인이나, 화석 연료 산업에 대한 공공 지원 축소를 요구하는 시민 운동, 보편적 기본 정책 확대에 대한 정책 제안이나 입법 운동, 탈성장을 정강으로 하는 정당을 통한 의회 참여 등 여러 가지 형태로 이루어질 수 있다. 또 탈성장 전환을 위한 여러 정책과 제도들을 현실 사회에서 시도하고 실험하고 확인하고 그 과정에서 확인되는 오류를 수정하는 것도 시민들의 참여와 노력을 통해서이다. 이를 위해 다양한 형태와 수준의 시민 참여 활동 또는 조직적 운동이 필요하다.

 탈성장 사회의 기본적인 운영 원리는 참여민주주의에 의한 민주적 의사결정과 지역 사회의 자율성이다. 이를 위해서는 자치입법권, 자치조직권, 자치행정권, 자치재정권 등 지방정부의 자치권을 강화하고, 주민(국민)발안, 주민(국민)소환, 주민(국민)투표, 주민참여예산 등 직접민주주의를 위한 제도적 장치들이 도입되어야 한다. 탈성장 전환 이후의 사회 운영뿐만 아니라, 탈성장 전환 과정에서도 시민들의 참여와 지역의 자율성은 전환의 당위성과 추진력을 얻기 위한 필수적인 요소이며, 전환을 위한 제1의 원칙이다.

■ **불필요한 생산 및 소비 축소**

 화석 연료와 대량 생산 육류 및 유제품, 패스트 패션과 같은 파괴적인 산업의 규모를 과감하게 축소하고 제품의 수명을 연장하도록 하여, 사회적 신진대사[11]를 채굴주의[12]에서 벗어나 생태계와 조화를 이루는 방향으로 전환시켜 나간다. 불필요한 생산을 줄이기 위해서는 시민사회 차원에서 기업에 생산 축소를 요구함과 동시에 정부에는 해당 산업에 대한 지원 중단과 규제를 강력하게 요구한다.

소비에 따른 사회적 신진대사를 줄이기 위해서는 소비자 인식 전환을 통하여 불필요한 소비를 줄이고, 지속 가능한 제품을 소비하도록 하고, 소유 대신 서비스나 공유로 소비 방식을 바꾸고, 지역 생산 제품을 소비하여 운송 과정에서의 에너지 소비를 줄이도록 한다. 새로운 자원의 채굴·소비 및 폐기물 발생과 이로 인한 환경 파괴 및 탄소발자국을 줄이기 위해, 자원의 재사용과 재생을 전제로 지속 가능한 자원 이용을 촉진하는 순환경제를 구현한다. 또한 친환경 또는 지속 가능한 소비로의 유인을 강화하기 위해 이러한 활동에 대한 세금 감면이나 보조금 등 정책 지원을 정부에 요구한다.

- **'성장 없는' 그린뉴딜**

지속적인 경제 성장을 지향하면서 그에 필요한 에너지원만 화석 연료에서 재생 가능 에너지원으로 바꾸는 녹색기술로는 탄소중립이라는

---

11 사회적 신진대사(social metabolism)는 인간 사회가 그 구조, 기능, 재생산을 위하여 자연 자원과 에너지를 어떻게 이용하고 변환하는지를 설명하는 개념이다. 현재의 사회적 신진대사는 주로 화석 연료의 채굴과 추출에 의존하고 있다.

12 채굴주의(extractivism)는 자원 추출을 중심으로 한 경제 모델로, 주로 천연 자원(광물, 석유, 가스 등)의 대규모 채굴 및 수출을 강조한다.

목표조차 달성하는 것이 어렵다. 하지만 온실가스 배출 감축, 재생 가능 에너지 확대, 에너지 효율 향상, 저탄소 교통수단 전환, 친환경 산업 및 고용 확대, 생태계 복원 및 보호는 탈성장을 위한 기본적인 조건이므로, 정부와 산업계에 그린뉴딜 정책의 실행을 강력하게 요구해야 한다. 그린뉴딜 정책에는 화석 연료 보조금 등 지속 불가능한 산업에 대한 지원의 전면 중단과 기후와 생태계에 유해한 산업에 대한 과세 강화가 포함된다. 나아가 그린뉴딜 정책의 목표로서 총량적 성장보다는 사회 각 부문의 지속 가능성 확보와 사회적 불평등 해소에 우선순위를 두도록 요구한다.

■ 공공 서비스 확대와 보편적 기본 정책

양질의 보편적 공공 서비스를 제공하여 모든 시민이 의료, 교육, 주택, 교통 등 기본적인 필요를 충족할 수 있도록 해야 한다. 이를 통해 사회적 성과를 높이고 자원 사용을 줄일 수 있다. 보편적 기본 정책의 도입도 필수적이다. 기본소득, 보편 기본서비스, 보편 돌봄소득 등을 통해 국가 전체의 부를 공정하게 분배하고, 시장 메커니즘에 의존하지 않는 경제 시스템을 구축하고 확대시켜야 한다. 이러한 정책은 탈성장 전환기에 모든 시민이 적정 수준의 물질적 여건을 유지할 수 있도록 지원한다.

■ 노동 시간 단축과 일자리 나누기, 돌봄노동의 가치 제고

일자리 감소와 노동시장의 이중(다중)화, 소득 분배 악화 등의 상황 속에서 일자리 나누기는 여러 가지 의미를 가진다. 첫째, 정의로운 전환 과정에서 환경과 생태계에 유해한 산업의 축소 또는 퇴출로 인해, 해당 산업의 실직 노동자들이 탈성장에 저항하지 않고 협력할 수 있도록 일자리와 소득을 보장한다. 둘째, 일자리 나누기와 함께 그 전제로서 노동 시간 단축과 임금 격차 완화를 이루어 나가면서 현재 상황에서 소득 분배 불평등을 완화시키는 것이다. 셋째, 탈성장 사회에서 노동은 모든 사람의 권리이면서 노동 시간 단축이 오히려 삶의 질을 보장하는 방법이 될 수 있다는 것을 미리 인식할 수 있도록 한다. 또한 돌봄노동이 그 가치를 공정하게 인정받도록 요구하고, 돌봄노동에 사회적 인식의 변화뿐만 아니라 처우와 지위를 개선하기 위한 법적 기반도 마련해 나가야 한다.

■ 지역 자립형 경제 모델의 확대

지역 사회의 자립성과 지속 가능성을 높이고 생태계를 보호하기 위해, 성장 대신 생태계 및 사회적 균형을 추구하는 지역 경제 모델을 확대하고 지역 기반의 재생 가능 에너지 생산·분배 체계를 구축한다. 협동조합을 구성하여 지역 내 자원을 활용한 경제 활동을 늘리고, 커먼즈와 지역금융, 지역화폐, 시간은행, 돌봄경제 등 대안적 경제 시스템을 활성화한다. 기술 혁신의 목표와 방향을 성장이 아닌 지역 사회의 문제 해결에 초점을 두도록 하고, 지역 경제 정책 수립과 지역 문제 해결에 주민들의 적극적인 참여를 유도하여 지역 사회의 역량을 강화해 나간다. 자율적인 규제를 통하여 지역 경제 활동이 온실가스 배출 감축뿐만 아니라 지구위험한계선을 고려한 안전 범위 내에서 이루어지도록 한다. 자원의 채굴과 사용을 감소시키는 지역 순환경제를 확대하여, 새로운 일자리를 제공할 수 있다.

■ 커먼즈 되찾기

사회적 인프라를 커먼즈로 되찾는 것도 중요하다. 수도, 에너지, 폐기물 관리, 교육 및 의료 서비스 등을 영리기업이 아닌 지방자치단체나 협동조합을 통해 제공함으로써 지역 사회의 자율성을 강화하고, 공공성을 높여야 한다. 커먼즈를 통한 기본적 필요의 충족을 확대함으로써, 제품 생산 및 소비에 대한 필요를 줄여 나간다. 공원과 문화 공간, 예술 및 창작 공간, 기술 및 혁신 공간 등 지역 사회를 위한 공유 공간을 확대하며, 자연자원에 대한 사적 개발과 이용을 제한하고 모든 사람이 생태계 서비스를 누릴 수 있도록 접근권을 보장한다. 커먼즈의 핵심은 자원을 공동으로 관리하는 것이다. 이를 위해 지역 사회가 자원의 규칙과 관리 방식을 스스로 결정할 수 있도록 민주적 거버넌스를 구축해야 한다.

■ 탈성장 전환을 위한 재원 마련과 재분배적 세금 정책

탈성장 과정에서는 경제 구조의 변화(재생에너지 인프라 구축과 기술 개발, 산업 부문의 탈탄소화, 교통 부문 저탄소 전환, 저탄소·비탄소 원재료 개발 등)와 보편적 기본 서비스(의료, 교육, 교통, 통신 등), 복지 확대(기본소득, 돌봄소득 등), 생태계 복구와 보호에 많은 재원이 필요하다. 재원 확보를 위해 세제 강화, 보조금 전환, 정부 지출 축소, 정부 연구 개발 재원의 재분배, 정부 정책금융 및 기금 전환 등의 방안을 고려할 수 있다.

세계 각국에서는 탈탄소 전환을 위한 재원으로 탄소 등 온실가스 배출에 대한 탄소세, 자연자원의 채굴 및 제조에 대한 자원세, 항공 여행이나 육류 생산 등 생태계에 파괴적인 영향을 미치는 산업에 대한 과세 강화, 법인세 및 소득세 누진과세 강화와 횡재세[13] 도입, 온실가스 배출권 무상 할당 축소 및 유상 할당 가격 인상 등을 논의하고 있다. 화석 연료 보조금 등 여러 산업에 지원되는 정부 보조금을 근본적으로 재검토하여 탈성장 비용으로 전환할 수 있으며, 국방비 등 불필요한 지출도 (국가 간 및 국제적 긴장 완화를 통하여) 감축 가능하다.

정부 연구 개발 재원과 정책금융·기금도 탈탄소 및 탈성장 전환을 위해 필요한 부문에 더 분배되도록 해야 한다. 이러한 방안들은 탈성장 전환을 위해 필요한 재원을 확보함과 동시에, 기후변화의 주된 원인을 제공하는 산업에 대해 각종 세금 등 부담을 강화함으로써 파괴적인 산업 활동을 억제시키고, 경제적·사회적 불평등 해소를 위한 복지 재원을 확보하기 위한 목적이다.

- **정의로운 전환**

2015년 채택된 파리협정의 전문에도 '정의로운 전환' 개념이 포함되어 있는데, 협정은 기후변화 대응 과정에서 대응 정책이 취약계층에 미치는 영향을 고려하고 이들을 보호해야 한다는 점을 강조하고 있다.

---

[13] 비정상적 상황에서 우연히 발생한 초과이익에 일시적으로 부과하는 세금으로, 통상적인 소득세나 법인세 외에 추가로 초과 이익 부분에 대해 징수한다. 영국에서는 2022년 에너지 기업의 초과 이익에 대해 횡재세를 확대하였다(발전회사 45%, 전기·가스 업체 35%).

탈성장 전환 과정에서 취약계층에 대한 보호는 산업 구조 변화로 일자리를 잃는 노동자들에게 재취업 교육, 대체고용, 생계 지원금, 사회보험 등을 제공하는 것뿐만 아니라, 노동 시간 단축 및 일자리 나누기, 기본소득을 포함한 보편적 기본 정책 도입, 사회 안전망 확대 등 사회 연대의 정신에 따라 폭넓은 정책의 시행이 필요하다. 또한 취약계층에 대한 보호뿐만 아니라, 선진국과 개발도상국 간의 기후변화 대응 책임과 지원에 대한 재분배 필요성까지도 언급하고 있다.

탈성장으로의 전환은 사회체제 중 몇 가지 제도나 관행을 바꾸는 것이 아니라 기본적인 사고 및 가치체계에서부터 삶의 방식과 그에 따른 제도 및 정책 등 모든 것을 변화시키는 노력이 필요하다. 그리고 현재 사회체제 속에서 탈성장 지향의 삶의 방식과 공간들을 확보하고 보호하고 확장해 나가야 한다. 미국의 사회주의 사회학자인 에릭 올린 라이트(Erik Olin Wright)는 『리얼 유토피아』(2012)에서 근본적인 사회 변화를 추구함에 있어서 "자본주의를 분쇄하겠다는 환상은 포기"하고 "자본주의를 길들이고 침식시키기"에 집중하라고 권고했다. 이러한 맥락에서 라이트는 사회 변혁 전략으로 '틈새적, 공생적, 단절적 변혁'(순차적으로) 개념을 제시하였다.

탈성장으로의 전환은 완벽하고 상세한 청사진에 따라 필요한 모든 변화를 일시에 그리고 체계적으로 실행해 나가기보다는, 지금 바로 주변에서 뜻을 같이하는 사람들이 모여 구체적이고 풍부하게 생각하고 빨리 실행함으로써 시작할 수 있다. 그리고 이 과정에서 도움받을 수 있는 이론가나 실천가, 전문연구기관과 국제적인 실행 지원 조직, 국내외의 다양한 사례와 경험도 쉽게 찾을 수 있다. 암스테르담의 도넛 경제 계획 사례는 현대 사회 속에서 탈성장 전환이 어떻게 시작되고 이루어질 수 있는지를 잘 보여 준다.

　기후위기로 인류에게 남은 시간은 이제 얼마 없으며, 이미 많은 시간이 그냥 지나갔다. 매년 기상학자들은 "올해 여름은 평년보다 더 더워질 것"이라고 예상한다. 지금 해야 하는 일은 성장의 자전거에서 내려 올바른 방향으로 '걸음을 내딛는 것'이다. 시도하고 실행하면서 실패로부터 배우고 새로운 삶의 원칙과 방식은 더욱 탄탄해질 것이며, 조금씩 그 규모와 범위를 확장할 수 있을 것이다.

에필로그

화성으로 이주한 인류의 선택

지금으로부터 50년 뒤인 2075년, 인류는 드디어 지구를 탈출하여 화성으로 이주하기로 결정한다. 지구 평균기온이 산업화 이전 대비 4℃ 넘게 증가하여 인간에게 이미 가혹해진 지구 기후, 증가된 인구와 비교하여 턱없이 부족한 자원, 그리고 최악에 다다른 사회 양극화 속에서 하위계층의 복지와 소득 재분배에 대한 점증하는 요구로 인해, 인류는 더 이상 지구상에서 인류의 삶을 지속할 수 없다고 판단한 것이다.

그런데 일론 머스크가 화성으로 이주시키겠다고 한 인류는 100만 명으로, 2075년 예상 전 세계 인구 105억 명의 0.01%이다. 일론 머스크가 운영하는 화성 이주 우주선 스타십의 탑승권 비용은 현재 가치 기준으로 1인당 수천만 달러에서 수억 달러가 될 것으로 예상된다. 2022년 기준 전 세계 인구 중 상위 0.1%의 평균 자산 규모는 8,170만 유로(약 1,085억 원)[1]로, 상위 0.1% 인구 중 최하위 자산가에게 이 금액은 전 재산 금액에 이르거나 초과할 수도 있다.[1] 일론 머스크가 화성 이주민을 100만 명으로 계획한 이유도 이 같은 경제 산수에 의한 것이 아

---

[1] 전 지구적 재난을 다룬 롤랜드 에머리히 감독의 영화 《2012》에서는 인류를 구하기 위해 '노아의 방주' 7척이 만들어지고, 이 방주에 탑승할 수 있는 인원 40만 명은 재난 이후 인류 재번영을 위한 유전자 분석을 핑계로 1인당 10억 유로의 승선권을 구매한 이들로 선택된다.

닐까 추측된다.

 이 탑승권 비용에는 6개월 동안의 스타십 승선과 화성에서의 초기 정착과 생활을 위한 거주지 및 생활 비용만이 포함된 것이며, 화성에서의 영구 거주와 화성에서 태어난 다음 세대의 생활에 필요한 비용은 당연히 포함되어 있지 않다. 그리고 화성을 인류가 거주할 수 있는 환경으로 변환시키기 위한 테라포밍의 기술적 어려움과 필요한 자원을 고려한다면, 거주지 마련을 위한 비용은 상상 이상으로 증가할 수도 있다.

 그런데 보다 중요한 문제는 인류가 화성에 도착한 다음 상황에서 발생한다. 화성에서의 영구 거주와 인류 재번영을 위해서는, 생활에 필요한 자원 활동과 분배를 위한 사회 체제가 마련되어야 한다. 첫 번째 방안은, 현재와 같은 자본주의적 사회 체제의 재구성을 통하여 자원 활동과 분배가 이루어지도록 하는 것이다. 그리고 이때 인간의 노동은 조금도 없이 인공지능과 로봇을 통한 자원 활동이 가능할 것이며, 인간은 그렇게 생산된 자원을 향유하기만 될 것이라고 가정해 보자.

 만약 자원이 무상으로 필요한 이들에게 분배된다고 하면, 누가 어떠한 동기로 자원 활동을 하여 자원을 무상으로 분배할까? 그러한 자원이 무상으로 분배되는 것이 아니라면, 화성 이주 탑승권을 구매하기 위해 전 재산을 써 버린 사람은 노동이나 다른 어떤 수단을 통한 소득이 있어야 자원의 구매가 가능할 것이다. 이러한 사회는 유지될 수 있을까? 아니면 지구에서 상위 0.01%에 속하던 자산 보유자는 왜 화성행을 선택하여야 할까?

 두 번째 방안은, 사회를 자본소득을 누리는 이들과 노동소득으로 생계를 유지하는 이들로 나누는 대신, 이주민 모두가 공동의 규율을 통해 화성의 천연자원과 자원 활동에 필요한 인공지능과 로봇 모두를 커먼즈로 공유하면서 함께 풍요로운 삶을 추구하는 검소하고 균형 잡힌 자율 사회를 만드는 것이다. 만약, 화성으로 이주한 인류가 새로운 사회 체제 구축을 위하여 이 두 번째 방안을 선택할 것이라고 한다면, 지금 현재 지구에서 그렇게 하지 못할 이유는 무엇일까?

탐욕 저편의 새로운 자유로

"탐욕스러운 자는 항상 도상(途上)에 있을 뿐,
결코 목표에 도달하지 못한다."
"소유의 사치에서 벗어나 행동의 사치로,
자신의 생각과 감정을 따르자."

독일의 저명한 지식인인 게르트루트 휠러(Gertrud Höhler)가 『탐욕 저편의 새로운 자유, 나눔(Jenseits der Gier. Vom Luxus des Teilens)』(2005)에서 한 말이다.

우리는 지금 멈추지 않는 소유와 성장의 탐욕으로 인간의 가치를 상실하고 환경이 파괴되는 사회에 살고 있다. 휠러는 이제 소유의 사치와 탐욕에 굴복하는 비겁함의 사슬을 끊고, 느리게, 단순하게, 더 적게, 더 가치 있게 소비하면서 '적음의 기쁨'과 '나눔의 즐거움'을 통해 새로운 자유를 찾자고 권유한다.

그녀가 말하는 자유는 타인과 자연에 대한 배려는 없이 경쟁을 통하여 자신의 만족을 최대화시키는 밀턴 프리드먼 식의 '선택의 자유'가 아니다. 휠러가 말하는 자유는 물질적 욕망에서 벗어나 정신적 풍요로움을 추구하는 자유이며, 소유와 소비가 아니라 '나눔'을 통해 그리고 개인의 책임감과 행동의 기쁨을 통해 새로운 형태의 자유를 누리자고 하는 것이다. 그리고 이것이 바로 탈성장이 지향하는 풍요와 기쁨과 자유이기도 하다.

이 책을 내면서

2024년 6월 여름이 시작될 때, 10년 전부터 머릿속에서 가지고 있던 생각들을 정리하여 이 책을 쓰기 시작하였다. 혼자만의 생각으로 책을 썼으면, 그 내용의 넓이와 깊이가 충분하지 않았을 것이다. 2023년부터 서울시립대학교 사회복지학 박사 과정을 다니면서, 사회복지뿐만 아니라 사회문제와 정책에 대해서도 폭넓게 생각하고 토론할 수 있는 기회가 있었다. 그러한 기회를 만들어 주신 서울시립대학교 교수님들, 특히 이성규 교수님과 이준영 교수님, 김주일 교수님께 감사드리고, 수업 시간에 많은 생각과 의견을 나누어 주신 석·박사 과정의 원우들께도 감사의 뜻을 전한다.

책을 쓰는 1년 동안 집에서의 게으름을 참아 준 옆지기와 적지 않은 나이에도 일하면서 공부하고 책까지 쓰는 아빠의 용기와 노력을 응원해 준 아들에게 가장 큰 고마움과 사랑을 전하며, 이 책을 두 사람에게 바친다.

2025년 6월
아이들에게 보다 더 나은 세상이 만들어지길 바라는 마음에서

참고 문헌

들어가기 전에

1 조태식, 「지구온난화와 북극과 남극 그리고 지구의 위기」, 『대학지성 In&Out』, 2024.1.9.

2 황철환 기자, 「남극 빙하에 따뜻한 바닷물 스며…해수면 상승 임계점 다가오나」, 『연합뉴스』, 2024.6.26. (CNN보도를 인용)

3 Dinah Gardner(그린피스 동아시아 사무소), 「기후위기와 해수면 상승에 대한 (거의) 모든 것」, 그린피스, 2021.8.4.

4 고동욱 기자, 「2024년, 역사상 가장 더운 해 확실…'1.5도 방어선' 첫 붕괴」, 『연합뉴스』, 2024.12.9.

5 이유리, 「한국의 자살 추이와 대응」, 『한국의 사회동향 2023』, 통계청 통계개발원, 2023.12.20.

6 「World Happiness Report 2024」, IMF Datamapper

7 김정욱 기자, 「늘어나는 우주 쓰레기…지구가 위태롭다[김정욱의 별별이야기]」, 『서울경제』, 2023.10.27.

〈PART 1 벼랑으로 달리는 자전거〉

1장

1 노동운, 「기후변화협약」, 국가기록원 기록물열람 주제설명, 2007.12.1.

2 맷 맥그래스, 「기후변화: 세계기상기구, 극단적 이상기후가 이제 '새

표준'」, 『BBC News 코리아』, 2021.11.1.

3   William Happer, 「The Truth About Greenhouse Gases」, 『First Things』, 2011.6.1.

4   Richard Lindzen, 「Global Warming: The Origin and Nature of the Alleged Scientific Consensus」, 『Territory Stories』, 1992.6.18.

5   [기후변화감시용어집 해설], 기후 시스템, 기상청

6   [기후변화감시용어집 해설], 기후변화의 원인, 기상청

7   조홍섭, 「시베리아 영구동토 속 메탄가스 대규모 분출 불가피」, 『한겨레』, 2019.10.19. https://www.hani.co.kr/arti/science/science_general/575566.html (2024.8.7.).

8   U.S. Global Change Research Program(2018), Our Changing Climate, 「FOURTH NATIONAL CLIMATE ASSESSMENT」, Vol. 2, p.79

9   「What are the world's biggest natural carbon sinks?」, World Economic Forum, 2023.7.23. (https://www.weforum.org/agenda/2023/07/carbon-sinks-fight-climate-crisis/)

10 Daniel H. Rothman, 「Thresholds of catastrophe in the Earth system」, 『Science Advances』 Vol 3., No. 9, 2017.9.20.

11 Andrew Moseman, MIT Climate Portal Writing Team, 「How much carbon dioxide does the Earth naturally absorb?」, MIT Climate Portal (Ask MIT Climate), 2024.1.26.

12 노동운(에너지경제연구원), 「탄소중립과 지구온난화 1.5도 특별보고서」, 『2020년 제2회 IPCC 대응을 위한 국내 전문가 포럼』, 기상청, 2020, p.18

13 IPCC (2023), 「AR6 Synthesis Report: Climate Change 2023」, Longer Report, p.31

14 위의 책, p.51

15 https://climateactiontracker.org/countries/

16 위와 같음

17 [나무위키], 인류세

2장

1 옥스팜 인터내셔널, 「기후평등: 99%를 위한 지구」, 2023. 11., p.8

2 위의 책, p.12

3 "India heatwave: High temperatures killing more Indians now, Lancet study finds, BBC, 2022.10.26.

4 Marina Romanello et al., 「The 2022 report of the Lancet Countdown on health and climate change: health at the mercy of fossil fuels」, 『The Lancet』, Vol. 400, pp.1619~1654

5 "Climate Equality: A Planet for the 99%", Oxfam, 2023.11.

6 〈지속가능한 지구는 없다 - 1부 탄소해적〉, 《KBS 다큐인사이트》, 2024.1.11. 방영

7 Chancel, L., Bothe, P., Voituriez, T. (2023), 「Climate Inequality Report 2023」, World Inequality Lab, P. 8

8 Working Group II of IPCC, 「AR6 Climate Change 2022: Impacts,

Adaptation and Vulnerability」, 『Sixth Assessment Report』, IPCC, 2022, pp.1290~1292

9 Our World in Data (https://ourworldindata.org/)

10 위와 같음

11 위와 같음

12 Brad Plumer, 「You've Heard of Outsourced Jobs, but Outsourced Pollution? It's Real, and Tough to Tally Up」, 『The NewYork Times』, 2018.9.4.

13 "Consumption-based vs. territorial CO_2 emissions per capita"(Ourworld in Data)를 가공하여 산출

14 「State and Trends of Carbon Pricing 2023」, Worldbank group

15 「Carbon Border Adjustment Mechanism」, Fertilizers Europe (https://www.fertilizerseurope.com/fitfor55-ets-cbam/)

16 「These are the 5 drivers of forest loss」, 『Nature and Biodiversity』, World Economic Forum, 2022.12.6.

17 「쉽게 이해하는 REDD+ 설명집」, 산림청, 2023.

18 「Revealed: more than 90% of rainforest carbon offsets by biggest certifier are worthless, analysis shows」, 『Guardian』, 2023.1.23.

19 김지연 기자, 「REDD+ 운영사 사우스폴, 아프리카 최대 상쇄사업 돌연 계약 종료…"표범사냥·수익독식 논란"」, 『그리니엄』, 2023.11.1.

20 윤원섭 기자, 「REDD+ 논란 속 스위스 탄소배출권 기업 사우스폴 CEO 사임…"탄소프로젝트 전반 재검토 나서"」, 『그리니엄』, 2023.11.17.

21 최우리 기자, 「"6년 동안 여의도 24배 캄보디아 산림 훼손" REDD+ 왜 하나?」, 『한겨레신문』, 2021.8.27.

22 「보존과 이용…양면성을 지닌 REDD+」, 『그리니엄』, 2021.9.8.

23 〈지속가능한 지구는 없다 - 1부 탄소해적〉, 《KBS 다큐인사이트》, 2024.1.11. 방영

24 Hannah Ritchie (2021), 「Carbon emissions from deforestation: are they driven by domestic demand or international trade?」, Our World In Data (https://ourworldindata.org/carbon-deforestation-trade)

25 Interactive Charts on CO_2 and Greenhouse Gas Emissions: Annual CO_2 emissions from land-use change, 2023 (https://ourworldindata.org/co2-and-greenhouse-gas-emissions#all-charts)

26 위와 같음

27 김중걸 기자, 「기후변화로 나라 소멸 위기 처한 '바누아투'」, 『경남매일』, 2022.8.17.

28 Andrew L. Fanning, Jason Hickel, 「Compensation for atmospheric appropriation」, 『Nature Sustainability』, 2023. 6. (https://www.nature.com/articles/s41893-023-01130-8#Fig3)

29 위와 같음

30 Jason Hickel, 『The Divide』, Penguine Books (UK), 2017, pp.19~23 참고

31 위의 책, pp.232~239 참고

32 「Financial Flows and Tax Havens」, Centre for Applied Research, Norwegian School of Economics/Global Financial Integrity, 2015.12.; Jason Hickel, 『The Divide』, Penguin Books(UK), 2017, pp.220~230. (재인용)

3장

1 「"녹색성장 미흡했다" 국책연구기관 지적」, 『연합뉴스』, 2013.3.25.

2 「지속가능발전의 국제적 배경」, 지속가능발전포털 (https://www.ncsd.go.kr/background)

3 [나무위키], 그린뉴딜, (최종 수정: 2024.8.14.)

4 정명규, 「EU의 신성장 전략, '유럽 그린딜'」, 『나라경제』, KDI 경제정보센터, 2020년 10월호

5 초록발자국, 「그린뉴딜 정책 알아보기(뜻 & 미국, 유럽, 한국)」, 『그린 뉴스 360』, 2023.4.4.

6 Climate Watch, IEA (2022), GHG Emissions from Fuel Combustion 기초자료를 WRI(World Resources Institute)에서 가공

7 「Levelized cost of energy by technology, World」, Our World in Data (Data source: International Renewable Energy Agency (2023))

8 「Projected Costs of Generating Electricity 2020」, IEA, 2020.12.

9 Jonas Kristiansen Nølan et al., 「Spatial energy density of large-scale electricity generation from power sources worldwide」, 『Nature』, 2022.12.8.

10 위와 같음

11 「Energy Storage Targets 2030 and 2050: Ensuring Europe's Energy Security in a Renewable Energy System」, European Association for Storage of Energy

12 Georg Bieker, 「A global comparison of the life-cycle greenhouse gas

emissions of combustion engine and electric passenger cars」, ICCT(The International Council on Clean Transportation), 2021

13 위와 같음

14 「GDP per Capita」/「Per capita CO_2 emissions」, Our World in Data

15 「Value Added by Economic Activity, at current prices - US Dollars」, UN National Accounts

16 김혜지 부연구위원, 「IEA의 세계 전력시장 분석과 전망(2023~2026년)」, 『세계 에너지시장 인사이트』, 에너지경제연구원, 제24-5호 2024.3.4.

17 김윤정 기자, 「곡물 남는데 굶는 사람 왜 이리 많지?」, 『오마이뉴스』, 2012.11.4.

18 「Food Waste Index Report 2024」, UNEP, 2024.3.27.

19 손해용 기자, 「'식량 안보' 절실한데, 버려지는 식품은 '눈덩이'」, 『중앙일보』, 2022.4.30.

20 추다해, 김수인, 「탄소중립 이행을 위한 국외 탄소저장소 확보 전략 연구」, 『기본연구』, 에너지경제연구원, Vol. 23-10, 2023.10.31.

21 https://www.stockholmresilience.org/research/planetary-boundaries.html

22 「What is Doughnut Economics?」, 『The Beautiful Truth』 (https://thebeautifultruth.org/the-basics/what-is-doughnut-economics/)

23 「Global Primary energy consumption by source」, Our World in Data; 데이터 출처: Energy Institute - Statistical Review of World Energy (2024), Smil - (2017)

24 신기섭 기자, 「세계 해수면 한해 5㎜씩 상승…"어떤 긍정적 지표도 없어"」, 『한겨레신문』, 2022.11.7.

25 윤원섭 기자, 「UNFCCC, 현 감축목표면 오히려 배출량 증가…1.5℃ 경로 부합 목표 수립 촉구」, 『그리니엄』, 2024.11.21.

〈PART 2 성장은 자전거와 같아서, 넘어지지 않으려면 달려야 한다〉

4장

1 재레드 다이아몬드, 『문명의 붕괴』, 강주헌 역, 김영사, 2005, pp.168~169 참고

2 위의 책, p.574

3 「Real GDP Growth」, IMF Datamapper의 자료를 가공

4 최진숙 기자, 「[서평] '제품 수명'은 자본주의가 만든 불필요한 낭비」, 『파이낸셜 타임즈』, 2014.4.17.

5 「The Sustainable Development Goals Report 2019: Responsible Consumption and Production」, UN, Department of Economic and Social Affairs (https://unstats.un.org/sdgs/report/2019/goal-12/)

6 UNEP (2011), 「Decoupling natural resource use and environmental impacts from economic growth, A Report of the Working Group on Decoupling to the International Resource Panel」.

7 위와 같음

8 UNEP press release, 「Worldwide Extraction of Materials Triples in Four Decades, Intensifying Climate Change and Air Pollution」, UNEP, 2016.7.20.

9 UNEP International Resource Panel, 「Global Resources Outlook 2024 - Bend the trend: Pathways to a Liveable Planet as Resource Use Spikes」, UNEP, 2024.

10 「Global Critical Minerals Outlook 2024」, IEA, 2024.5.

11 「물과 생활, 일반인 교육자료, 물정보포털」, (https://www.water.or.kr/kor/menu/sub.do?menuId=12_63_64_71)

12 「[기후는 말한다] 차오르는 속도보다 빠른 고갈, 위기의 지하수」, 『KBS뉴스』, 2023.11.28.

13 위와 같음

14 진유진 기자, 「2.2경 규모' 심해 채굴 규제안 협상 돌입…26일 초안 나올듯」, 『The GURU』, 2024.7.16.

15 Anthony Kaczmarek, 「Which 6 countries are responsible for the Great Pacific Garbage Patch?」, 『Meteored』, 2022.9.17. (https://www.yourweather.co.uk/news/trending/which-6-countries-responsible-great-pacific-garbage-patch-plastic-pollution.html)

16 「필리핀에 불법 수출한 쓰레기…내달 2일 돌아온다」, 『JTBC News』, 2020.1.24.

17 이재현 기자, 「교통사고로 16초마다 1명꼴 사상…사회적 비용 연간 26조원」, 『연합뉴스』, 2024.2.15.

18 「코로나-19(COVID-19)」, 『의료정보: 질환백과』, 서울아산병원 (https://www.amc.seoul.kr/asan/healthinfo/disease/diseaseDetail.do?contentId=33922)

19 요르고스 칼리스 등, 우석영·장석준 옮김, 『디그로쓰』, 산현재, 2021, p.10

20　UNEP (2011), 「Decoupling natural resource use and environmental impacts from economic growth, A Report of the Working Group on Decoupling to the International Resource Panel」.

21　UNEP International Resource Panel, 「Global Resources Outlook 2024 - Bend the trend: Pathways to a Liveable Planet as Resource Use Spikes」, UNEP, 2024.

5장

1　「GDP Growth (annual %)」, World Bank Group

2　「Real GDP Growth」, IMF Datamapper의 자료를 가공

3　바츠라프 스밀, 솝희 옮김, 「대전환」, 처음북스, 2022, p.107.

4　「Population Growth (annual %)」, World Bank Group

5　이시욱, 「경제의 서비스화에 대응한 중장기 통상정책의 방향」, 『중장기통상전략연구』, 20-02, 대외경제정책연구원, 2021.8.

6　「Distribution of gross domestic product by economic sector」, Our World in Data

7　아론 베나나브, 윤종은 옮김, 『자동화와 노동의 미래』, 책세상, 2022. pp.48~52.

8　Conference Board. International Comparisons or Manufacturing Productivity and Unit Labour Costs. July 2018 edition (아론 베나나브, 『자동화와 노동의 미래』에서 재인용)

9　아론 베나나브, 윤종은 옮김, 『자동화와 노동의 미래』, 책세상, 2022. pp.56~57.

10 UN National Accounts

11 Worldbank Open Data

12 UN National Accounts, 부문별 부가가치(2015년 불변가격 기준)로부터 기간별 연평균 성장률 계산

13 박찬 기자, 「머스크, 올해 AI 하드웨어 구축에 14조 투입」, 『AI타임스』, 2024.11.1.

14 곽병선, 「곽병선의 이카루스 에피소드, (15) 역량의 함정」, 『펫페이퍼』, 2024.5.10.

15 「대불황 (1873년~1896년)」, 『옐로우의 블로그』(http://yellow.kr/blog/?p=2927)

6장

1 정윤주 기자, 「이세돌 승리예측 70%…'하지만 알파고도 승산 있다'」, 『YTN』, 2016.3.9.

2 디지털콘텐츠기업 성장지원센터, 「AI작곡가의 원리는 무엇일까?」, 『디지털콘텐츠/이슈리포트』, 2022.7.22. (https://smartcontentcenter.tistory.com/1354)

3 Meredith Ringel Morris, Jascha Sohl-Dickstein, Noah Fiedel, Tris Warkentin, Allan Dafoe, Aleksandra Faust, Clement Farabet, Shane Legg, 「Levels of AGI for Operationalizing Progress on the Path to AGI」, Google DeepMind, 2024.7.21. (https://deepmind.google/research/publications/66938/)

4 한요셉, 「인공지능으로 인한 노동시장의 변화와 정책방향」, 『연구보고서』, KDI, 2023.12.30.

5   김연지 기자, 「AI는 인간도 아닌데 장난 좀 치면 안되나요?」, 『노컷뉴스』, 2021.1.13.

6   장영락 기자, 「테슬라 전직원들 폭로 "고객 차량 영상 돌려봐, 위치 확인도 가능"」, 『이데일리』, 2023.4.7.

7   박지영 기자, 「AI가 카드·여권 정보 훔쳐봤다… '인간지능'이 답변 검토까지」, 『한겨레신문』, 2024.3.28.

8   정태창, 「자아 없는 자율성: 인공 지능의 도덕적 지위에 대한 고찰」, 『사회와 철학』, 제40집, 사회와 철학 연구회, 2020.10.

9   Rebecca Tan, Regine Cabato, 「Behind the AI boom, an army of overseas workers in 'digital sweatshops'」, 『The Washington Post』, 2023.8.28.

10 이진국, 「자영업 경영난의 요인 분석과 정책방향」, 『정책연구시리즈』, KDI, 2021-12 (통계청, 「도소매업조사 마이크로데이터」(2000~19)를 활용하여 산출)

11 닉 셔르닉, 심성보 역, 『플랫폼 자본주의』, 킹콩북, 2020, p.149

〈PART3 자전거에서 내리면 넘어지지 않는다〉

7장

1   아르투로 에스코바르, 『플루리버스』, 박정원·엄경웅 역, 알렙, 2022, p.31

2   볼프강 작스 외, 『반자본발전사전』, 이희재 역, 아카이브, 2010.

3   최원형 기자, 「[책&생각] 공동을 위한 자치, 자치를 위한 디자인」, 『한겨레신문』, 2022.9.2.

4 세르주 라투슈, 『탈성장 사회』, 양상모 역, 오래된 생각, 2014, p.72

5 마티아스 슈멜처, 안드레아 베터, 아론 반실티안, 『미래는 탈성장』, 김현우·이보아 역, 나름북스, 2023, p.17

6 위의 책, p.234

7 세르주 라투슈, 『탈성장 사회』, 양상모 역, 오래된 생각, 2014, p.77

8 자코모 달리사, 페데리코 데마리아, 요르고스 칼리스 편저, 『탈성장 개념어 사전』, 강이현 역, 그물코, 2018.

9 박태현, 「에콰도르 헌법상 자연의 권리, 그 이상과 현실」, 『환경법연구』, 한국환경법학회, 2019, vol.41, no.2, pp.107~141

10 장성익 환경저술가, 「자연에게 권리를 허하라」, 『월간참여사회』, 참여연대, 2018.11.

11 박미라 기자, 「제주남방큰돌고래 '법적 권리' 더 늦출 수 없다」, 『경향신문』, 2023.11.23.

12 Jason Hickel, 『Less is More: How Degrowth will Save the World』, Penguin Random House UK, 2020, pp.208~222

13 Margrit Kennedy, Bernard Lietaer, John Rogers, 『People Money: The Promise of Regional Currencies』, Triarchy Press, 2012.

14 「Banco Palmas」, 『Transformational Change Leadership』 (https://tcleadership.org/banco-palmas/#)

15 「Ethical Banks」, ZEF 홈페이지 (https://www.zef.hr/en/o-nama/eticna-banka)

16 노동사회 편집국, 「기후변화와 정의로운 전환」, 『노동사회』, 한국노동

사회연구소, 2013.5. vol.133

17 「타임뱅크란?」, (사)타임뱅크코리아 홈페이지 (http://www.timebanks.or.kr/?article=menu01_01)

18 자코모 달리사, 페데리코 데마리아, 마르코 데리우, 『탈성장 개념어 사전』, 강이현 역, 그물코, 2018, p.124

19 admin@sharehub.kr, 「교육을 새롭게 정의하고 있는 이탈리아의 'La Scuola Open Source-오픈소스학교'」, 공유허브, 2016.8.23. (http://sharehub.kr/sharestory/news_view.do?storySeq=376); Alessia Clusini, 「The Open Source School Redefines Education in Italy」, SHAREABLE, 2016.8.11.의 번역문

20 류이근 기자, 「윤홍식 인하대 교수 인터뷰: 성공의 덫에 빠진 한국, '거꾸로 복지'에 갇혔다」, 『한겨레신문』, 2024.1.26.

21 김동준, 「사회경제적 수준과 당뇨병 및 심혈관 질환과의 관계」, 『대한내과학회지』, 대한내과학회, 제74권 제4호, 2008.

22 C. Castoriadis(Übers. von Horst Brühmann), Gesellschaft als imaginäre Institution (Frankfurt/M: Suhrkamp Verlag, 1984), S.172~185 참조; 조영준, 「성장지상주의와 탈성장사회」, 『철학연구』, 대한철학회, 제160집, 2021, p.198에서 재인용

23 강은숙·김종석, 『엘리너 오스트롬, 공유의 비극을 넘어서』, 커뮤니케이션북스, 2016, pp.10~23.

24 마티아스 슈멜처, 안드레아 베터, 아론 반실티안, 『미래는 탈성장』, 김현우·이보아 역, 나름북스, 2023, p.234

25 Paul Verhaeghe, 『What about me?: The Struggle for Identity in a Market-based Society』, Scribe, 2014;

번역서 『우리는 어떻게 괴물이 되어가는가: 신자유주의적 인격의 탄생』, 장혜경 역, 반비, 2015.

26 「사회학사전」(네이버 지식백과), 진보, (사회학사전, 사회문화연구소, 고영복 편저)

27 인아영, 「진보의 얼굴」, 『경향신문』, 2024.4.24.

28 조영준, 「성장지상주의와 탈성장사회」, 『철학연구』, 대한철학회, 제160집, 2021, p.197

8장

1 도미니크 슈나페르, 필리프 프티, 『노동의 종말에 반하여』, 김교신 역, 동문선, 2001, p.18

2 이하준, "AI 시대의 새로운 노동철학: 노동의 종말과 노동 유토피아를 넘어서", 『철학논총』, 새한철학회, 제116집, 2024, 제2권

3 마티아스 슈멜처, 안드레아 베터, 아론 반실티안, 『미래는 탈성장』, 김현우·이보아 역, 나름북스, 2023, p.169

9장

1 「What on Earth is the Doughnut?」, https://www.kateraworth.com/doughnut/

2 정철환 기자, 「[글로벌 이슈] 농업강국 네덜란드, 저탄소 녹색강국 변신」, 『조선일보』, 2009.12.8.

3 장정철 기자, 「친환경도시 네덜란드 암스테르담」, 『전북도민일보』, 2010.12.08.

4 「The Amsterdam City Doughnut: a tool for transformative action」, DEAL(Doughnut Economics Action Lab), (https://doughnuteconomics.org/amsterdam-portrait.pdf)

5 위와 같음

6 「Policy: Circular Economy」, City of Amsterdam (https://www.amsterdam.nl/en/policy/sustainability/circular-economy/)

7 「Amsterdam Circular 2020-2025 Strategy (Public Version)」, City of Amsterdam, 2020

8 「Buiksloterham - Learning beyond urban experiments from Living Labs - AMS institute」, Amsterdam Smart City (https://amsterdamsmartcity.com/updates/project/learning-beyond-urban-experiments-from-living-labs)

9 지현영 기자, 「에너지 전환, 그 중심에 가다 - 3화. 암스테르담, 브뤼셀, 오스틴의 '도넛 실험'은 성공할까」, 『오마이뉴스』, 2023.10.7.

10 Ashish Kothari et al.(편저), 『Pluriverse: A Post-development Dictionary』, Tulika Books(New Delhi), (2019);
마티아스 슈멜처, 안드레아 베터, 아론 반실티안, 『미래는 탈성장』, 김현우·이보아 역, 나름북스, 2023, p.218에서 재인용

에필로그

1 이정훈 기자, 「코로나로 불평등 가속…상위 10% 자산, 하위 50%의 190배」, 『한겨레신문』, 2921.12.8.